남극이 부른다

남극이 부른다
해양과학자의 남극 해저 탐사기
©박숭현, 2020 Printed in Seoul, Korea

초판 1쇄 펴낸날 2020년 7월 31일
초판 3쇄 펴낸날 2025년 6월 10일

지은이	박숭현
펴낸이	한성봉
편집	최창문·이종석·오시경·이동현·김선형
콘텐츠제작	안상준
디자인	최세정
마케팅	박신용·오주형·박민지·이예지
경영지원	국지연·송인경
펴낸곳	도서출판 동아시아
등록	1998년 3월 5일 제1998-000243호
주소	서울시 중구 필동로8길 73 [예장동 1-42] 동아시아빌딩
페이스북	www.facebook.com/dongasiabooks
인스타그램	www.instagram.com/dongasiabook
전자우편	dongasiabook@naver.com
블로그	blog.naver.com/dongasiabook
전화	02) 757-9724, 5
팩스	02) 757-9726

ISBN 978-89-6262-344-4 03450

이 도서의 국립중앙도서관 출판예정도서목록(CIP)은 서지정보유통지원시스템
홈페이지(http://seoji.nl.go.kr)와 국가자료공동목록시스템(http://www.nl.go.kr/kolisnet)에서
이용하실 수 있습니다.(CIP제어번호: CIP2020029370)

※ 잘못된 책은 구입하신 서점에서 바꿔드립니다.
※ 이 책에 수록된 글들 중 일부는 월간 《해피투데이》에 연재되었던 내용을 수정·보완하였습니다.
※ 이 책의 집필은 극지연구소 연구 과제(PE20210)의 지원을 받았습니다.

만든 사람들

책임편집	최창문
크로스교열	안상준
디자인	전혜진
본문조판	김경주

남극이 부른다

박숭현 지음

해양과학자의
남극 해저 탐사기

동아시아

들어가며

헤아려보니 동태평양 탐사부터 시작해 서태평양, 남태평양, 대서양 그리고 남극해까지, 25년 동안 총 25회의 해양 탐사에 참여했다. 평균 매년 한 번씩 탐사 길에 오른 셈이다. 탐사에 보통 한 달쯤 걸리는 것을 고려하면 2년이 넘는 시간을 바다 위에 머물렀다고 할 수 있다. 탐사를 진행하면서 많은 곳을 방문했고 많은 사람을 만났으며 거친 자연과 직접 마주했다. 내 인생에 역마살이 끼었나 싶어 한편으론 신기하다.

나는 바다와 가깝지 않은 도시에서 태어나 성장했으며, 바다를 접해볼 기회가 많지 않았다. 고등학교 수학여행 때 경포대에서 본 동해가 내가 처음으로 본 바다이다. 이후에도 산이나 바다보다는 역사와 문화를 체험할 수 있는 도시 여행을 선호했다. 탁 트인 바다 한가운데로 가면 가슴이 시원해질 것 같다는 상상을 해보기는 했지만, 배를 탈 엄두조차 내보지 못했다. 1996년 온누리호를 타고 동태평양으로 첫 탐사를 나가기 전까지는 말이다.

하지만 돌이켜보면 문학 작품을 통해 품게 된 바다에 대한 동경이, 늘 마음 한구석에 자리 잡고 있었던 것 같다. 어릴 때 읽었던 로버트 루이스 스티븐슨의 『보물섬』은 재미있는 모험담일 뿐 아니라, 내게 해양 문화를 소개하고 인간에 대한 이해의 폭을 넓혀주었다. 주인공 짐 호킨스가 일상생활에서 마주치던 존 실버와, 통 속에서 사과를 먹다 엿듣게 된 선상 반란의 주모자 존 실버는 얼마나 달랐던가? 또한, 에드거 앨런 포의 『유령선』을 읽으며 단조로운 학교생활로부터 탈출하는 꿈을 꾸기도 했다. 어디 그뿐이랴. 쥘 베른의 『해저 2만 리』를 읽을 때는 노틸러스호 같은 잠수함에 나만의 세계를 구축하고, 전 세계의 대양을 주유하는 상상을 했다.

해양연구소에서 온누리호를 타고 동태평양에 나가자는 제안을 했을 때, 나는 앞뒤를 고려하지 않고 참여하기로 했다. 『유령선』의 주인공 핌이 친구를 따라 바다로 나갔듯, 나도 별생각 없이 항해에 나섰다. 어쩌면 어릴 적부터 잠재해 있던 바다에 대한 동경 때문이었는지도 모르겠다. 해양 탐사와 해양연구소 생활을 통해 만난 '해양학'이란 학문은 나를 해양과학자의 길로 이끌었다. 나에게 있어 해양학은, 너울대는 푸른 물에 불과하다고 생각했던 바다가 어떻게 작동하는지, 지구 환경과 얼마나 긴밀하게 얽혀 있는지 총체적으로 생각하게 해준 매혹적인 학문이었다.

판구조론은 지구를 설명하는 종합 이론인데, 그 판이 작동하는 모습을 생생하게 느끼기 위해서는 직접 바다로 나가봐야 한다. 지구의 중요한 사건들이 일어나는 판들의 경계인 중앙 해령, 섭입대, 변환 단층 대부분이 해저에 분포하고 있기 때문이다. 연구실과 실험실에 머무는 데 그치지 않고 대양을 누비며 연구를 해야 하는 해양학은 참으로 멋진 학문이다. 해양 탐사는 과학에 대한 내 관심의 불꽃을 키워주었다.

해양과학자의 길을 가기로 결심한 후에도 내가 남극에 갈 거란 생각은 하지 못했다. 나를 남극으로 인도한 것은 대한민국 최초의 쇄빙 연구선 아라온호였다. 남극 대륙은 중앙 해령으로 둘러싸여 있으며, 아라온호가 남극의 장보고 기지로 가는 항로 아래에는 어느 나라도 탐사하지 못했던 날것 그대로의 중앙 해령이 놓여 있다. 내가 어렸을 적 읽은 『유령선』은 핌이 선상 반란을 극복한 후 유령선을 만나고 다른 배에 의해 구조되는 데서 끝난다. 그런데 여기에는 나중에 알게 된 뒷얘기가 있다. 『유령선』은 에드거 앨런 포의 장편 소설 『아서 고든 핌의 이야기』 후반부를 잘라내고 결말을 바꾼 한국에서 출간한 아동용 문고판으로, 포의 원작과 큰 차이가 있다. 원작인 『아서 고든 핌의 이야기』에서 핌은 무역선의 구조를 받아 남극까지 항해를 계속하고 결국 상상을 뛰어넘는 상황에 맞닥뜨리게 된다. 우연히 바다로 나가 모험을 하게 된 핌과 마찬가지로, 나도 무언가가 인도한 것처럼 바다로 나가 해양학에 매료되고, 해령을 만나고, 때마침 등장한 아라온호를 타고 날것의 남극 중앙 해령과 운명처럼 만나게 되었다.

이상하게 들리겠지만, 탐사 경험이 쌓일수록 주변 사람들과 괴리감이 점점 커져갔다. 많은 사람들이 대양 항해나 남극 탐사에 강한 호기심을 보이지만 짧은 대화를 통해 내 경험을 설명하기는 어려웠다. 대양에 직접 나가기 전까지 나도 그랬던 것처럼, 대부분의 사람들은 해양학, 해양 탐사, 남극, 판구조론에 대한 지식이 부족하다. 내 경험을 효율적으로 소통할 수 있는 언어는 부족했고, 답답함은 더해만 갔다. 이를 조금이라도 해소해보고자 책을 쓰게 되었다. 사람은 누구나 자신만의 '오디세이'를 갖고 있으며, 이를 다른 사람과 나누고 싶어 한다. 내 오디세이는 특이하고 신기한 모험담으로 보일 수도 있지만, 많은 사람들이 공감할 수 있는 보편성을 갖고 있다고 생각한다. 내 체험을 공유하고 소통할 수 있다면 우리 사회에 조금이나마 보탬이 되지 않을까?

책의 1장에는 망간단괴 채취가 주목적이었던 첫 해양 탐사부터 미답의 남극 중앙 해령을 대상으로 했던 첫 아라온호 탐사를 성공적으로 마무리하기까지 일련의 이야기들을 담았다. 우연한 계기로 참여한 해양 탐사에서 해양학에 관심을 갖게 되고, 결국 암석학과 지구화학 그리고 중앙 해령에 집중하게 된 사연도 담았다. 2장에는 4일 동안의 남극 중앙 해령 탐사를 위해 40일 동안 지구를 한 바퀴 돌면서 경유했던 도시들과 그곳에서 마주쳤던 사건들 그리고 우여곡절 많았던 탐사기를 담았다. 3장에는 나의 첫 남극 탐사기를 필두로 호주·해저 시추 프로그램·일본·미국·프랑스 등 다양한 나라, 여러 연구팀의 해양 탐사에 참여하면서 했던 문화 체험과 탐사 현장에 대한 과학적 해설을 담았다. 탐사기를 마무리하면서 막간으로, 40일간의 세계 일주 후에 진행했던 남극 중앙 해령 탐사들과 향후 계획을 간략히 소개했다. 4장에서는 해양학, 남북극 환경의 형성, 극지 탐험의 역사 그리고 판구조론을 개괄하는 글을 모았다.

재료들이 잘 섞인 맛있는 비빔밥처럼 이 책에 담은 다양한 이야기들이 어우러져 독자들에게 즐거움을 주고 지구와 인간에 대한 관심도 한 뼘 더 자라기 바란다. 책의 중심을 이루고 있는 남극 중앙 해령 탐사와 연구는 현재 진행형이다. 아직도 다양한 연구가 필요한 날것의 상태로 놓여 있어 지금까지 온 것보다 가야할 길이 훨씬 더 멀다. 앞으로도 풍부한 이야기를 만들어가며 이 길을 계속 걷고 싶다. 나는 남극 중앙 해령 탐사와 연구가 지구과학과 생물학 모두에 획기적 변화를 가져올 수 있다고 믿는다.

해양 탐사와 연구는 결코 혼자서는 할 수 없다. 수많은 탐사를 나가고 연구를 진행하면서 많은 사람들과 협력했고 도움을 받았다. 현장에서 많은 도움을 준 아라온호 승조원분들, 첫 탐사부터 대부분의 일을 함께 상의하고 고민해온 충남대학교 지질환경과학과 김승섭 교수, 곁에서 탐사 준비와 현장 탐사를 늘 함께해온 좋은 동료 최학겸 박사와 양윤석 씨에게 고마운 마음을 전한다. 일일이 거론할 수는 없었지만 도움을 주신 모든 분들께 감사하다. 함께하고 있는 모든 분들과 힘을 합쳐 앞으로도 멋진 결과를 만들어낼 수 있기를 기원한다.

이 책을 쓰는 계기를 마련해 주신 노올 김용옥 선생님께 깊이 감사드린다. 마지막으로 나의 역마살을 지켜보고 격려해주는 가족에게 사랑의 마음을 전한다.

CONTENTS

들어가며 ∘ 5

1장 – 나를 부르는 바다

그렇게 바다가 내게로 왔다 ∘ 14
심해 퇴적물과 월리스 브로커 ∘ 24
이산화탄소와 화산 폭발 ∘ 33
고해양학에서 중앙 해령으로 ∘ 44
남극 대륙을 둘러싼 거대한 활화산 산맥 ∘ 54
중앙 해령과의 첫 만남은 지진, 파도와 함께 ∘ 67

2장 – 40일간의 세계 일주

7일의 탐사를 위한 33일의 여정 ∘ 90
마드리드와 푼타아레나스 ∘ 97
만만디 정신에 묶인 매퍼를 구하라! ∘ 107
산 넘어 산, 멀미 넘어 눈 폭풍 ∘ 112
세종 기지를 떠나 남극해로 ∘ 121
거대한 파도와 해빙을 넘어서 ∘ 128
죽음의 레이스를 헤쳐나가다 ∘ 139
남극해의 잔잔한 바다 그리고 새로운 시작 ∘ 150

3장 ― 거친 파도 위의 방랑자

첫 남극 탐사기: 남극 대륙에는 세종 기지가 없다 ◦158
첫 남극 탐사기: 안타티카, 불확실한 여정 ◦168
첫 남극 탐사기: 활화산에서 펭귄을 만나다 ◦179
호주 프랭클린호 승선기: 서태평양 섭입대를 찾아서 ◦193
IODP 조이데스 레졸루션호 승선기: 모호를 향하여 ◦217
일본 미라이호 승선기: 발파라이소와 이슬라 네그라의 추억 ◦225
미국 놀호 승선기: 해양 탐사, 사람과의 만남 ◦242
프랑스 라탈랑테호 승선기: 선상 파티로의 초대 ◦255

막간: 항해의 닻을 잠시 내리다 ◦274

4장 ― 바다에서 지구를 읽다

바닷물은 어떻게 움직일까 ◦288
바닷물은 왜 짠가 ◦295
망망대해에서 어떻게 위치를 알 수 있을까 ◦306
남극은 왜 차갑고 고독한 대륙이 되었을까 ◦311
북극은 왜 얼어붙은 바다가 되었을까 ◦321
북극곰과 남극 펭귄: 북극해 바닷길을 찾아서 ◦327
북극점 도전의 역사와 그 이면 ◦333
남극점을 둘러싼 성공과 비극, 위대한 실패 ◦339
버뮤다 삼각지대와 일본 침몰 ◦350
바다에서 발견한 지구의 작동 원리 ◦356

1장

나를 부르는 바다

그렇게 바다가 내게로 왔다

"나 지금 해양연구소에서 일하고 있는데, 너 혹시 관심 있으면 올 수 있어?"

1996년 늦은 3월 어느 날, 같이 대학원을 다니던 동기에게 전화를 받았다. 당시 나는 지질학과 대학원 석사과정에서 광물학을 전공하고 있었다. 당시 조교 업무, 대학원 수업 등으로 바쁜 첫 학기를 보내고 방학도 연구실 프로젝트로 바쁘게 보냈던 터라 상당히 지쳐 있었다. 대학원 생활 외에도 나는 지인들과 한 달에 한 번씩 잡지를 편집하는 일도 하고 있었다. 집에 아주 늦게 가거나 밤을 새는 경우가 많았다. 두 번째 학기가 막 시작된 때였고, 석사 논문 주제를 정하고 준비를 해야 하는 상황에서 들어온 제안이었다. 당시 해양연구소˙에서는 암석이나 광물 분석을 할 수 있는 학생을 급하게 찾고 있었다. 여름에 태평양 탐사를 나가는데, 배를 타고 나가 큰 바다를 볼 수 있다는 말에 귀가 솔깃했다.

나는 한국에 해양연구소가 있다는 걸 그때 처음 알았다. 해양학이라는 이름은 들어봤지만 어떤 학문인지 아무런 감이 없었다. 해양학이란 대체 무엇을 공부하는 학문인가? 지질학과 해양학은 지구과학으로 같이 묶이는 인접 학문인데도, 당시 지질학과에서는 해

• 현재 해양과학기술원으로 개편

양학을 거의 가르치지 않았고 나는 해양학에 대해 아는 것이 별로 없었다. 그럼에도 불구하고 나는 해양연구소에 가기로 마음을 정하고 있었다. 배를 타고 태평양 한복판으로 나갈 수 있다는 것은 매혹적이었다. 무라카미 하루키村上春樹의 표현을 빌리면 "먼 북소리"를 들은 것이다. 드넓은 태평양이 저 머나먼 곳에서 나를 부르는 것 같았다. 그렇지만 대학원생 신분으로 내가 결심한다고 해서 해양연구소로 갈 수 있는 것은 아니었다. 지도 교수의 허락이 필요했다. 해양연구소로 가려면 학교는 파트타임으로 다녀야 하고 논문 주제를 광물학 연구실의 연구 주제와는 다른 것으로 바꾸어야 할 가능성이 높았다. 다행히도 지도 교수님은 흔쾌히 승낙해주셨다. 비정규직으로 시작하지만 열심히 해서 자리를 잡으라는 말씀도 해주셨다. 지도 교수님은 나보다 나의 장래를 더 구체적으로 그리고 계셨다.

면접을 보고 4월 1일부터 바로 출근하기 시작했다. 월요일에서 목요일까지는 연구소에서 일하고 금요일에는 학교에 가서 수업을 듣는 조건이었다. 나는 모든 대학원 수업을 금요일 하루로 몰아넣어야 했다. 태평양으로 가는 한 달 동안의 항해가 5월부터 세 번 계획되어 있었다. 해양 자원으로 각광받고 있던 망간단괴 부존량과 환경 영향 평가가 목적이었다. 5월에 시작되는 1차 탐사는 학기중이라 갈 수 없었고, 6월 초에 시작하는 2차 탐사에 참여하기로 했다. 탐사를 떠나기 전 두 달 동안 어떤 일을 했는지 잘 기억나지 않는다. 같이 일할 팀원들은 5월에 이미 탐사를 떠났고, 내게 주어진 일이라곤 잡다한 탐사 준비뿐이었다.

　　해양 연구가 내 적성에 맞을지는 나도 연구소도 알 수 없었고, 그 시절 내 귓전에는 당시 유행하던 패닉의 〈달팽이〉라는 노래가 끊임없이 맴돌았다. 미래에 대한 확신도 없이 바다로 나간다는 막연한 기대만을 품고 낯선 연구소와 집만을 오가던 그 시절의 나는 정말 노랫말 속의 달팽이 같았다. 지금은 부산으로 이전했지만 당시 해양연구소는 안산에 있었다. 낯선 도시 안산에서 느꼈던 쓸쓸함과 연구소라는 새로운 환경이 가져다준 소외감 때문에, 당시 라디오에서 자주 흘러나왔던 패닉의 〈달팽이〉는 그 시절 내 삶의 배경 음악이 되었다.

　　태평양 탐사는 나에게 여러 가지 의미로 새롭게 시작하는 계기가 되었다. 첫 해외여행, 첫 미국 방문, 첫 대양 탐사였다. 나는 처음으로 여권을 만들었고 미국 비자를 받았다. 환전을 해서 달러를 뭉치로 만져보았다. 학생 신분에서는 굳이 필요 없지만 해외에서 비상시에 필요할 것 같아 신용카드도 발급받았다. 그때는 동사무소에 가서 출국 신고도 해야 했다. 여권과 미국 비자 그리고 신용카드를 쥐게 되자 학생이 아닌 어엿한 사회인이 된 것 같은 기분이 들었다. 나는 해양연구소에서 사회인으로서의 첫걸음을 디뎠다.

　　출장 준비는 순조롭게 진행됐고 마침내 6월 초 태평양 망간단괴 2차 탐사에 참여하기 위해 김포공항에서 하와이행 비행기에 몸을 실었다. 7시간이라는 길지도 짧지도 않은 비행이었다. 그 전까지는 부산에 있는 친구를 만나기 위해 40분 남짓 비행기를 탄 것이 내 비행 경험의 전부였다. 하와이는 관광지여서 입국심사가 덜 까다롭다고들 했지만 첫 미국 입국 심사에서 잔뜩 긴장할 수밖에 없었다. 심사를 순조롭게 통과하고 공항 밖으로 나와 하와이의 공기를 마셨다. 이국적인 풍경이 펼쳐졌다. 하와이의 날씨는 '맑다'라는 말로 표현할 수 없을 만큼 청명했다. 택시를 타고 피어 9에 정박해 있는 온누리호로 향했다. 창밖으로 무심하게 늘어져 있는 야자수를 보니 내가 하와이에 왔음이 온몸으로 느껴졌다. 1,500t급의 아담한 탐사선인 온누리호는 청명한 하늘을 배경으로 하얀 광택을 발하고 있었다.

출항 전 호놀룰루 곳곳을 돌아다녔다. 전 세계 다양한 음식을 파는 백화점 식당가에서 베트남 닭 요리를 먹었고, 저녁에는 마침 온누리호에 출장 온 선배를 만나 펍에서 맥주를 마셨다. 록 음악을 좋아했지만 미국의 펍에서 라이브로 연주하는 록 음악을 듣는 것은 처음이었다. 아주 작은 펍이어서 방금 전 노래를 마친 연주자와 잠깐 대화할 수 있었다. 어떤 음악을 좋아하냐고 물었고 헐크 호건 Hulk Hogan 같은 이미지의 록커는 자신은 남부 출신으로 서든 록 southern rock 을 좋아하며 특히 레너드 스키너드 Lynyrd Skynyrd 를 좋아한다고 했다. 니도 레너드 스키너드의 〈프리 버드 Free bird 〉를 좋아한다고 말해주었다. 호텔 공연장에서 칵테일을 마시며 훌라 춤도 구경했다. 가장 기억에 남는 것은 하나우마 베이 Hanauma Bay 였다. 내가 보

검은색 현무암과 영롱한 바닷물이 조화를 이루는 하나우마 베이

았던 동해와는 전혀 달랐다. 영롱한 초록 빛깔의 바다가 검은색 현무암과 조화를 이루며 환상적인 분위기를 자아내고 있었다. 나는 하나우마 베이에서 태평양의 수평선을 바라보며 마음속으로 외쳤다.

이제 곧 너를 향해 떠난다!

도착하고 3일 후 온누리호는 하와이를 뒤로한 채, 태평양 한복판을 향해 떠났다. 낭만적 환상에 빠져 있던 나를 현실로 돌아오게 한 것은 출항 하루 만에 찾아온 심한 멀미였다. 저녁 식사를 마치고 방에 들어가 잠들 때까지는 괜찮았는데 다음 날 아침부터가 문제였다. 침대에서 일어나 밖으로 나가려니 식은땀이 나고 어지러워서 걷기도 힘들었다. 아무 것도 먹을 수 없었다. 평소 약을 좋아하지 않던 나는 멀미약조차 챙겨 먹지 않았었다. 갑판에 나가 바람을 쐬는 것만이 유일한 약이요, 위안이었다. 온누리호 승조원들은 멀미로 고생하는 나를 동정의 눈으로 바라보았다. 큰 뜻을 품고 대양 탐사에 참여했으나 한 달 내내 멀미를 극복하지 못하고 갑판에만 나와 있다가 결국 해양학을 포기한 사람의 이야기도 들려주었다. 멀미로 인한 당장의 고통보다는 이 멀미를 내가 극복할 수 없을지도 모른다는 생각이 더 큰 고통이고 공포였다.

결국 멀미는 극복되었다. 마음을 편하게 갖고 배의 흐름에 몸을 자연스럽게 맡기는 것이 가장 좋은 해결책이었다. 3일쯤 지나자 바닥을 치고 올라가고 있다는 느낌이 들었다. 대양 탐사의 첫 번째 통과 의례를 무사히 견디어낸 것이다. 이제는 해양 탐사에 이골이 난 나는 어떤 해황海況에서도 멀미를 하지 않지만, 어떤 사람들은 배를 아무리 많이 타도 멀미를 한다. 멀미는 개인차가 크다. 그러나 해양 탐사를 사랑한다면 멀미는 큰 장애물이 아닐 수 있다. 평생 멀미를 하면서도 꾸준히 해양 탐사를 하는 과학자들도 적지 않다.

온누리호에서의 생활에 적응이 될 즈음 나는 한국에 있던 지인들에게 팩스를 보냈다. 지금은 느리긴 해도 배에서도 인터넷에

FROM 온누리호 (FAX: ███-██-█████, TEL:███-██-█████)
TO 통나무 (FAX: ███-████)
███억 부장님께

  소식이 좀 늦어졌습니다. 제가 타고 있는 과학 탐사선 온누리호가 하와이 호놀룰루 항을 출발한지도 벌써 약 20 여일이 지났더군요. 사실 저는 날짜 감각을 상실하고 있습니다. 계획 되었던 탐사들이 하나하나 마무리 되어가는 것을 보면서 시간의 흐름을 느낄 뿐입니다.
  그동안 안녕하셨는지요. 선생님, 통나무 가족들, 도수회, 그리고 우문연 여러분들 모두 건강하시리라 믿고 있습니다. 저도 무리없이 선상 생활에 적응하고 있습니다.
  이곳은 태평양 한 복판입니다. MDM(marine data management) 시스템은 현재 위치, 북위 16도 02분, 125도 10분, 수심 약 4000 미터를 가리키고 있습니다. 지도상에서 하와이와 멕시코 시티를 잇는 선의 중앙에 온누리호가 위치하고 있다고 보면 될 것입니다. 이곳의 수심이 워낙 깊기 때문에 사방을 아무리 둘러봐도 섬하나 찾을 수 없습니다. 혹시 바다에 빠지면 바닥에 닿기 전에 굶어 죽는다는 말이 있을 정도니까요. 대낮에는 어디를 보나 시퍼런 물이요 그야말로 망망대해일뿐 어디가 동인지 어디가 서인지 전혀 느껴지지 않습니다. 그리고 이곳이 배가 다니는 항로가 아니기 때문에 지나가는 배하나 구경할 수 없습니다. 가끔 한가롭게 날아 다니는 바다새들과 물위로 뛰어오르는 날치들만이 눈에 비칠 따름입니다.
  정말 바다라는 곳은 단순한 곳입니다. 상당한 시간 상당한 거리를 이동해도 항상 그모습 그대로입니다. 오히려 하늘만이 갖가지 형태의 구름을 만들어 내면서 변화하고 있습니다. 바다에서는 天多海一이라는 말이 오히려 합당한 것같습니다. 그런데 갑판이나 브리지에서 바다를 바라보면 제가 천구의 한 복판에 서있는 것같은 느낌이 강하게 느껴집니다. 주위가 전부 하늘과 바다가 만나는 수평선이요 그위로 하늘이 둥그렇게 마치 뚜껑같이 바다를 덮고 있습니다. 태평양이 크다, 우주가 무한하다는 생각보다는 천구가 아늑한 집같이 작게 느껴지기도 합니다. 고대인들도 눈에 아무런 장애물도 걸리지 않는 넓은 바다위에서나 아니면 드넓은 평원에 서서 천구라는 개념을 생각해내었을 것 같습니다. 아마 이곳에서 가장 멋있는 장면을 들라고 한다면, 바다위로 떠오르는 일출이나 석양의 모습일 것입니다. 그것을 쳐다보고 있으면 말로 형언할 수 없는 신비감이 느껴지기도 합니다. 그리고 또한가지 장관이 밤하늘의 별이라는데 아섭게도 날씨가 계속 흐려서 지금까지 한 번도 수많은 별을 본적이 없습니다.
  이곳에서의 생활은 상당히 느슨한 편입니다. 출항한 후 한 일주일 동안은 배의 흔들림에 적응이 잘 안되서 계속 두통과 피곤함을 느끼고 하루 종일 잠밖에 잘 수 없었지만 이제는 책을 읽기도 하고 나름대로 여유 있는 생활을 할 수 있을 정도는 됐습니다. 그런데 문제는 이곳이 한국과 시간이 다르고 작업하는 시간이 야간인 경우가 많았고 그 내용이 변하면 작업 시간도 변하기 때문에 생활의 리듬을 찾기가 힘들다는 것입니다. 오늘도 새벽 2시면 일어나서 다음날 오후 2시까지 갑판작업을 해야 하기 때문에 빨리 자야 하는 형편입니다. (이곳시간으로 현재 19시 30분인데 한국은 아마 오후 13시 30분일 것입니다. 이곳은 시간은 한국보다 6시간 빠르고, 날짜는 하루씩 뒤쳐집니다) 여기서 하는 일들 중 어렵다거나 신경을 많이 써야 하는 것은 없지만 생활의 리듬이 파괴되는 상당히 피곤한 일임에는 틀림이 없습니다. 그렇지만 이번 항해에는 젊은 과학도들이 많이 타고 있기 때문에 서로간의 대화를 통해 배우는 것도 상당히 많은 것 같습니다.
  이제 이번 탐사의 주된 목적이었던 지구 물리 탐사가 끝나고 심해저의 망간단괴 샘플을 채취하는 일을 하고 있습니다. 이 작업이 끝나면 한달간의 항해를 마치고 이곳 날짜로 7월 14일 로스앤젤레스 항으로 입항을 하게 됩니다. 로스앤젤레스에서 3박 4일을 체류하고 7월 19일이면 한국으로 돌아갑니다. 하와이에서 있었던 일, 배에서 느꼈던 점 등 보다 구체적인 내용들은 귀국 후에 정리해볼 생각입니다. 무엇보다도 서원과 고신에 대한 일들이 궁금하군요. 얼마 안있으면 서원도 시작을 할테고 지금쯤이면 고신에 대한 준비도 진행되고 있을 것 같습니다. 서원에 이번에도 많은 학생들이 등록을 했는지, 청년신어 주제는 정해졌는지, 우문연은 잘 진행되고 있는지... 몸은 비록 머나먼 태평양 한복판에 있지만 마음은 항상 그곳에 가 있는 것 같습니다.
  이제 돌아갈 날도 약 2주 정도 남았습니다. 무사히 남은 일정을 마치고 귀국하여 뵙도록 하겠습니다.

    태평양 한 복판 온누리호에서   1996년 이곳 날짜로 7월 3일 *서명*

첫 해양 탐사 도중 한국으로 보낸 팩스

접속할 수 있지만 당시에는 인말새트^INMARSAT라는 통신 위성을 이용한 팩스와 전화 외에는 연락 방법이 없었다. A4 용지 한 장에 5,000원의 요금을 내야 해서 빡빡하게 내용을 채워서 팩스를 보내곤 했다.

이 탐사에서 내가 맡은 일은 프리 폴 그랩^Free Fall Grab, FFG이라는 장비를 이용한 망간단괴 채취였다. 번역하면 '자유낙하식 시료 채취기'라고 할 수 있을 이 물건은 아주 흥미로운 장비였다. 말 그대로 선을 연결하지 않고 바다에 던져 넣으면, 해저면 바닥까지 내려갔다가 바닥에 닿으면 그물 달린 집게가 작동해 망간단괴를 잡고 표층으로 다시 올라오는 것이다. 이 장비는 부메랑 그랩이라는 별칭도 갖고 있는데, 부메랑같이 던지면 해저면 바닥까지 갔다가 자동으로 다시 돌아오기 때문이다. 이런 장비를 사용할 수 있는 것은 망간단괴가 마치 자갈과도 같이 부드러운 심해 퇴적물 위에 높은 밀도로 깔려 있기 때문이다. FFG가 해저 바닥까지 갔다가 돌아올 수 있는 것은 이 장비에 부표와 부표보다 무거운 추가 달려 있기 때문이다. 바다에 투하되면 추의 힘으로 바닥까지 갔다가 바닥에 닿는 순간 추가 분리되면 부표의 힘으로 올라오는 것이다. 그리고 통짜로 된 추라면 너무 무거워서 선상에서 다루기 어려울 테지만 FFG에 달린 추는 쇳조각이 가득 담긴, 이이래 뚜껑이 달린 원통이다. 원통에다가 삽으로 작은 쇳조각들을 퍼 담으면 되는 것이다. 바닥에 닿으면 FFG의 그물 집게가 닫힘과 동시에 원통의 아래 뚜껑이 열려서 쇳조각을 바닥에 쏟아내고 가벼워져 올라올 수 있게 된

부력을 이용해 시료를 채취하는 자유낙하식 시료채취기 ⓒ한국해양과학기술원

다. FFG는 매우 기발한 장비임에 틀림없다. 해양 탐사를 하다보면 FFG만큼 기발한 장비를 종종 만나게 된다.

　　　　망간단괴 채취 작업을 위해서는 여섯 명이 한 조를 이루어 12시간씩 2교대로 밤낮없이 4개의 FFG를 운용해야 했다. FFG를 세팅하고 추로 작동할 쇳조각을 퍼 담아 바다에 던지고, 다시 건져 올리고 올라온 망간단괴의 특성을 기록하는 것이 주된 선상 작업이었다. 바다에 던져진 FFG는 약 2시간 후에 돌아오는데 대체로 들어갔던 위치에서 다시 떠오른다. 하지만 상황에 따라 멀리 떠내려가는 것들도 있기 때문에 FFG를 찾는 것은 주의를 요한다. 바다 위로는 부표만 보이게 되는데 눈에 잘 띄게 하려고 파란 바다와 대비되는 노란색 부표를 사용한다. 밤에는 부표 위 폿대에 조명을 추가로 단다. 육안으로만 부표를 찾아야 하는 낮보다는 조명이 반짝반짝 빛나는 밤이 FFG를 찾기가 오히려 수월하다. 칠흑같이 어두운 대해에서 조명이 별처럼 빛나던 광경이 아직도 선명하다.

무엇보다 기억에 남는 것은 팀워크였다. 여섯 명의 호흡이 잘 맞아야 일이 순조로운 법이다. 처음에는 허둥댔지만 익숙해지면서 장비 세팅에 드는 시간은 점점 줄어들었다. 탐사가 끝날 즈음 팀원들의 손발이 거의 완벽하게 맞았다. 그때의 끈끈했던 팀워크는 아직도 잊을 수가 없다.

FFG에 잡혀서 올라온 감자같이 생긴 동글동글한 망간단괴들이 내 호기심을 자극했다. 5,000m 깊이의 심해저에 왜 이런 검은 덩어리들이 존재하는 걸까? 이렇게 깊은 바닷속에 있는 금속 덩어리까지 우리가 사용해야 하는 걸까? 이런 의문이 꼬리를 물고 이어졌다. 망망대해의 푸르름과 검은 망간단괴 그리고 팀원들과의 끈끈하고 효율적인 팀워크, 바다는 내게 그렇게 다가왔다.

심해 퇴적물과 월리스 브로커

"나는 컴퓨터도 이메일도 쓰지 않습니다. 요즘 사람들 기준으로는 화석 같다고 볼 수 있겠죠. 그렇지만 나는 아주 영리한 화석입니다."

20세기 가장 위대한 해양학자 중의 한 명인 월리스 브로커Wallace Broecker는 이 말을 서두로 강연을 시작했다. 브로커는 우리 시대의 화두인 '지구 온난화'라는 말을 처음 사용한 것으로 일반 대중들에게도 알려져 있는 과학자이다. 2014년 5월 7일, 장소는 하버드대학교 자연사 박물관의 대형 세미나실. 2013년 가을부터 2014년 여름까지 하버드대학교 지구행성학과에서 방문연구원으로 1년간의 시간을 보내고 있었던 나는 설레는 마음으로 브로커 박사의 강연에 참석했다. 내가 해양과학자의 길을 가기로 결심하는 데 결정적인 영향을 미쳤던 『바다의 추적자들Tracers in the Sea』을 쓴 과학자가 바로 월리스 브로커였기 때문이다.

브로커의 연구에 경외심을 품고 있던 나는 그의 강의를 직접 들을 수 있다는 사실에 흥분할 수밖에 없었다. 그런데 당시 85세의 노석학의 첫마디에 나는 작은 충격을 받았다. 여러 가지 수식과 다양한 그래프로 가득한 700페이지에 육박하는 방대한 저작의 연구 내용이 컴퓨터의 도움 없이 수작업으로 이루어졌다는 사실이 놀라웠다. 나의 해양학 영웅과의 만남은 내가 해양학으로 첫 발을 내딛던 때를 떠올리게 했다.

첫 탐사를 다녀온 후 연구소에 남아 계속 일을 해야겠다는 결심을 하는 데 큰 고민이 필요하진 않았다. 당장 탐사 결과물들을 정리해야 할 의무도 있었고 큰 무리 없이 해양 탐사를 소화해냈으니 장기적으로 해양 분야에서 일해볼 수 있다는 전망을 가질 만 했다. 그러나 해양학에 대한 감은 여전히 잡을 수 없었다. 나는 해양학과의 존재를 서울대학교에서 과학사를 가르치고 있던 김영식 교수의 글을 통해 처음으로 알았다. 그 글에서 김영식 교수는 한국 사회에 깊이 뿌리박고 있는 문·이과 구분의 폐해를 비판하며 '해양학'을 예로 들고 있었다. 해양학이 이과로 분류되어 자연과학대에 속해 있는 현 상황이, 자연과학뿐 아니라 인문·사회·경제적 관점에서 다양한 접근을 필요로 하는 바다에 대한 이해를 좁혀버릴 수 있다는 것이었다. 당시도 그랬지만 지금도 김영식 교수의 이러한 주장에 십분 공감한다.

한편으론 바다에 대한 일반인들의 과학적 인식이 너무 부족하다는 생각도 든다. 삼면이 바다로 둘러싸인 대한민국에서 바다는 우리에게 너무나 친숙하다. 여름휴가를 해변에서 보내기도 하고 바다에서 잡은 다양한 해산물들을 즐기기도 한다. 바다는 수산업 종사자들에게는 삶의 기반이며 무역업을 하는 사람들에게는 교역의 통로이고 작가에게는 문학적 소재가 된다. 많은 사람들이 다양한 목적으로 바다를 접하고 바다에 대한 나름의 이미지를 갖고 있을 것이며 다양한 이유로 바다를 사랑할 것이다. 그러나 바다가 어떻게 움직이는지 바다가 지구 환경에서 어떤 역할을 하는지에 대해서는 잘 알지 못한다. 해양학과가 설치되어 있는 대학은 소수이다. 해양학과가 있다는 걸 처음 들어봤다는 사람도 의외로 많다. 해양학과 졸업생들은 "해양학과를 나오면 선장이 되는 건가요?"라는 질문을 종종 받는다고도 한다.

   대양 탐사를 다녀온 직후에도 해양학에 대한 나의 무지는 일반인들과 거의 차이가 없었다. 연구소에서 내 업무를 지도하던 선임연구원에게 던졌던 첫 질문이 "해양학의 연구 대상은 바닷물인 건가요?"였던 것이다. 바다는 결국 바닷물이고 어디서나 비슷해 보이는데 어떤 연구가 가능할지 전혀 감을 잡을 수 없는 무지한 상태에서 던진 질문이었다. 해양학 박사였던 그분은 내 질문에 어처구니없다는 표정을 지으며, 물론 바닷물이 해양학의 중요한 연구 대상이긴 하지만 바닷물로만 한정할 순 없다고 간단하게 답해주었다. 해양학이라는 과학이 해류와 조석 등을 연구하는 물리해양학, 바닷물의 화학적 특성을 연구하는 화학해양학, 바다에 사는 생물을 연구하는 생물해양학 그리고 바다 아래 지질을 연구하는 지질해양학으로 구분된다는 것을 알게 된 것은 나중이었다. 해양학이라는 한 분야에 물리학·화학·생물학·지질학 모든 분야가 공존하고 있는 것이니 그 영역은 바다와 같이 넓다고 볼 수 있을 것이다.

   해양연구소에서 나에게 첫 연구 과제로 주어진 것은 바닷물이 아닌 수심 5,000m 아래에서 채취된 심해저 퇴적물이었다. 5월에 진행되었던 1차 탐사 기간 동안 채취된 것이었다. 지형 조사와 FFG로 망간단괴를 채취하는 것이 주목적이었던 2차 탐사와는 달리 1차 탐사는 망간단괴 채취가 가져올 환경변화를 모니터링하기 위한 탐사였다. 다양한 심해 환경 정보를 수집했는데 심해저 퇴적물 채취도 그 중 하나였다. 그런데 내 앞에 놓인 것은 현장에서 막 채취된 그대로의 질척질척한 퇴적물이 아니라 인절미 고물 같은 고운 분말이었다. 내가 탐사를 나가 있던 기간 동안 다른 연구원들이 퇴적물을 건조하고 막자로 이미 곱게 빻아놓은 것이었다. 퇴적물의 채취 당시 모습은 두 권의 현장 노트에 폴라로이드 사진으로 담겨 있었다.

심해저 퇴적물 채취에 이용된 장비는 가로·세로·높이 약 50cm의 상자 모양 채취기가 부착되어 있는 박스 코어였다. 이 장비에 줄을 달아 해저면을 향해 던져 박스가 박히는 깊이만큼의 퇴적물을 채취한다. 상자 크기에서 알 수 있듯 박스 코어는 50cm 깊이 이내의 표층 퇴적물을 채취하는 데 사용된다. 퇴적물을 좀 더 깊게 채취하고 싶으면 피스톤 코어라는 장비를 사용하거나 시추를 해야 한다. 폴라로이드 사진 속 퇴적물은 위에서부터 갈색, 연갈색, 암갈색 3개의 층으로 이루어져 있었다. 약 두 달 후 심해저 퇴적물을 눈으로 직접 볼 수 있었다. 그것은 납작하고 투명한 아크릴 상자에 담겨 있었는데, 속삭석으로 나의 흥미를 끌었다. 망망대해 5,000m 아래에 쌓인 퇴적물이라니! 지금 내 눈앞에 심연에서 가져온 퇴적물이 놓여 있는 것이다. 여기에 어떤 의미가 담겨 있을까?

퇴적물 측면에서 관찰되는 갈색 층은 대체로 10cm 정도의 일정한 두께를 갖고 있었고 수분이 풍부했으며, 그 아래 연갈색 층은 20cm 내외로 그 위 갈색 층보다 수분 함량이 확연히 낮았다. 암갈색 층은 아래에 조금 나타나기 때문에 그 두께를 가늠할 수는 없는데 연갈색 층과 거친 경계면을 이루고 있으며 좀 더 딱딱했다. 직관적으로 원래 연갈색 층에 들어 있던 망간 성분이 위로 이동해서 망간단괴를 형성한 것으로 보였다. 망간단괴만 봤을 때는 망간단괴의 기원이 상상도 안 갔는데, 퇴적물과 함께 보니 약간 알 것도 같았다. 마치 두더지가 굴을 판 것 같은 흔적이 군데군데 있었다. 심해 생물이 만들어낸 흔적인 것 같았다.

퇴적물을 화학 분석하는 것은 복잡하고 섬세한 과정이다. 퇴적물 분말에 강산을 넣어 가열해 완전히 녹인 후 산을 증발시킨다. 강산을 날린 후 잔류물에 약산을 첨가하여 완전히 용해시키고, 이 용액을 원자 흡광 장치^{Atomic absorption, AA}에 넣어 철·구리·망간·니켈·코발트·아연 등 중금속 함량을 분석했다. 유도 결합 플라스마 질량 분석기^{ICP-MS}로는 희토류 원소를 분석했다. 모든 분석을 마치는 데 석 달이 걸렸다.

화학 분석 결과, 심해저 퇴적물 속 중금속과 희토류 함량은 매우 높았다. 중간에 낀 연갈색 층 중금속 함량이 상대적으로 낮은

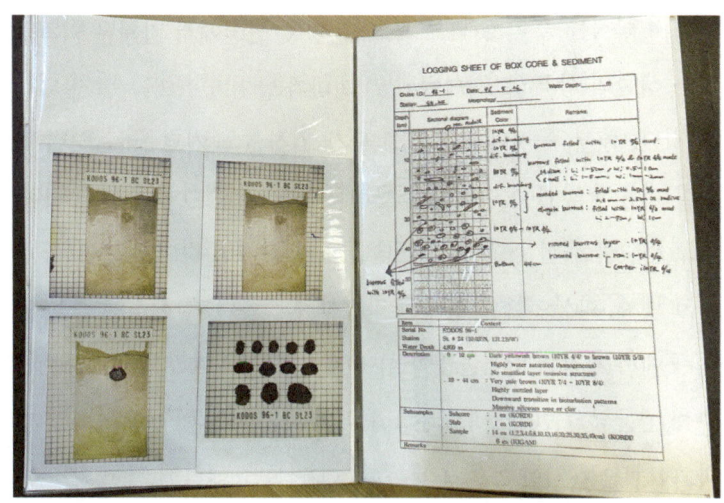

심해 퇴적물과 망간단괴의 특성을 기술한 현장 노트

것으로 보아, 예상대로 여기에 있던 성분이 망간단괴로 이동한 것으로 보였다. 망간단괴는 유용 금속 함량이 매우 높아 자원 가치가 높지만, 심해저에 있기 때문에 개발 비용이 너무 많이 들어 당장은 자원으로 활용하기 어렵다. 심해저 퇴적물은 망간단괴의 기원을 설명하는 데도 필요하지만 사실 그보다 많은 비밀을 갖고 있다. 퇴적물은 종류를 불문하고, 다른 곳에 있었던 것들이 이동해 와서 쌓인 것을 지칭한다. 그렇다면 심해서 퇴석물은 대체 어디에서 어떤 경로로 이동해 대륙에서 수천 km 떨어진 심연 아래에 쌓인 것일까?

바다에는 많은 생명체들이 산다. 망망대해의 심연에 쌓여 있는 퇴저물은 첫째, 생물의 사체에서 기원한다. 플랑크톤의 사체가 심해저 퇴적물 중 가장 많은 부분을 차지한다. 물론 어류나 바닥에 사는 생물의 사체도 일부 있지만 플랑크톤에 비하면 그 양이 현저히 적다. 둘째, 육지에서 기원한 미세 입자들도 바람을 타고 먼 거리를 이동해 쌓인다. 셋째, 바닷물에서 직접 침전한 것들도 쌓인다. 주로 바닷물에 잘 녹지 않는 금속들로, 대표적인 것이 망간이다. 그리고 넷째, 화산이나 열수에서 기원하기도 한다. 심해 퇴적층은 이 네 곳에서 기원한 퇴적물들이 섞여서 형성된다. 따라서 퇴적층에는 수층 생물상의 변화, 대기의 흐름의 변화, 해류 등 수층 특성의 변화, 화산 활동 영향 등이 기록된다. 이 기록을 해석해 지구 환경 변화를 재구성할 수 있다. 나는 심해저 퇴적물의 중금속과 희토류 원소들의 분화와 퇴적 당시의 고古해양환경 등을 연구해 석사 학위를 받았다.

    연구 과정에서 심해저 퇴적물은 전 지구가 작동한 결과물임을 깨달았다. 전 지구 작동에서 바다가 차지하는 비중은 내가 생각했던 것보다 훨씬 컸다. 선배 연구자들과의 대화를 통해 해양학에 대해 많은 걸 배울 수 있었지만, 갈증을 해소하기 위해 원서와 다양한 논문을 읽어야 했다. 그중 나에게 가장 큰 지적인 자극을 주었던 책이 바로 월리스 브로커의 『바다의 추적자들』이었다. 이 책은 매우 전문적인 서적이었고 해양학 초보자에 불과했던 내가 이해하기는 무리였다. 그러나 당시 이 책은 나에게 바다를 과학적으로 이해하기 위한 방법이 담긴 보고로 보였다. 나는 마치 에베레스트에 등

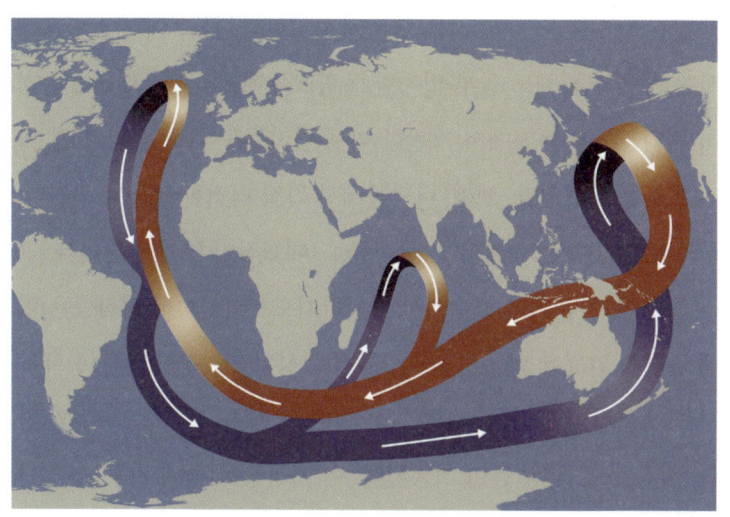

브로커가 제시한 대양 순환 컨베이어 벨트 모델

정하는 심정으로 틈날 때마다 이 책을 읽고 또 읽었다.

특히 나는 브로커가 제시한 대양 순환 컨베이어 벨트에 매혹되었다. 브로커의 대양 순환 컨베이어 벨트란, 북극에서 가까운 북대서양의 표층에서 가라앉은 차갑고 무거운 바닷물이 대서양 심해를 따라 남하해 남극 주변에서 가라앉은 바닷물과 섞여 남극 대륙 주변을 돌다가 인도양과 태평양의 심해로 흘러 들어가고, 인도양과 동태평양의 지위도에서 다시 표층으로 상승해 서쪽으로 흘러 다시 대서양에 도달하고 방향을 바꿔 북극을 향해 흘러서 원래의 장소로 돌아간다는 모델이다. 이 모델에 따르면 내가 탐사했던 동태평양 심해에는 수백 년 전 북극과 남극에서 기원한 물들이 섞여 흐르고 있었던 것이다. 이 컨베이어 벨트가 한 번 순환하는 데 걸리는 시간은 약 1,000년이다! 느리게만 보이는 대양의 순환이 현재 기후의 중요한 조건이라는 것이 학계의 정설이다. 브로커는 대양 컨베이어 벨트의 작동이 원활하지 않으면 지구는 냉각되어 빙하기로 접어들게 된다고 말한다. 내가 중앙 해령을 연구하면서 브로커와는 다른 길을 걷게 되었지만 그가 제시한 모델들은 여전히 나에게 중요한 영감의 원천이 되고 있다.

이산화탄소와 화산 폭발

하버드대학교에 머무는 동안 가장 좋았던 것은 저명한 학자들의 발표를 눈앞에서 직접 들을 수 있다는 것이었다. 하버드대학교에서는 중요한 이슈에 대한 정치인, 경제학자, 과학자 등 저명인사의 특강을 많이 마련하는데, 일반인들도 들을 수 있는 열린 강의가 제법 많다. 브로커 박사의 강연 하루 전날 랠프 킬링Ralph Keeling 박사의 강연이 있었다. 제목은 〈오, 위대한 신세계! 400ppm을 넘어 기후변화 시대로 진입하기〉, 주제는 '킬링 곡선Keeling Curve의 현황과 미래'였으며 일반인들을 대상으로 하는 강연이었다. 미국의 전 부통령인 앨 고어Al Gore도 직접 참석할 예정이었지만 그는 다른 일정이 생겨 동영상 메시지만 보내왔다. 동영상 속의 고어는 지구 온난화 해결을 위한 즉각적 행동이 필요하다면서도 자신은 해결 가능성에 대해 대체로 낙관적이라는 의견을 피력했다.

킬링 곡선은 1958년부터 현재까지 대기 중 이산화탄소의 농도의 시간에 따른 변화를 보여주는 그래프이다. 스크립스 해양연구소의 대기과학자였던 찰스 킬링Charles Keeling은 하와이의 마노아에서 1958년부터 대기 중 이산화탄소 농노 측정을 시작해 그가 사망한 2005년까지 거의 50년 가까이 이 작업을 지속했다. 그의 측정 결과는 대기 중 이산화탄소 농도가 1958년 이래 현재까지 지속적으로 증가하는 추세를 명확히 보여준다. '킬링 곡선'이란 이름은 물론 찰스 킬링의 이름에서 딴 것이다. '킬링 곡선'의 킬링Keeling은 죽임을 뜻하는 킬링Killing과 아무런 상관이 없지만 발음의 유사성이 가져다 준 느낌의 무게는 꽤 무거운 것 같다. 지구 온난화 재앙 시나리오의 기저에는 '킬링 곡선'이라는 장기 관측 데이터가 자리잡고 있다. 강연을 했던 랠프 킬링은 찰스 킬링의 둘째 아들로, 아버지의 뒤를 이어 과학자로서 대기 중 이산화탄소 농도를 계속 측정하고 있다.

찰스 킬링은 관측 시작 초기부터 대기 중 이산화탄소 농도가 계속 증가하고 있다는 것을 발견했고, 그 원인이 인류가 사용하는 화석 연료 때문이라고 확신했다. 그는 대기 중 이산화탄소 농도의

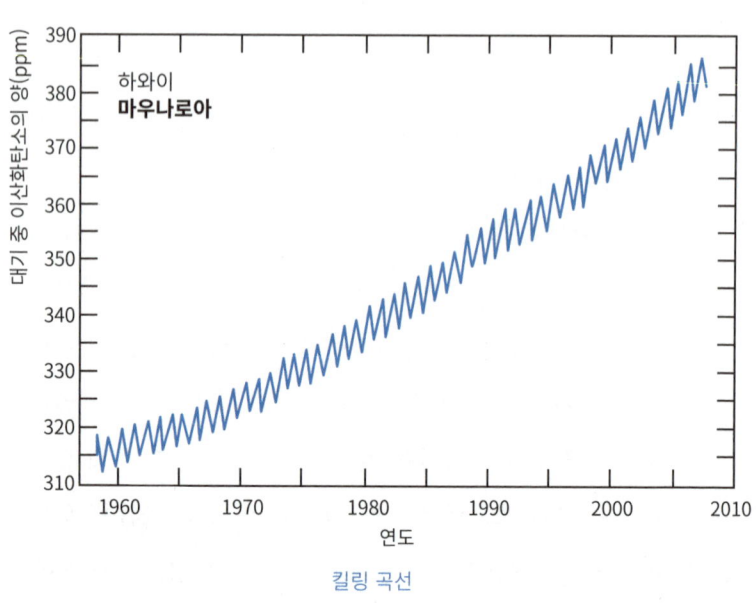

킬링 곡선

증가는 결국 지구 온난화를 초래할 것이라고 주장했다. 그러나 이 주장은 초기에는 잘 받아들여지지 않았다. 이산화탄소 농도가 증가하고 있다는 관측 결과를 부정하는 사람은 없었지만, 1970년대까지만 해도 지구가 더워지고 있다는 증거를 찾을 수 없었기 때문이다. 그때까지의 기록에 따르면 지구의 평균 온도는 들쭉날쭉했으며 당시에는 오히려 낮아지는 추세를 보였다. 월리스 브로커는 이러한 시대적 분위기에서 당시 지구 평균 온도가 떨어진 이유를 설명하고 대기 중 이산화탄소 증가가 결국 지구의 온난화를 초래할 것이라는 과학적 예측을 담은 논문을 1975년 《사이언스 Science》에 발표했다.

월리스 브로커가 '지구 온난화'의 아버지란 말을 듣게 된 것은 이 때문이었다. 하지만 정작 그는 이 호칭이 부담스럽다며 좋아하지 않았다고 한다. 자신의 책에서 그는 평생 동안 단기적인 변화보다 장기적이고 거시적인 차원에서 지구를 이해해보려 했다고 쓰고 있다. 그리고 자신의 최초의 과학적 공헌은 바다가 안정된 평형 상태가 아닌 비평형 상태에 있으며 어떤 한계를 넘어가면 되먹임 작용이 일어난다는 것을 보여준 데 있다고 회고하고 있다. 나 역시 지구과학자의 임무는 거시적이고 장기적인 관점에서 지구의 작동 방식을 이해하려는 노력을 하는 것이라고 생각한다.

랠프 킬링의 강연 다음 날 브로커는 마침 '킬링 곡선' 이전 시대의 지구 기온과 이산화탄소의 변화 추이를 다루었다. 우리가 살고 있는 지질 시대인 홀로세는 신생대 제4기의 두 번째 시기이다.

약 1만 년 전부터 현재까지를 의미하며, 이 직전이 바로 브로커가 강연에서 다룬 신생대 제4기의 첫 번째 시기인 플라이스토세이다. 홀로세는 기후가 비교적 안정되어 있어 인류가 문명을 건설하고 번영을 구가하는 기본 조건이 되고 있다. 킬링 곡선은 홀로세의 안정적 환경이 인간에 의해 무너질지 모른다는 두려움을 유발하고 있는 셈이다. 이와 관련해서 일부 학자들은 인류의 영향으로 홀로세 이후 인류세에 접어들었다고 주장하기도 한다. 그런데 약 258만 년 전부터 홀로세 전까지의 시기인 플라이스토세는 홀로세와 달리 안정적인 환경이 아니었다. 빙하기와 간빙기가 반복되었으며 사실상 따뜻했던 시기보다는 추웠던 시기가 더 많았고 환경은 불안정했다.

홀로세의 번역어는 충적세인데, '충沖'은 조용하다는 뜻이며 충적세란 퇴적물이 안정적으로 쌓이고 있다는 의미이다. 플라이스토세의 번역어인 홍적세의 '홍洪'은 홍수를 뜻하며 홍수같이 격렬한 에너지에 의해 퇴적물이 쌓인 시대를 의미한다. 홍적세라는 이름은 '노아의 방주' 설화에서 왔지만 지질학 연구에 의하면 이 시기의 퇴적 작용 중에는 홍수보다 빙하의 움직임과 관련되어 이루어진 것들이 많다. 그만큼 지구에 빙하로 덮인 곳들이 많았던 것이다.

플라이스토세가 기온이 상대적으로 낮았고 불안정한 시기였다는 걸 어떻게 알 수 있었을까? 과거 기후 복원에는 해양 퇴적물과 빙하 모두 활용되지만 과거의 기온과 대기 조성에 대한 가장 직접적인 자료는 빙하 연구에서 온다. 남극의 빙하는 눈이 쌓여서 형성된 것이기 때문에 빙하 기포에는 눈이 쌓일 당시의 공기가 포집되어 있으며 이 공기를 분석하면 쌓일 당시 대기의 성분을 알아낼 수 있다. 당시 대기의 온도도 빙하 분석을 통해 알 수 있다. 그렇다면 빙하의 나이는 어떻게 알 수 있을까? 나무에 나이테가 있듯 빙하 주상 시료에는 층리라는 것이 있다. 층리를 분석하면 빙하의 나이를 알 수 있다. 빙하 주상 시료 분석은 섬세한 기술이 필요한 고난도 작업이다.

다음 페이지의 그래프는 브로커가 강연에 이용한 남극 보스토크 빙하에서 시추한 주상 시료의 분석 자료이다. 여기에서 x축은 현재부터 과거 40만 년 전까지의 시간, y축은 시기별 온도 변화와

남극의 빙하를 분석하면 먼 옛날의 대기 소성을 알 수 있다

이산화탄소 농도 변화이다. 이 그림에서 온도와 이산화탄소가 동시에 높은 시기가 간빙기, 두 변수가 동시에 낮은 시기가 빙하기에 해당한다. 앞에서 소개한 킬링 곡선과 비교해보면 현재 이산화탄소 농도가 인류 문명이 발전하기 전에 비해 얼마나 높은 것인지 다시 한 번 확인할 수 있다. 인류의 가장 오래된 조상으로 알려져 있는 오스트랄로피테쿠스는 플라이스토세 초기인 200만 년 전 처음 등장했다. 오스트랄로피테쿠스 등장 이후 다양한 인류의 조상들이 등장하여 생존해오다 결국 사라졌는데 현생 인류는 홀로세 초기에 뒤늦게 나타나 주도권을 잡아 1만 년이라는 기간 동안 문명 세계를 건설하고 있는 것이다. 인류의 조상들은 현생 인류에 비해 훨씬 거친 환경에서 살아갔던 것이다. 브로커는 강연에서 이 시기가 거칠고

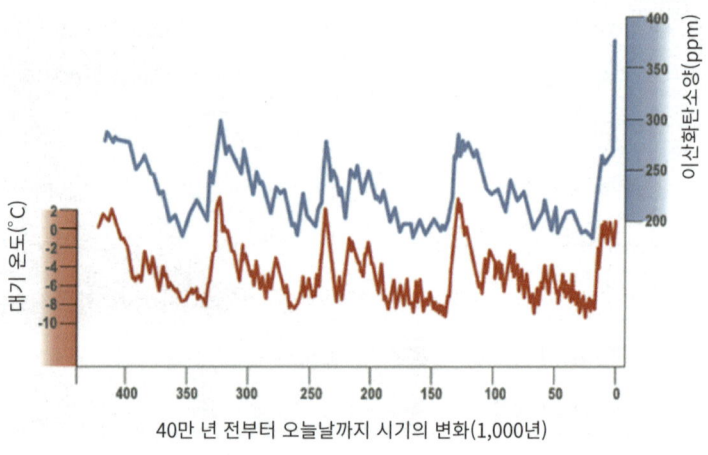

40만 년 전부터 오늘날까지의 대기 온도와 이산화탄소 농도

불안정했던 이유를 설명하고자 했다.

브로커의 강연 제목은 〈비대칭적 톱니 형태의 10만 년 주기 뒤에는 무엇이 숨어 있는가?What's behind the 100 kyr asymmetrical sawtooth cycle?〉였다. 제목만으로는 감을 잡기 힘들겠지만 그래프를 주의 깊게 보면 왜 "비대칭적 톱니"라고 표현했는지 쉽게 이해할 수 있다. 지구 평균 기온과 이산화탄소 농도가 장단을 맞춰 평행을 이루면서 "비대칭적 톱니" 같은 형태를 보여주고 있기 때문이다. "비대칭적 톱니"라는 표현에 주목할 필요가 있는데, 이는 지구 기온 변화가 물결 모양같이 부드럽게 진행되는 것이 아니라 비대칭적이고 급작스럽게 일어난다는 사실이다. 자세히 살펴보면 빙하기에도 간빙기에도, 급작스러운 기온 변화가 수차례 보인다.

또 한 가지 주목해야 할 점은 지구의 기온과 이산화탄소의 시간에 따른 변화 패턴이 거의 일치한다는 것이다. 왜 지구의 온도와 대기 중 이산화탄소는 같은 변화 패턴을 보이는 것일까? 어떤 것이 원인이고 어떤 것이 결과인가? 이것을 설명하는 것이 브로커의 연구 과제 중의 하나였다. 이와 같은 빙하기-간빙기 주기를 만들어내는 요인으로 밀란코비치 주기Milinkovitch cycle라는 것이 널리 알려져 있다. 밀란코비치 주기란 간단히 말하면 지구의 자전축과 공전 궤도의 변동이 가져오는 일조량의 장주기적인 변화이다. 장주기라는 표현은 역시 지구의 자전과 공전에 의해 일어나는 단주기 변화인 밤낮과 계절 변화에 비해 그 주기가 10만 년 스케일로 매우 길다는 의미이다.

지구의 운동이라고 하면 흔히 자전과 공전만을 생각하는데, 사실 지구의 운동은 좀 더 복잡하다. 지구의 자전축은 약간 기울어 있는데(현재 23.5°), 고정된 채로 있는 것이 아니라 팽이의 축이 빙빙 돌듯 원운동을 한다. 이를 지구의 세차 운동 precession이라고 하며, 자전축이 한 바퀴 회전하는 데 걸리는 시간은 2만 6,000년이다. 마찬가지로 지구의 공전 궤도 또한 시간에 따라 원형에서 완만한 타원형으로 변화하는데, 이 찌그러짐의 변화 주기는 10만 년이다. 또한 장동 nutation이라는 현상도 발생한다. 이는 지구의 자전축이 기울어진 각도가 커졌다가 작아졌다가 하는 것을 주기적으로 반복하는 현상으로, 이 주기는 약 4만 1,000년이다.

이와 같은 지구 운동의 다양하고 미세한 변화가 지구에 도달하는 일조량의 장주기적 변화를 가져오게 되는 것이다. 세르비아의 지구물리학자 밀루틴 밀란코비치 Milutin Milanković가 지구의 운동 변이가 가져오는 일조량의 변화를 수작업으로 계산하여 위도별로 그 영향을 도출해냈다. 밀란코비치의 계산에 의하면 이 주기는 일조량의 변화는 위도별 편차를 보이며 적도에 가까운 지역에서는 두드러지지 않지만 북반구 고위도에서는 두드러진다는 것을 보여주었다. 옆의 그림은 밀란코비치가 계산한 위도별 일조량 변화인데 북반구 고위도에서 빙하기에 일조량이 최저임을 보여준다.

밀란코비치 주기가 가져온 북반구 고위도의 일조량 변화만

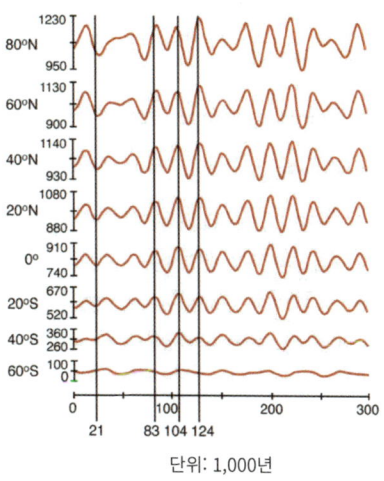

북반구 여름철 위도별 일조량 변화

으로 빙하기-간빙기 주기를 설명할 수 있는 것일까? 밀란코비치가 계산해낸 위도별 일조량 변화와 비대칭적 톱니를 비교해보면 문제가 간단하지 않음을 알 수 있다. 두 그림을 비교해 보면 대칭적이고 부드러운 물결 모양의 밀란코비치 주기와 비대칭적 톱니 모양의 기온 변화는 직접적으로 매칭이 되지 않는다. 즉, 밀란코비치 주기가 기계적으로 기온 변화에 반영되는 것은 아니다. 지구 기온 변화에 장단을 맞추어 변화하는 대기 중 이산화탄소 농도를 어떻게 설명할 것인가? 밀린코비치 주기와 빙하기-간빙기 주기가 관련이 있는 것은 분명해 보이지만 그 관계는 복잡한 것이다. 이 문제는 지구과학계의 난제 중의 하나이다. 빙하기에 이산화탄소 농도가 낮은 이유는 빙하기 동안에는 많은 이산화탄소가 심해에 저장되어 있기 때문이라는 설이 대체로 받아들여지는 것 같다. 빙하기에는 남극해 플랑크톤의 개체수가 급격히 증가하고 플랑크톤 껍질에 흡수된 많은 이산화탄소가 심해에 저장된다는 것이다. 브로커는 밀란코비치 주기가 지구의 계절 패턴을 변화시켜 해류 순환에 변화를 가져오며, 이 변화가 남극해의 플랑크톤 활동에 영향을 주어 대기 중 이산화탄소량이 조절되어 빙하의 크기를 변화시킨다고 주장했다. 결국 브로커는 자신이 제시한 대양 컨베이어 벨트의 작동 패턴 변화로 지구의 기온과 이산화탄소의 관계를 설명하고자 한다.

브로커는 강연에서 자신의 모델에 중요한 수정 사항이 있음을 밝혔다. 이산화탄소 농도의 변화 원인에 '화산 폭발'이라는 새로운 요인을 추가한 것이다. 이 '화산 폭발 모델'은 하버드대학교에 재직하고 있는 피터 휴이버스Peter Huybers와 찰스 랭뮤어Charles Langmuir 교수가 제시한 모델인데, 빙하기 때 빙하가 대륙의 많은 지역을 덮어 버리면 그 무게로 화산 활동이 둔화되어 화산 폭발로 공급되는 이산화탄소량이 줄어드는 반면 간빙기에 빙하가 풀리면 화산 활동이 활발해져 대기 중 이산화탄소 농도가 증가한다는 것이다. 브로커가 자신의 학설에 전면적 수정을 가한 것은 아니지만, 빙하의 증감이 화산 활동에 영향을 주고 화산 활동이 이산화탄소 농도에 영향을 줄 수 있다는 가설은 인정했다.

나에게 브로커의 모델이 얼마나 타당한지 여부를 판단할 수 있는 능력은 없다. 그러나 지구의 기후 변화를 이해하기 위해서는 지구의 운동, 바다, 생물, 대기 그리고 지구 내부의 활동을 총체적으로 고려해야 하지 않을까? 물론 인간의 활동 역시 중요한 변수가 되어야 할 것이다. 그러나 플라이스토세 대기 자료가 보여주듯 기후의 변화는 인간의 개입 없이도 급작스럽게 일어나곤 한다. 지구는 본질적으로 안정적인 균형 상태는 아닌 것이다. 지구의 기후와 환경은 인간 없이도 변해왔으며 변해갈 것이라는 점은 분명하다.

한편, '화산 폭발 모델'을 주장한 찰스 랭뮤어 교수는 나의 오랜 공동 연구자로서, 내가 하버드대학교에서 1년 간 연구할 수 있도록 초청해주기도 했다. 그는 하버드대학교로 옮기기 전 월리스 브로커와 콜롬비아대학교에서 거의 20년을 같이 있었으며 『어떻게 거주 가능한 행성을 만들 수 있을까 How to build habitable planet』라는 지구과학 책을 공동 저술하기도 했다. 브로커의 강연이 있던 즈음 나는 랭뮤어 교수와 빙하기-간빙기 주기가 중앙 해령 주변의 지형에도 반영된다는 학설을 논의하고 있었다. 이 논문에는 아라온호의 첫 중앙 해령 탐사 기간 획득한 지형 자료가 중요한 근거로 활용되었다. 이 논문은 10개월 후 《사이언스》에 실렸다. 고해양학을 공부하다가 중앙 해령 연구로 방향을 바꾸었으나, 그 길에서 다시 고해양학과 만났다. 역시 지구 전체는 하나로 연결되어 있으며, 어느 길로 가도 통하기 마련이다.

고해양학에서 중앙 해령으로

현재 나는 중앙 해령을 연구하고 있으며 맨틀 지구화학에 관심을 두고 있다. 퇴적물과 고해양 연구로 해양학 연구에 입문을 했다가 중앙 해령과 맨틀 연구의 길로 가게 된 사연에 대해서도 좀 이야기할 필요가 있을 것 같다. 당시 내가 일을 하고 있던 심해저 사업단에서는 동태평양 망간단괴 탐사 사업 외에 서태평양에서 망간각殼과 열수 광상 hydrothermal deposit 탐사 사업을 추진하고 있었다. 망간각과 열수 광상이 망간단괴와 더불어 3대 해양 금속 광물 자원으로 각광을 받고 있었으며 해양에서 광물 자원들을 선점하고자 하는 국가 간 경쟁이 치열했다. 망간각은 해저산 위에 망간산화물이 유용금속들과 함께 마치 껍질과도 같이 들러붙어 있는 것이고 열수 광상은 중앙 해령에서 뿜어져 나온 열수 내 유용 금속들이 침전되어 형성된 것이다. 해양연구소에서 일을 하게 된 이듬해인 1997년부터 나는 망간단괴 외에 서태평양의 망간각과 열수 광상 탐사에 참여하게 되었다. 망간단괴 지역에서 박스 코어와 FFG를 사용해 시료를 채취했던 것과 달리, 망간각과 열수 광상 지역에서는 드레지 Dredge라는 장비를 사용했다.

드레지는 단단한 쇠로 만든 직경 1m의 원 모양 고리 아래 철망을 달아놓은, 그물 같이 생긴 장비이다. 이 장비 앞부분에 무거운 추를 달아 암석이 직접 노출된 해저산이나 해저면 아래까지 투

해저의 시료 채취를 위해 사용하는 장비인 드레지

하하여 바닥에 닿게 한 다음 끌면, 암석이 고리에 걸려서 그중 일부가 그물 안으로 들어오게 된다. 원시적인 장비 같아 보이지만 의외로 시료 채취는 잘되는 편이다. 드레지를 통해 올라온 암석들은 대부분 해저에서 분출한 현무암들이었다. 제주도에서 흔히 볼 수 있는 검은 돌들과 비슷한 종류이다. 당시 심해저 사업단 내에서 암석 관련 일을 할 수 있는 사람은 내가 유일했기 때문에 드레지로 올라오는 엄청난 양의 시료들 거의 대부분을 혼자서 관찰하고 기재해야만 했다. 당시는 힘들었지만 다양한 해저 암석들을 직접 관찰하고 생각해볼 수 있었던 좋은 기회였다. 초기 탐사에서 미국 지질조사국United States Geological Survey, USGS 소속의 제임스 하인James Hein 박사를 만나 같이 일할 수 있는 기회를 얻은 것은 행운이었다. 하인 박사는 망간각에 관심이 많있으며 초빙 과학자로 온누리호에 승선해 탐사에 직접 참여했다. 해양 탐사 경험이 풍부했던 그로부터 드레지를 통해 올라오는 암석과 망간각, 그리고 그 외 다양한 것들을 기재하는 방법을 현장에서 배울 수 있었던 것이다. 드레지로 올라온 엄청나게 많은 망간각 시료들을 나르며 "과학은 행동이야Science is action!"라고 외치던 그의 모습이 생생하다.

    내 경우 서태평양 탐사의 주 대상은 망간각보다 열수 광상이었고, 다루어야 할 대상 시료의 대부분은 암석이었다. 매우 안정적인 심해저 평원인 동태평양 탐사 지역과 달리 서태평양의 탐사 지역, 특히 열수 광상 탐사 지역은 화산 활동이 진행되고 있는 매우 역동적인 환경이다. 드레지로 올라온 암석들은 아래 맨틀에서 갓 형성되어 올라온 매우 신선한 현무암들로, 지구 내부의 정보를 알 수 있는 좋은 매개물이었다. 이 암석들은 한국에서 흔히 볼 수 있는 몇십억 년 전, 몇 억 년 전 만들어진 암석들과는 달랐다. 해가 거듭되면서 서태평양의 다양한 지역에서 채취된 현무암 시료들이 쌓여갔다. 이 따끈따끈한 현무암 시료들을 연구하기 위해서는 지구화학, 화성암석학 그리고 판구조론에 대한 지식이 필요했다.

내가 해양학을 처음 접했을 때 해양학이 바닷물을 연구하는 학문이냐고 질문했듯 많은 사람들이 지질학을 전공했다고 하면 돌을 연구하냐고 묻곤 한다. 내가 바닷물 질문을 하면서 해양학에 대해 아무런 상상을 할 수 없었듯 대부분의 사람들이 돌을 통해 무엇을 연구할 수 있을지 상상하기란 쉽지 않을 것이다. 돌이든 바닷물이든 주변에 너무나도 흔하고 친숙해서 객관화가 힘든 것이다. 돌을 연구하는 것은 넓고 넓은 지질학의 한 부분에 불과하지만 핵심 연구 대상임은 분명하다. 지질학에서 정의하는 암석이란 하나 이상의 광물로 구성되어 있는 고체를 의미하고 광물이란 원자가 규칙적으로 배열된 고체를 뜻한다. 이러한 정의에 따른다면 주변에 흔히 보이는 돌들은 물론이고 얼음 같은 것도 모두 암석이라고 볼 수도 있다. 그리고 지구는 액체 상태인 외핵을 제외하면 대부분 돌이라고 볼 수 있기에 지구를 이해하는 데 있어 돌은 매우 중요한 존재이다.

암석은 뜨거운 액체 상태의 용암이 바로 굳어진 화성암, 강이나 바람에 의해 운반된 다양한 기원의 퇴적물이 쌓여서 굳어진 퇴적암, 화성암과 퇴적암이 고온고압으로 변성을 받아서 새로운 돌이 된 변성암으로 구분한다. 퇴적암은 퇴적학의 한 분야이고, 암석학이라고 하면 대체로 화성암과 변성암을 연구하는 학문을 지칭한다. 그중 화성암석학은 20세기에 캐나다의 노먼 보언 Norman Bowen 이라는 천재적 학자가 물리화학적 방법과 고온 실험을 암석 연구에

도입함으로써 현대 학문으로 정립된다. 고등학교 때 지구과학을 배운 사람이라면 아마 암석 분화를 설명하는 보언의 반응 계열이란 말을 들어보았을 것이다. 보언은 다양한 화성암이 형성되는 법칙을 처음으로 밝혀낸 과학자이다. 미국 지구물리학회에서는 그 공을 기려, 화성암석학 분야에서 큰 공헌을 한 과학자를 1년에 한 명씩 선정해 보언상을 시상하고 있다.

지구화학은 노르웨이의 빅터 골트슈미트Victor Goldschmidt에 의해 확립되었으며, 지구 환경에서 화학 원소들이 움직이는 법칙을 연구하는 학문이다. 지구화학은 방법론에 가까우며 암석은 물론 해수, 퇴적물, 유기물 등 대부분의 지구 물질들을 대상으로 한다. 월리스 브로커도 지구화학자이다. 그런데 학부 시절에 배웠던 화성암석학은 지질학 과목들 중 특히 어렵고 따분한 과목이었다. 암석을 구성하는 광물들이 안정하게 존재할 수 있는 온도-압력 범위를 도시한 그래프들과 이 도표를 이용한 계산들은 머리에 쥐가 나게 하기에 충분했다. 지구화학과 화성암석학뿐 아니라 대부분의 지질학 수업에 매력을 느끼지 못했다. 나는 지질학보다는 인간이나 사회 문제에 더 관심을 가지고 학창 시절을 보냈다.

고등학생 때까지만 해도 나는 과학자의 길 외에는 생각해보지 않았다. 당시의 나는 청소년용 천문학 교양서에서 발견했던 '광막한 우주'라는 말에 사로잡혀 있었다. 이 말에는 우주에 대한 신비감과 인간이라는 존재를 왜소하게 만들어버리는 어떤 힘이 함축되어 있었고, 당시의 나는 삶의 의미를 찾으려면 우주의 근원 법칙을 이해해야 한다고 생각했다. 따라서 내 관심은 과학에 쏠렸다. 얀 헨드릭 오르트Jan Hendrik Oort가 은하의 회전을 증명하는 과정, 뉴턴 역학으로 화학의 보일의 법칙을 유도하는 과정 그리고 판구조론에 큰 매력을 느꼈다. 은하의 회전이나 보일의 법칙을 직접 유도해보며 즐거움을 느꼈다. 판구조론은 성립 과정이 흥미로워, 그 역사를 정리해보기도 했다. 어쩌면 판구조론에 대한 끌림 때문에 지질학을 전공하게 된 것인지도 모르겠다. 그리스의 자연철학자 탈레스와도 같이 우주의 근원과 법칙에 대한 물음에 사로잡혀 있던 시기였는지도 모른다.

대학에 입학해서 자연보다는 인간과 사회 문제에 더 관심을 갖게 된 것은 당시 사회 분위기의 탓도 컸다. 사실 고등학생 때의 문제의식은 너무 공허하기도 했다. 결국 현실의 삶을 사는 인간이 더 중요한 것 아닌가? 이제 단편적 과학 지식의 탐구보다는 철학과 사회과학 그리고 동양학에 더 끌렸다. 탈레스적 단계에서 인간의 문제에 관심을 쏟았던 소피스트나 소크라테스적 단계로 이행했다면 적절한 비유일까? 과학자의 길보다는 언론인이나 사상가의 길이 나에게 더 맞는 것 같아 보였지만, 과학의 길로 조금 더 걸어가보고 싶었다. 그래서 광물학 전공으로 대학원 석사과정에 입학하긴 했지만, 장기적인 전망을 갖고 있던 것은 아니었다.

꺼져가던 과학에의 불씨를 되살려낸 것은 결국 해양 탐사였다. 나는 바다와의 만남을 통해 지구라는 행성이 작동하는 전체 모습을 미흡하게나마 상상해볼 수 있었다. 이것이 첫 탐사 전에 들렸던 먼 북소리의 정체였을지도 모르겠다. 탈레스와 소피스트적 단계를 거쳤으니 이제는 자연과 인간을 종합적으로 사고하는 단계로 나아가야 하는 것일까? 그러나 선택은 여전히 어려웠으며, 걸어가야 할 길은 험난했다. 석사 연구 주제인 퇴적물 지구화학과 고해양학을 계속 밀고 나갈 것인가? 아니면 쌓여만 가는 서태평양 암석 시료들을 연구해 지구화학, 암석학, 판구조론을 연구하는 방향으로 나아갈 것인가? 어느 정도 연구를 해놓은 전자의 길이 더 쉬울 수도 있지만 장기적으로 좋은 연구를 할 수 있는 국내 연구 기반은 취약해 보였다. 후자의 경우 국내에는 관심을 가진 사람조차 별로 없었다. 그러나 서태평양 암석 시료들은 암석학적으로나 지구화학적으로나 판구조론의 차원에서 보나 너무나도 중요한 시료였기에 불확실한 상황 속에서도 공부는 계속했다. 암석 분석 자료들을 앞에 놓고 고민을 하며 다양한 논문들을 읽던 중에 중앙 해령 현무암에 대한 찰스 랭뮤어 교수의 연구가 눈에 들어왔다. 랭뮤어 교수는 중앙 해령 현무암 연구에 지구화학적 방법을 도입해, 해양 지각의 형성 과정을 명쾌하게 설명해냈고, 이 연구가 내게 뭔가 실마리를 제공하는 것 같았다.

랭뮤어 교수는 중앙 해령 현무암 연구로 1996년 보언상을 받았다. 그는 수상 소감에서 자신이 화성암석학과 중앙 해령 현무암을 전공하게 되는 과정에서 겪었던 재미있는 에피소드를 소개했다. 하버드대학교의 학부생이었던 그에게 화성암석학은 교수의 수업 방식도 맘에 들지 않고 지루하고 따분하기만 수업이었다. 그래서 출석조차 제대로 하지 않았다고 한다. 지질 답사를 다니며 지질학에 대한 흥미를 가졌지만, 화성암석학 수업에 대한 나쁜 인상 때문에 절대로 화성암석학을 전공하지는 않겠다고 결심했다고 한다. 그 후 연극에 관심이 생겨 장학금을 받아 프랑스에 가서 1년 내내 연극만 봤는데 아무래도 그 길은 아닌 것 같았고, 다시 미국으로 돌아와 광물학을 전공할 생각으로 뉴욕주립대학교 박사과정에 입학했다. 그런데 연구 과제로 주어진 것은 광물이 아닌 대서양 중앙 해령에서 드레지로 긁어 온 시커먼 현무암들뿐이었다고.

"전부 비슷비슷해 보이고, 구성 광물이 무엇인지 이미 알려져 있는 시커먼 돌 가지고 대체 뭘 하란 말인가?" 하며 실망감에 빠져 있는데 지도 교수였던 길버트 핸슨 Gilbert Hanson의 다음과 같은 충고 한마디가 귀에 박혔다고 한다. "나쁜 문제들이란 없다네, 나쁜 과학자들이 있을 뿐이지!" 이 말에 자극을 받아 시커먼 돌들을 연구해보기로 했는데 논문을 읽고 세미나도 같이 하면서 화성암석학이 진정 재미있는 분야라는 것을 깨달았다고 한다. 랭뮤어 교수는 중앙 해령 현무암 연구를 계속해 화성암석학 연구 방법을 일신했고 제자들과 함께 전 지구적으로 분포하는 중앙 해령 현무암을 설명하는 이론을 발전시키게 된다.

랭뮤어 교수의 중앙 해령 현무암 연구에 자극을 받은 나는 퇴적물 지구화학과 고해양학 연구를 유예한 채로 서태평양의 다양한 지역에서 채취한 현무암들을 연구하기로 했다. 당시 나는 서태평양의 암석들을 연구해 판구조론과 지구 내부, 즉 맨틀을 이해하는 것이 더 기초적인 연구라고 결론지었다. 이 과정에서 브로커가 해양 연구에서 보여준 통찰이 맨틀 연구에도 영향을 미쳤다는 흥미로운 사실을 알게 됐다. 1980년대부터 지각과 맨틀을 고체 상태 지구의 순환이라는 거시적 맥락에서 이해하고자 하는 경향이 나타났는데, 브로커의 해양 순환 연구도 이 흐름에 자극을 주었던 것이다.

건조 중인 아라온호 ⓒ극지연구소 극지미디어

학문들은 결국은 통하는 법이다. 우여곡절을 겪은 후 나는 서태평양 중앙 해령 현무암 연구로 박사 학위를 받을 수 있었다. 중앙 해령 현무암 연구로 국내에서 박사 학위를 받은 것은 아마 처음이었을 것이다.

　학위를 마친 후에도 나는 중앙 해령 연구를 지속하기를 원했다. 마침 한국 최초의 쇄빙 연구선인 아라온호 취항이 확정되었고, 극지연구소에서 극지 해양 지질 분야를 연구할 사람을 모집했다. 남극과 북극에는 아직 탐사되지 않은 중앙 해령들이 많았고 나는 중앙 해령 연구 계획을 발표하여 극지연구소에서 자리를 잡을 수 있었다. 새로 나온 쇄빙 연구선으로 미답의 극지 중앙 해령을 연구할 수 있는 기회를 잡은 것이다. 그리고 2011년 대망의 첫 남극 중앙 해령 탐사에 나설 수 있게 되었다.

남극 대륙을 둘러싼 거대한 활화산 산맥

보통 사람들이 생각하기에 남극 대륙은 늘 얼음으로 덮여 있는 차가운 대륙이다. 그 이미지는 대체로 옳다고 볼 수 있지만, 남극 대륙이 차가운 것만은 아니다. 가령 남극 로스섬에 있는 미국 맥머도 기지 주변의 에레버스화산, 남극반도 근처의 디셉션섬은 최근에 활동한 적이 있는 활화산이다. 또한 한국의 장보고 기지가 있는 테라노바 베이 근처 멜버른산도 언제 다시 폭발할지 모르는 휴화산이다. 남극 대륙의 빙원 아래에도 아직 인류가 감지하지 못한 수많은 화산이 있을 것으로 추정된다. 그야말로 얼음 속에 불이 들어 있는 셈이다.

그러나 이들은 남극 화산 활동의 극히 일부분에 불과하다. 아무나 붙잡고 남극 대륙이 어마어마한 활화산 산맥에 의해 둘러싸여 있다고 한다면 과연 몇 명이나 믿을까? 이것은 단순한 상상이나 허황된 공상이 아니라 엄연한 과학적 사실이다. 남극 대륙은 지구 최대 규모의 화산암 산맥인 '중앙 해령'에 의해 포위되어 있다. 중앙 해령은 전 지구적으로 분포하는 지구 최대의 구조물이지만 그 3분의 1 가량이 남극 지역에 분포하면서 남극 대륙을 둘러싸고 있는 것이다. 앞서 말한 표현을 고쳐 말하자면 불이 얼음을 포위하고 있는 형국이다.

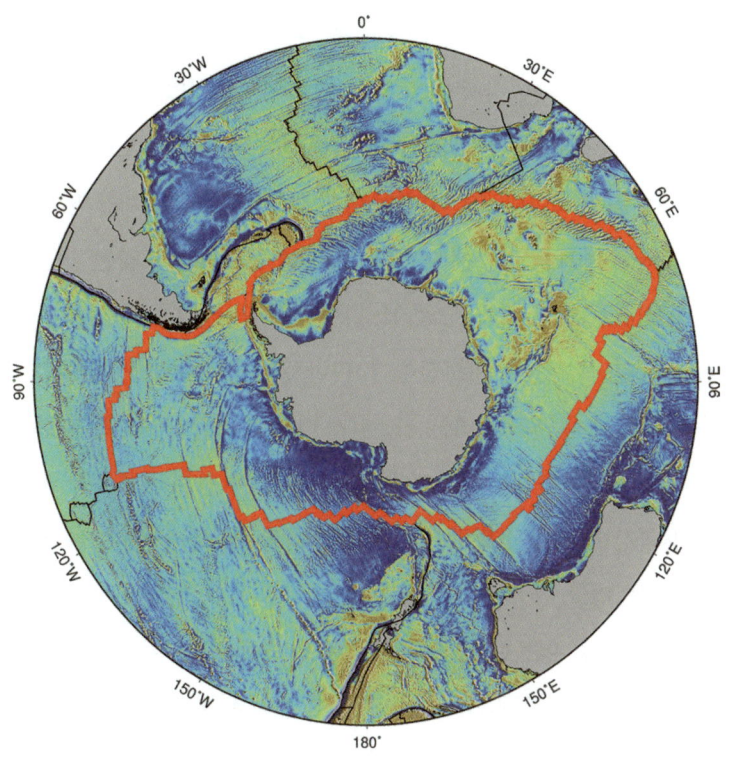

해저를 들여다보면 활화산 산맥들이 남극 대륙을 둘러싸고 있다

　　활화산이라고 하면 보통은 격렬한 폭발을 상상한다. 우리나라에선 근래에 화산 폭발이 일어나지 않아 직접 경험을 한 사람들은 많지 않지만 디스커버리 채널 등을 통해 간접적으로 접하는 화산 활동을 통해 격렬하게 분출하는 화산재, 모든 것을 삼킬 듯이 흘러내리는 뜨거운 용암을 상상한다. 그러나 이렇게 격렬한 화산은

전체 화산의 1%도 되지 않는다고 볼 수 있다. 99% 이상의 화산 활동은 우리가 감지하지 못하는 사이에, 아무것도 일어날 것 같지 않는 깊은 바다의 심연에서 조용히 일어난다. 이 대규모의 해저 화산 활동이 일어나고 있는 곳이 바로 중앙 해령인 것이다. 지구의 70%를 덮고 있는 바다 밑 지각이 바로 이 중앙 해령에서의 화산 활동에 의해서 만들어진다. 이 중앙 해령에서는 우리가 상상하는 격렬한 폭발은 없지만 지구 내부 맨틀에서 바로 녹아서 올라온 용암이 조용히 흐르고 그 용암과 해수가 만나서 끓어오른 뜨거운 물인 열수가 분출하고 있다. 이 열수는 지구 내부의 에너지를 지표로 전달하고 있으며 이 에너지에 의존해 살아가는 새로운 생명체들이 장대한 심해 생태계를 형성하고 있다. 이는 태양열에 주로 의존하는 지표상의 생명체들과는 매우 다른 종들이며 지표상의 생명체들과 큰 상호작용 없이 독자적인 생태계를 이루며 중앙 해령을 중심으로 장대하게 펼쳐져 있는 것이다. 인류에게 모습을 감추고 있었던 이 중앙 해령 열수 분출구 주변의 새로운 생태계는 1977년 갈라파고스 중앙 해령을 미국의 잠수정 앨빈Alvin호가 탐사함으로써 최초로 그 모습을 인류에게 드러내었다. 그리고 인류는 그동안 상상하지 못했던 이 새로운 생태계에 매료되기 시작했다.

    중앙 해령은 과학적으로 설명하자면 지구 내부의 에너지가 지표로 전달되는 통로인데, 지각이 벌어지면서 상승한 맨틀이 용융되어 만들어진 마그마가 지표로 분출하는 곳이다. 이 분출하는 마그마가 지각을 뚫고 파고든 해수를 가열시키면서 열수가 형성된다. 이 열수에는 다양한 광물질이 용해되어 있는데 이 열수가 지표로 재분출하면서 차가운 해수와 만나게 되면 광물질의 급격한 침전이 일어나 유용광물이 농집되어 있는 광맥을 형성한다. 무엇보다 이 열수에 포함되어 있는 에너지를 이용하여 생존하는 열수 생명체들에게 중앙 해령은 귀중한 삶의 터전이다. 이와 같이 중앙 해령은 맨틀의 상승과 용융, 마그마 형성, 열수의 형성, 광맥의 형성, 열수 생태계 형성이라는 지구과학과 생물학적 주제가 긴밀히 연결되어 있는 매혹적인 연구 대상이다. 이러한 중앙 해령에 매혹되어 수많은 과학자와 국가들이 전 지구적으로 분포하는 중앙 해령을 거의 40년 동안 끊임없이 탐사하고 연구해왔으며 새로운 과학적 연구 결과들을 계속해서 발표하고 있다.

중앙 해령 연구는 40년 동안 매우 활발하게 이루어져왔지만 지구 최대의 구조물이라는 말이 암시하듯 규모가 매우 크기 때문에 아직도 미답지로 남아 있는 영역이 많다. 접근이 쉬운 저위도 지방에 분포하는 대서양 중앙 해령, 태평양 중앙 해령, 인도양 중앙 해령 등에 탐사가 집중되었으며 새로운 사실들이 속속들이 밝혀졌다. 그러나 중앙 해령은 저위도에만 분포하는 것이 아니다. 중앙 해령은 북극을 관통하고 있으며 남극 대륙을 감싸 안고 있다. 극지에 있는 중앙 해령은 아직도 많은 부분이 미답의 영역으로 남아 있다. 저위도에서 새로운 과학적 사실들이 발견됨에 따라 극지 중앙 해령들에 대한 탐사의 필요성은 꾸준히 제기되었다. 2001년 미국과 독일이 합작하여 북극을 관통하는 가켈 해령^{Gakkel ridge}을 탐사한 것은 이러한 필요성에 부응하기 위한 국제적인 노력의 산물이다.

극지연구소 발령을 받고, 나는 극지 중앙 해령 탐사를 기획했다. 당시 건조 중이었던 쇄빙 연구선 아라온호를 활용할 수 있는 좋은 주제라고 생각했기 때문이다. 처음에는 남극보다는 북극해에 위치한 가켈 해령에 더 관심이 갔다. 미국과 독일의 공동 연구가 진행된 지 얼마 안 된 시기였고 아직 가켈 해령의 절반은 탐사되지 않은 상태로 남아 있었기 때문이다. 그러나 가켈 해령 동편은 한국 단독으로 하기에는 너무나 큰 연구 대상이었다. 가켈 해령 서편 탐사를 위해 미국과 독일의 1만 5,000t급 쇄빙선인 힐리^{Healy}호와 폴라슈테른^{Polarstern}호 2대가 동원되었다. 해빙이 두껍고 지형적으로도 복잡한 가켈 해령 동편은 더 많은 쇄빙선이 투입되어야 탐사가 가능한 곳이었다. 8,000t급 아라온호 단독으로 가켈 해령 동편에서 할 수 있는 일은 없었다. 대규모의 국제 공동 연구가 필요했다. 북극권에는 가켈 해령 외에도 모혼스 해령 등 미답의 해령이 있었으나 북유럽에 가까운 곳에 위치해 있어 아라온호가 가기에는 너무 멀었다. 북극은 과학적으로나 경제적으로나 매우 중요한 지역이고 가켈 해령 등 북극권 중앙 해령 탐사는 북극에 접근할 수 있는 좋은 과학적 이유 중의 하나임엔 분명했지만 당시의 상황에서는 현실성이 없었다.

아라온호로 남극 중앙 해령에 접근하는 것은 북극 중앙 해령에 비해 상대적으로 쉬웠다. 남극 중앙 해령은 아라온호가 매년 왔다 갔다 할 예정인 뉴질랜드 크라이스트처치Christchurch와 장보고 기지 사이에 위치하기 때문이었다. 탐사되지 않은 중앙 해령 구간을 찾는 것도 어려운 일이 아니었다. 남극을 둘러싸고 있는 중앙 해령은 전체 중앙 해령의 약 3분의 1에 해당하는 대규모이지만 남극 중앙 해령의 많은 부분이 미답지로 남아 있었기 때문이다. 물론 남극을 둘러싼 중앙 해령에 대한 탐사 역시 꾸준히 진행되어왔다. 인도양과 남극해의 경계에 위치한 인도양 중앙 해령 중 남서인도양 중앙 해령은 중국과 미국에 의해, 남동인도양 중앙 해령은 프랑스에 의해 상당 부분 탐사되었다. 태평양판과 남극판의 경계인 태평양-남극 중앙 해령도 기본적인 탐사는 프랑스에 의해 이루어졌다.

그러나 어느 국가 어느 연구자도 접근할 수 없었던 남극 중앙 해령의 영역이 있으니 그곳이 바로 뉴질랜드와 장보고 기지 사이에 위치한 호주-남극 중앙 해령이었다. 이 중앙 해령은 크라이스트처치에서 3~4일의 이동 항해면 접근할 수 있는 거리에 위치하고 있었다. 그런데 왜 이 중앙 해령은 단 한 차례도 탐사되지 않았던 것일까? 일단 이 중앙 해령 구간들이 중앙 해령을 주로 연구하는 국가들이 있는 유럽과 북아메리카 대륙 모두에서 가장 먼 곳에 위치하고 있기 때문이다. 무엇보다 남극해에서도 가장 해황이 거친 해역에 위치하고 있이 웬만한 크기의 탐사선으로는 접근 자체가 불가능하다는 점이 중요한 이유였다. 이러한 이유들로 인해 이 중앙 해령 구간들은 위성 정보 외에 아무런 정보가 없는 블랙홀같이 남아 있었던 것이다.

나는 뉴질랜드와 남극 사이에 위치하는 미답의 중앙 해령을 탐사하는 것이 당시 상황에서 가장 합리적이라는 결론을 내렸다. 해황이 워낙 좋지 않은 곳이라 탐사가 가능하겠냐는 회의적인 시각이 많았지만 나는 탐사가 가능할 것이라고 생각했다. 프랑스에서는 아라온호보다 더 작은 탐사선으로 태평양-남극 중앙 해령도 탐사하지 않았던가? 해황의 문제는 현장에서 해결할 문제였고, 일단 지역을 선정했으니 탐사를 해야 하는 과학적 이유를 잘 정리하는 것이 중요했다. 당시 한국의 중앙 해령 탐사 경험은 일천했고 더욱이 신생 기관 중의 하나인 극지연구소에서 중앙 해령 탐사 전문가는 나 외에는 없었기 때문에 중앙 해령 탐사를 기획하는 것이 쉬운 일은 아니었다. 이러한 상황에서 국제 협력이 매우 중요하다고 판단했다.

나는 마침 중앙 해령을 연구하는 국제 협의체인 인터리지 InterRidge 한국 대표를 맡고 있었고, 브라질 리우데자네이루에서 열렸던 회의에 참가해 아라온호를 활용한 남극 중앙 해령 연구 계획을 발표했다. 미답의 남극권 중앙 해령을 탐사한다는 계획 발표에, 회의에 참가한 각국 대표들이 많은 관심을 보여준 것은 당연했다. 특히 당시 인터리지 의장이었던 지안 린 Jian Lin 박사는 매우 적극적이고 구체적인 협력 의지를 표명했다. 중국계 미국인이었던 지안 린 박사는 세계적인 해양연구소 중 하나인 우즈홀 해양연구소에서 일하고 있었고 우즈홀과 중국의 국제 협력을 통해 중국이 남서인도양 중앙 해령 탐사를 성공적으로 수행하는 데 큰 기여를 한 바 있었다. 이와 유사한 모델로 우즈홀 해양연구소와 극지연구소가 협력한다면 남극 중앙 해령에서도 매우 좋은 성과를 낼 수 있다는 생각을 했던 것이다.

중앙 해령 연구의 세계적인 권위자였던 지안 린 박사의 도움은 나에게 큰 힘이 되었다. 지안 린 박사가 한국을 방문해 공동 학회를 주관하기도 하면서 많은 대화를 나누었고 탐사와 관련하여 많은 조언을 얻을 수 있었다. 특히 지안 린 박사는 나에게, 흔히 매퍼라고 부르는 소형 자동 열수 기록기 Miniature Autonomous Plume Recorder, MAPR라는 장비를 소개해주었다. 매퍼는 열수 탐지 장비로서 해수 중의 탁도와 온도를 신속하게 잴 수 있는 장비이다. 열수에는 입자들이 많이 포함되어 있고 주변 해수에 비해 온도가 높기 때문에 탁도와 온도를 재면 열수 분출구의 위치를 추적할 수 있다. 지안 린 박사는 남서인도양 중앙 해령에서 이 매퍼를 활용해서 새로운 열수 분출구를 발견했던 경험이 있었다. 매퍼는 미국 해양내기청 National Oceanic and Atmospheric Administration, NOAA 소속의 태평양 해양 환경 실험실 Pacific Marine Environmental Laboratory, PMEL 의 에드워드 베이커 Edward Baker 박사가 개발한 장비로서 열수 탐사에 광범위하게 이용된다. PMEL이 특허를 갖고 있어서, 따로 구입하거나 제작할 수는 없고 대여만이 가능했다. PMEL은 이 장비의 대여를 통해 세계 각국의 열수 탐사 현황과 결과를 파악해서 전 지구적인 열수 분출구 분포를 종합하는 작업을 한다.

　　2010년 늦가을, 나는 지안 린 박사의 초청으로 우즈홀 해양연구소에 한 달간 방문할 수 있는 기회가 생겼다. 우즈홀에 한 달간 머물면서 남극 중앙 해령 탐사 협력 방안에 대해 세세하게 논의했다. 우즈홀 해양연구소는 매사추세츠주 케이프코드$^{Cape\ cod}$에 위치하고 있었고 하버드대학교, MIT 등 유수의 대학들이 있는 케임브리지에서 멀지 않았다. MIT와 우즈홀 해양연구소가 운영하는 해양학 협동 프로그램은 전통 있는 해양 과학자 양성 프로그램이기도 하다. 나는 우즈홀에 머무르는 동안 찰스 랭뮤어 교수의 조언을 받으면 탐사에 많은 도움이 될 것이라고 생각을 했다. 랭뮤어 교수는 동태평양 중앙 해령, 대서양 중앙 해령, 라우 분지 등의 굵직굵직한 탐사를 이끈 미국을 대표하는 중앙 해령 연구자 중의 한 사람이었다. 당시 나는 랭뮤어 교수와 몇 개의 학회에서 만나 인사를 나눈 적도 있고 그는 내가 서태평양의 독특한 중앙 해령인 에이유 해령을 연구한다는 것에 관심을 보이기도 했었다. 한 달의 체류 기간 중 하루 정도는 시간 약속을 잡을 수 있지 않을까 하는 생각에 랭뮤어 교수에게 면담 신청을 했다. 랭뮤어 교수는 면담을 흔쾌히 수락했고 점심 식사도 제안했다. 바쁜 시기였지만 남극 중앙 해령 탐사 계획이 매우 흥미롭다며, 어떻게든 시간을 만들어 보겠다고 했다.

　　11월 말경의 어느 날 오전, 나는 우즈홀에서 버스를 타고 사우스 보스턴역에 내려 지하철로 갈아타고 케임브리지 하버드 스퀘어역까지 이동했다. 지하철역 밖으로 나와 고풍스러운 하버드 야드를 가로질러 사이언스센터 옆을 지나 길 건너 지구행성과학과가 있는 호프만 빌딩으로 걸어갔다. 날이 매섭게도 추웠다. 건물로 들어가 랭뮤어 교수 연구실이 있는 2층에 올라가보니 연구실 문은 반쯤 열려 있었다. 가볍게 노크를 하고 안으로 들어가자 랭뮤어 교수가 반갑게 맞아주었다. 회의용 테이블에는 이미 관심 지역들이 표시되어 있는 남극 중앙 해령의 지도가 펼쳐져 있었다. 나도 지안 린 박사와 준비했던 지도를 가져갔지만 랭뮤어 교수도 자료 준비를 해두었던 것이다.

　　랭뮤어 교수는 10년 전부터 남극 중앙 해령 탐사를 추진했지만 미국에서 너무 멀고 남극의 여름에만 탐사가 가능해 계속 기회를 만들지 못하고 있었다며 한국에서 이 지역을 탐사할 계획이라니 너무나 반갑다고 했다. 랭뮤어 교수가 준비해둔 지도에는 전체 중앙 해령 시료 채취 현황이 표시되어 있었는데 그중 유일하게 단 한 개의 시료도 없는 빈 지역이 있있으니 그곳이 바로 호주-남극 중앙 해령이었다. 그 외에도 몇 가지 자료를 보여주며 이 중앙 해령은 매우 독특한 것 같으며 과학적으로 매우 중요할 것 같다고 했다. 그리고 내게 프린트해둔 록 코어 Rock Core 설계도를 건넸다. 록 코어는 중앙 해령에서 암석 시료를 채취하기 위한 장비이다. 중앙 해령에서는 갓 올라온 용암이 해수를 만나서 급격히 식기 때문에 표면이 유리질이다. 록 코어는 중앙 해령의 유리질 표면을 강하게 때려 깨진 파면을 왁스에 묻혀서 올리는 장비이다. 중앙 해령 표면을 오랜 시간 긁어야 하는 드레지에 비해 정확한 위치에서 매우 빠르게 시료 채취를 할 수 있다. 록 코어는 중앙 해령 시료 채취에 획기적인 발전을 가져다주었는데 이 장비를 처음으로 고안했던 사람이 랭뮤어 교수였던 것이다.

나는 록 코어라는 장비를 논문을 통해 이미 알고 있었고 남극 중앙 해령 탐사에서 매우 중요한 역할을 할 수 있으리란 생각에 전부터 제작을 준비해오던 터였다. 록 코어를 케이블에 연결하고 록 코어와 약 50m 간격을 두고 매퍼를 결합해서 중앙 해령에 투하하면 암석 시료 채취와 열수 신호 탐지를 동시에 할 수 있어 매우 효율적이다. 인터넷 검색을 통해 록 코어에 대한 다양한 정보를 수집하고 있었지만 사용해본 적이 없는 장비를 제작하는 것이 쉬운 일은 아니었다. 그러던 차에 랭뮤어 교수가 록 코어 설계도를 내게 건네주었던 것이다. 랭뮤어 교수는 록 코어 제작도 중요하지만 록 코어 운영이나 시료 전처리 과정 등에 많은 노하우가 필요하니 그 방법을 전수해주겠다고 약속했다. 랭뮤어 교수의 연구실은 중앙 해령 시료 분석 경험이 세계에서 가장 많으니 만약 시료를 채취하면 신속하게 분석이 가능하다고 했다. 그리고 가능하면 탐사에 직

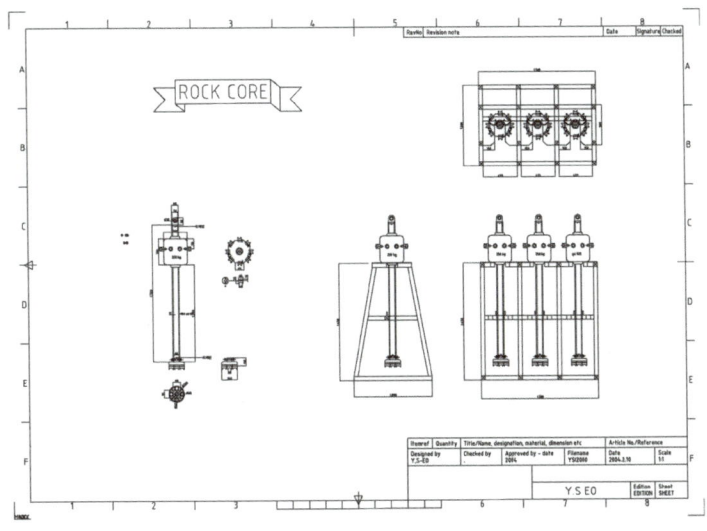

록 코어의 설계도

접 참여하고 싶다고 했다. 그다음 해가 안식년이었기 때문에 시간이 된다는 것이었다. 나는 그를 한국으로 초청했고, 그는 흔쾌히 초청에 응했다. 회의를 마친 후 같이 식사를 하고 공동 연구의 성공을 기원하고 헤어졌다. 길지는 않았지만 매우 생산적인 만남이었다.

오랜 준비 기간 끝에 마련한 기획안이 연구 과제로 승인됐고 마침내 탐사를 할 수 있게 되었다. 예산이 확보되자 나는 록 코어 설계도를 참고하여 국내 업체와 상의하여 록 코어를 제작했다. 한국 업체에서 제작한 록 코어는 원래 설계도보다 업그레이드 된 형태였다. 나는 동해에서 진행된 아리온호 시험 항해 기간 동안, 새로 제작된 록 코어를 테스트해서 기본적인 운용법을 익혔다. 해양대기청의 에드워드 베이커 박사와의 연락해서 매퍼도 대여했다. 탐사 핵심 장비 준비가 끝난 것이다.

당시 극지연구소에서 중앙 해령 연구자는 사실상 나 혼자였다. 하지만 많은 동료 연구원들과 대학 연구자들이 중앙 해령 탐사 계획에 관심을 보여주었고 동참을 약속했다. 사실 중앙 해령은 지질학자들에게도 중요하지만 생물학이나 해양화학 연구자들에게도 중요한 대상이다. 연구소와 대학 동료 연구자들의 관심과 도움으로 나는 남극 중앙 해령 1차 탐사팀을 꾸릴 수가 있었다. 지안 린 박사와 랭뮤어 교수의 참여도 확정됐다. 우연한 기회에 알게 된 자연다큐멘터리팀도 탐사에 참여해서 영상을 촬영하기로 했다. 남극 중앙 해령 첫 번째 탐사부터 열수 생물을 촬영할 수는 없을 것은 자명했지만 장기적인 관점에서 사전 조사를 하겠다는 취지였다. 2011년 2월 말에서 3월 초까지 7일의 탐사 기간이 잡혔다. 남극이 겨울로 접어드는 시기이다. 해황이 험악한 중앙 해령 탐사를 위해 결코 좋은 기간은 아니었다. 하지만 나에게 탐사 성공을 위해 최대한 노력하는 것 외에 다른 선택지는 없었다.

중앙 해령과의 첫 만남은 지진, 파도와 함께

대망의 첫 남극 중앙 해령 탐사가 마침내 며칠 앞으로 다가왔다. 2011년 2월 21일 늦은 오후, 나는 뉴질랜드 크라이스트처치 리틀턴항에 정박하고 있는 아라온호 승선을 위해 동료 한 명과 함께 인천공항에서 비행기에 탑승했다. 뉴질랜드 북섬에 있는 오클랜드를 경유해 남섬에 있는 크라이스트처치로 가는 여정이었다. 크라이스트처치 리틀턴항에 정박해 있는 아라온호는 2월 25일 남극 중앙 해령을 향해 출발 예정이었다. 본진 여덟 명이 다음 날인 2월 22일 한국을 출발할 예정이었고 나는 선발대로 본진보다 하루 일찍 크라이스트처치로 가서 사전 점검을 할 계획이었다. 찰스 랭뮤어 교수는 이미 오클랜드에 도착해 있었고 지안 린 박사는 출항 전날 크라이스트처치 도착 예정이었다. 다큐팀 두 사람은 일본 도쿄를 경유하는 여정으로, 역시 출항 전날 아라온호 승선 예정이었다.

우리 일행을 태운 비행기의 크라이스트처치 도착 예정 일시는 2월 22일 오후 1시경이었고, 현지에서 탐사 준비를 도와줄 정 사장님이 도착 시간에 맞춰 공항에서 우리를 픽업하기로 약속되어 있었다. 뉴질랜드 교포인 정 사장님과는 같은 해 1월에 크라이스트처치와 아라온호 사전 답사 때 처음 만났고, 탐사 준비를 지원하기로 약속한 상태였다. 착륙 시간이 가까워지자 나는 창밖으로 크라이스트처치를 내려다보았다. 창밖의 날씨는 화창했고 그 아래로 보이는 초록의 대지와 바다는 평화로웠다. 모든 것이 순조로울 것 같다는 막연한 느낌이 들었다. 그렇게 생각하는 것이 마음 편했다. 그러나 비행기가 착륙하고 밖으로 나왔을 때 내 눈앞에 펼쳐진 상황은 전혀 뜻밖이었다. 공항 안내요원들이 곳곳에서 수신호를 하며 빨리 대피하라고 긴박하게 외치고 있는 것이 아닌가! 알고보니 착륙 10분 전, 크라이스트처치에 대형 지진이 난 것이었다. 공항 건물도 부

지진으로 엉망이 된 슈퍼 내부의 모습

서져 붕괴 위험이 있는 상황이었다. 위를 보니 천장은 이미 온통 붕괴되어 있었다. 언제 무너져 내릴지 모를 것 같았다.

다행히 승객들은 질서 있게 건물 밖으로 빠져나와 모두 무사했다. 일단 밖으로 모두 빠져나왔지만 승객들 대부분은 긴장된 표정으로 우두커니 서 있었다. 나도 동료와 함께 무작정 서 있다가 마침 근처를 지나가는 안내 요원에게 앞으로 어떻게 해야 하는 것인지, 짐은 어떻게 되는 것인지 물었다. 그러나 만족할 만한 답은 들을 수 없었다. 도리어 도심이 완전히 박살나고 도로도 무너진 상황에서 짐이 중요하냐는 물음이 되돌아왔다. 안내가 나올 때까지 서성거리며 기다릴 수밖에 없었다. 그러는 사이에도 몇 번의 여진이 느껴졌다. 1시간 정도 시간이 흘렀을까, 안내 요원들이 공항 인근 호텔에 양해를 구했으니 일단 그곳으로 모두 이동하라고 안내했다.

터벅터벅 걸어서 약 1km 정도 떨어진 호텔 안으로 들어갔다. 호텔 로비는 갈 곳 몰라 하던 사람들로 금세 가득 찼다. 로비 벽에 걸린 TV는 앵커와 피해자들의 긴박한 목소리와 함께 파괴된 도심의 영상을 계속 내보내고 있었다. 사태의 심각성이 이제야 생생하게 느껴졌다. 순간 고립감이 엄습했다. 벽에서 전원을 찾아 스마트폰 충전을 시작했다. 비행기 탑승 시간 동안 충전을 하지 않아 배터리 전력이 거의 바닥이었던 것이다. 이 위기 상황에서 통신 여건을 갖춰놓는 것이 가장 중요할 거라는 직감이 있었다. 2시간 남짓 대기했을까, 만나기로 약속했던 정 사상님이 호텔 문을 열고 로비로 들어왔다. 그때의 반가움이란! 정 사장님은 우리를 픽업하기 위해 아라온호를 떠나 공항으로 운전해 오고 있는데 지진을 만났다고 한다. 여러 가지로 경황이 없었지만 공항 픽업 약속 때문에 공항에 왔는데 탑승객들이 호텔로 이동했다는 이야길 듣고 찾아온 것이라 했다. 정 사장님 차를 타고 예약해둔 호델로 이동하면서 창밖을 보니 지진으로 수도관이 터져 여기저기 물이 흥건했다. 도시 외곽에 숙소를 잡았던 것도 행운이었다. 도심 호텔은 들어갈 수조차 없다.

과연 탐사를 할 수 있을지 회의감이 엄습했다. 탐사로 가는 길에 너무나도 많은 불확실성들이 가로막고 있기 때문이었다. 첫째, 아라온호는 탐사가 가능한가? 다행히 물에 떠 있는 아라온호는 지진으로 인한 데미지를 전혀 입지 않았다. 지진이 크레인 작업이 끝난 후에 일어났다는 것이 천만다행이었다. 만약 작업 중 지진이 났다면 인명 사고도 있었을 가능성이 있고 선체도 파손될 수 있었다. 일단 아라온호는 준비만 된다면 탐사가 가능할 것 같았다. 둘째, 탐사팀이 아라온호에 승선할 수 있는가? 탐사 본진은 아직 한국을 출발하지도 않은 상태였다. 출국을 위해 인천 공항으로 가는 길에 지진 소식을 들었다고 한다. 크라이스트처치로 들어오는 모든 항공편은 취소된 상태였다. 지진 현장으로 오라고 해야 할 것인가 말라고 해야 할 것인가? 이것이 문제였다. 아직 모든 것을 포기하기엔 일렀다. 인천 공항에서 대기 중이던 본진에게 다시 전화를 걸어 일단 비행기를 타고 오클랜드까지 와서 상황을 보자고 했다.

호텔 로비에서 피난 중인 여행객들

랭뮤어 교수와 지안 린 박사에게 크라이스트처치 지진 상황을 알리는 메일을 보냈다. 오클랜드에 이미 와 있던 랭뮤어 교수는 상황을 파악하고 있었고, 국내선 운항이 재개되면 크라이스트처치로 넘어오겠다는 답변을 보내왔다. 그리고 지진 당일 크라이스트처치행 항공 노선은 전부 취소되었지만 다음 날 국내선 일정은 잡히고 있다는 중요한 정보를 알려줬다. 지진 피해 현장으로 구호품을 전달하는 것이 중요하기 때문에 국내선 운항이 곧바로 재개되는 것은 당연했다. 한국 본진에게 이 정보를 알리고 오클랜드로 와서 공항에서 랭뮤어 교수를 만나 함께 크라이스트처치로 넘어오라고 연락했다. 아직 미국에 있었던 지안 린 박사는 지질학자가 지진이 난 곳을 피해서야 되겠냐며, 예정대로 미국을 출발하여 시드니를 거쳐 크라이스트처치로 넘어오겠다는 답장을 즉각 보내왔다. 다큐팀 역시 항공기 운항은 되고 있고 일정대로 크라이스트처치에 도착 예정이라는 연락을 해 왔다.

다음 문제는 리틀턴항으로 탐사팀이 이동하는 것이었다. 리틀턴항은 진앙지 바로 위에 있었기 때문에 가장 파괴가 심했다. 리틀턴항으로 가는 길은 산이 가로막고 있어 터널을 통과하는 것이 최단 거리인데 터널은 지진으로 붕괴되어 있었다. 정 사장님과 협의를 통해 탐사팀이 도착하면 공항에서 바로 픽업해서 대형 밴과 승용차를 나누어 타고 산길을 우회해 리틀턴항으로 가기로 했다. 이렇게 탐사팀의 도착 일정이 잡혔고 수송 계획도 수립됐다. 다음 날 일정이 모두 정리됐고 한시름 놓을 상황이 되자 갑자기 배고픔이 느껴졌다. 연이어 비행기를 타느라 오전에 식사를 잘 챙기지 않았던 것이다. 호텔 밖으로 나가보니 주변의 모든 식당, 가게는 문을 닫은 상태였다. 먹을 것을 구할 수 없었다. 먹을 게 없어서 굶는 것이 처음이라는 것을 새삼 느끼고, 그때까지 참 평탄한 삶을 살아왔다는 소회가 들었다. 여진은 밤새도록 계속 이어졌고 그날 저녁 평생 잊기 힘들 만큼 불편한 밤을 보냈다.

다음 날 오전, 고맙게도 교포분들이 도시락을 준비해 오셔서 식사를 할 수 있었다. 예상대로 제한적이나마 항공기 운항이 재개됐다. 나는 정 사장님 일행과 차를 이끌고 공항으로 가서 본진과 랭뮤어 교수를 픽업했다. 여기저기 부려져 있던 짐도 무사히 찾을 수 있었다. 공항에서 리틀턴항으로 가는데 산길은 지진으로 여기저기 파괴되어 있었고 산사태의 위험마저 느껴졌지만 천만다행으로 아라온호에 무사히 도착할 수 있었다. 도착하자마자 안도할 시간도 없이 바로 발등에 불이 떨어졌다. 항구가 불안정한 탓에 아라온호가 수 시간 내로 리틀턴항을 떠나야만 했던 것이다. 떠나기 전에 탐사 장비인 록 코어를 배에 실어야 하는데 록 코어를 들어 올려 배에 실어줄 대형 크레인 사용이 불가능했다. 독^{dock} 여기저기가 균열이 가고 튀어 올라 있어 크레인이 들어올 수 없었던 것이다. 식품 보급도 할 수 없었다. 선적할 시간도 부족할 뿐 아니라 도시가 파괴되어 아비규환인 상태에서 배에 실을 식료품을 어디서 구할 것인가? 록 코어도 싣지 못하고 식료품 보급도 받지 못한 채 리틀턴항을 떠나야 했던 것이다. 지안 린 박사와 다큐팀은 아직 크라이스트처치에 도착하지도 못한 상태였다. 이런 상황에서 리틀턴항을 떠나 탐사 지역으로 바로 이동하는 것은 무의미했다. 참으로 답답했다.

다른 항구로 옮겨 가서 장비를 선적하고 보급품 공급을 받는 것 외에 다른 선택지는 없었다. 경험 많은 아라온호 선장님이 여기저기 수소문 끝에 크라이스트처치에서 약 360km 떨어진 더니든항에서 정박과 보급이 가능하다는 것을 확인했다. 크라이스트처치에서 가까운 티마루항이 좋긴 하지만 리틀턴항에 머물 수 없던 선박들이 이미 대거 이동해 자리가 꽉 찼다고 한다. 크라이스트처치에서 멀긴 했지만 이동할 수 있는 항구가 있다는 것은 다행이었다. 록코어는 정 사장님이 트럭을 수소문해서 디니든항으로 운송해주기로 했다. 정 사장님의 동료가 고맙게도 개인 승용차로 지안 린 박사와 다큐팀을 공항에서 픽업해서 더니든항으로 데려오기로 했다.

마침내 더니든항에서 록 코어도 선적했으며 보급품 공급도 충분하게 이루어졌다. 지안 린 박사와 다큐팀도 무사히 승선했다. 상황이 정리되어갈 무렵 연구소로부터 출항이 이틀 지연된 만큼 탐사 기간을 연장해주겠다는 연락이 왔다. 우여곡절 끝에 탐사를 할 수 있게 된 것이다. 현지 교포들의 도움이 결정적이었다. 1월 초에 사전 답사를 해서 현지 상황을 파악하고 있었던 것이 천만다행이었고 지진 직전에 선발대로 크라이스트처치에 도착해 있었던 것도 행운이었다. 크라이스트처치가 처음이었다면, 혹은 한국을 떠나기 전 지진이 났다면 상황을 헤쳐나가기가 훨씬 어려웠을 것이다. 또 하나 결정적으로 중요했던 것은 바로 통신이었다. 나는 마침 스마트폰을 갖고 있었기 때문에 정 사장님과 계속 협의하면서 메일로, 문자로, 전화로 여러 경로로 오고 있는 탐사대원들과 연락하면서 일정을 조율해 탐사대원들이 무사히 아라온호로 올 수 있도록 했던 것이다. 그때만큼 스티브 잡스 Steve Jobs에게 감사했던 적은 없었다.

탐사 장비들을 배에 선적하고 있다

2월 27일 아라온호는 드디어 더니든항을 떠났다. 출항 자체가 기적이란 생각이 들었다. 지진을 벗어나긴 했지만 그러나 이제 닥친 문제는 탐사였다. 첫 정점까지 걸리는 시간은 약 4일이다. 즉, 3월 3일 오전이면 호주-남극 중앙 해령에서 가장 긴 구간인 KR1(160°E 구간) 동편에 도착 예정이었다. 4일의 기간 동안 탐사 준비를 완료해야 한다. 경험 많은 랭뮤어 교수와 지안 린 박사, 한국의 동료 연구자들 덕분에 탐사 순비는 순조로웠다. 랭뮤어 교수는 록 코어 시료 전처리 과정 세팅을 도왔고 지안 린 박사는 매퍼 세팅을 도왔다. 그러나 이제는 3월, 남극은 겨울로 접어들고 있었다. 남극해에서는 3월부터 11일 사이의 기간 동안에는 탐사를 거의 하지 않는다. 지진의 재난은 벗어났으나 이제 강한 바람과 거대한 파도가 우리를 기다리고 있는 것이다.

"오 마이 갓, 꼭 저 구간을 지키는 악마가 있는 것 같네요. 이 악마가 우리가 탐사를 한다고 하니 해황을 악화시켜 방해하는 모양입니다."

출항 다음 날 선장과 탐사 지역의 기상과 해황에 대한 이야기를 나누고 랭뮤어 교수에게 첫 정점 Station•을 바꾸어야겠다는 이야기를 하자, 즉시 한탄이 터져 나왔다. 그럴 법도 했던 것이 중앙 해령 탐사 40년 역사에서 길이가 300km에 달하는 KR1 구간에 대해, 단 한 라인의 지형 자료도 단 하나의 시료도 없었기 때문이다. 이 구간에 대한 탐사가 없었던 것은 미국과 유럽에서 가장 멀리 떨어진 중앙 해령이었기 때문이다. 랭뮤어 교수는 이동 항해 기간 중 있었던 발표에서 한국이 이 구간을 탐사한다는 이야기를 들었을 때 콜럼버스 Christopher Columbus를 떠올렸다고 말했다. 마치 콜럼버스가 새로운 항로를 개척하는 듯한 인상을 받았다는 것이다.

우리는 "악마의 방해를 받아" 정점을 바꾸어야 했다. 예정되어 있었던 첫 번째 정점으로 가는 항로상에 엄청난 저기압이 형성되어 있었던 것이다. 이대로 통과해 가려고 하다가는 배가 어찌

• 해저 탐사를 위해 배가 바다 한가운데 멈춰서는 지점

탐사를 위해 해역을 분석하고 있는 탐사대원들

될지 모르는 상황이었다. 그나마 플랜 B가 있기는 했다. KR1 북서쪽에 위치한 KR2(142°E)로 가는 것이었다. 이 지역 해황은 좋은 것으로 확인됐다. KR2 구간 동편으로 첫 번째 정점의 위치를 바꾸었고, 마침내 3월 3일 오후, 첫 정점에 도착했다. 변경된 정점까지 가는 데 걸리는 시간은 원래 정점까지 가는 시간과 큰 차이는 없었기 때문에 탐사 시작 시간은 예정과 비슷했다. 해황은 좋은 편이었다. 먼저 KR2에서는 중심축을 찾는 작업부터 해야 했다. KR2는 평편한 편이어서 중심축 위치가 상당히 애매했다. 어디든 중앙 해령 탐사는 중심축을 찾는 것부터 시작한다. 해양 지각의 형성과 열수 작용 모두 중심축에서 일어나기 때문이다. 중심축 후보들을 지나면서 지형을 살펴보고 토론을 통해 중심축의 위치를 결정하였다. 중심축 위치를 파악한 후 지형도를 일부 그리고, 두 개의 정점에서 록 코어와 매퍼 탐사를 수행했다. 두 번 모두 성공했다. 왁스에 묻어 올라온 유리질 시료들이 있었고, 강하진 않지만 매퍼에서 열수 분출의 증거가 포착됐다. 중심축을 제대로 찾은 것이다. 남극 중앙 해령 탐사의 첫 성과였다.

    KR2에서 성공적인 첫 조사가 이루어진 후, 3월 3일 밤 KR1 지역으로 이동을 시작했다. 이동 경로를 최소화하기 위해 원래 계획했던 동편이 아닌 서편부터 접근하기로 했다. KR1과 KR2를 연결하는 변환 단층의 지형이 독특한 것 같아 이동 중에 지형 조사도 병행했다. 3월 4일 오후, 마침내 KR1 서편에 도착했다. 악마도 더 이상은 어쩔 수 없나 보다 하는 생각이 스쳤다. 해황이 아주 나쁘지는 않았기 때문이다. 우선 서쪽 끝단에 대한 지형 조사를 실시하였다. 배가 지나갈 때마다 조금씩 드러나는 미지의 중앙 해령의 모습에 감개가 무량했다. KR1 서편 끝단의 모습은 마치 갈고리 같았다. 마그마 공급이 이상적으로 활발해 변환 단층을 감고 흘러 들어간 것이 분명했다. 서편 끝 구간에서 처음 작성된 지형도를 바탕으로 중심축에서 두 차례, 중심축 밖에서 두 차례, 도합 네 차례의 록 코어와 매퍼 탐사를 실시했다. 매퍼에 열수 신호가 잡히진 않았지만 시료들은 잘 올라왔다. 드디어 KR1에서도 시료 채취에 성공한 것이다.

서편 끝부분에서 첫 결과를 얻은 후 3월 4일 밤, 동편으로 이동하면서 지형 조사를 실시했다. 조금씩 드러나는 KR1의 모습은 참으로 신비로웠다. 당시 느낌으로는 다른 중앙 해령에선 볼 수 없는 매우 독특한 지형인 것 같았다. 독특한 지형이 형성된 원인을 두고 많은 의견이 오갔다. 3월 5일 오전부터 다시 서편으로 이동하면서 지형 조사를 보충했고 록 코어를 시도했다. 그러나 해황이 매우 악화되어 지형 조사 외엔 할 수 있는 일이 없었다. 록 코어 작업을 위해서는 탐사선이 멈추어 있어야 하는데 바람과 파도의 방향이 일치해야 안전하다. 40kn(노트)에 육박하는 바람과 5m를 넘나드는 파도가 빈번한 이 지역에서 시료를 채취하기 위한 필요조건 중의 하나이다. 이런 조건을 만족 시키는 상황은 좀처럼 나타나지 않았다. 기회를 포착하기 위해 지속적으로 해황, 바람의 방향과 속도를 지켜보던 중 시료 채취가 가능할 것 같다는 판단이 섰다. 저녁 식사 직후였다. 즉시 선교로 뛰어 올라갔다.

해황이 좀 괜찮아진 것 같으니 록 코어 탐사를 해볼 수 있지 않을까 싶어 선장에게 묻자, 해황을 살펴보더니 한번 시도해보자고 받아주었다. 속으로 쾌재를 부르며, 해황이 언제 급변할지 몰라 록 코어를 긴급하게 준비하고 투하했다. 일곱 번째 록 코어였다. 갑판으로 올라온 록 코어 헤드에는 많은 양의 시료가 묻어 있었다. 매퍼팀이 환호성을 지르며 뛰어와 강한 열수 분출 신호가 감지되었다며 그래프를 보여줬다. 매퍼에 잡힌 탁도는 매우 높았고 열수 분출

첫 정점에서 성공적으로 채취해낸 시료

나의 첫 남극 중앙 해령 탐사는 파도가 넘실대는 거친 해황 속에서 시작되었다

의 움직일 수 없는 증거였다. 탐사 기간 중 가장 흥분되었던 순간이었다. 서쪽으로 약간 더 이동해 록 코어와 매퍼 탐사를 한 차례 더 했고, 역시 강한 열수 분출 징후가 감지됐고 많은 양의 시료도 채취됐다.

  3월 5일 저녁, 큰 성과를 올린 후 야간에는 중심축을 따라 북동방향으로 이동하면서 지형 조사를 실시했다. 3월 6일 새벽 중심축 동편 끝부분에 도착했는데, 수심이 깊고 계곡 모양의 지형이라 이곳은 서편과 달리 마그마 공급이 매우 낮다는 사실을 발견했다. 동편과 서편의 마그마 공급량의 차이가 매우 크다는 사실을 발견한 것이다. 동편 끝에서 시료를 채취하기 위해 정점으로 이동하던 중 최악의 해황을 맞이했다. 남서 방향으로 배를 진행시키는 것이 불가능한 상황이 된 것이다. 지형 조사도 불가능할 정도로 최악이었다. 시료 채취를 포기하고 배를 안정적으로 운항할 수 있는 남동 방향으로 선수를 돌릴 수밖에 없었다. 남동 방향으로 계속 가면 중심축의 위치가 모호한 매우 짧은 중앙 해령 구간을 하나 만날 수 있었다. 이 구간의 중심축을 확인하고 시료를 채취하는 것으로 계획을 수정했다. 이 지역 역시 잠재적 탐사 대상의 하나이긴 했다. 이 짧은 구간에 도달한 후 얻어진 지형 자료에서 중심축이 예측했던 것보다 더 남쪽에 있음을 확인하였다. 이 지역 지각의 특성을 파악하기 위해 록 코어를 투하하였고 소량이지만 시료 채취에 성공하였다. 열수 징후는 나타나지 않았다.

3월 6일 저녁 다시 KR1으로 이동했다. 해황이 거칠어 아라온호는 끊임없이 요동쳤으나 다른 선택지는 없었다. 3월 7일 오전 이후에는 KR1의 해황이 좀 나아진다는 예보가 있어 조금은 희망적이었다. 남은 탐사 기간 모두를 KR1에서 록 코어와 매퍼 작업에 투자한다는 계획으로 17개의 정점을 짚어 선교에 넘겼다. 내 입장에서는 열수 분출구 위치를 확인하고 마그마 공급의 변화의 원인, 맨틀의 특성 등을 밝히기 위한 최소한의 정점 수였다. 해황 때문에 많은 정점이 취소될 수밖에 없겠지만 최대한 노력해보기로 했다.

배의 심한 흔들림 속에서 정점에 도착했고 아홉 번째에서 열한 번째까지 록 코어와 매퍼를 계속해서 투하했다. 세 정점 모두에서 시료 채취도 잘됐고 매퍼에서 열수 분출 증거도 확인했다. 그러나 예보와 달리 해황은 점점 나빠져만 갔다. 풍속은 40kn를 넘어가고 있었고 파고도 5m를 넘어가고 있었다. 갑판부에서 더 이상의 작업은 불가능하다는 의견을 냈다. 시료 채취를 중단했다. 배를 세우고 있을 수만은 없어서 남서쪽으로 이동하면서 모자란 지형 자료를 좀 더 보충하고자 했으나 마구마구 출렁이는 바다는 이조차 허용하지 않았다. 배가 너무도 심하게 요동치는 바람에 지형 자료에 많은 공백이 생겼다.

시간이 흘러도 해황은 좋아질 기미가 전혀 보이지 않았다. 3월 8일과 9일, 이틀간 해황이 괜찮을 것이란 초기 예보는 완전히 빗나갔다. 직전의 예보는 향후 이틀간 배가 서 있기도 힘들 정도로 바다가 험악해진다는 것이었다. 이틀 반의 시간이 아직 남아 있었지만 KR1에서 더 이상의 탐사는 불가능하다는 판단을 내릴 수밖에 없었다. 악마의 방해가 참으로 집요하단 생각이 스쳤다. 이제 어떻게 할 것인가? 이틀 반의 시간을 포기하고 뉴질랜드로 귀항해야만 하는 것일까? 그때 동편 끝부분만을 탐사했던 KR2가 떠올랐다.

다행히 남극해 전역의 해황이 최악인 것은 아니었다. KR2의 해황은 꽤나 괜찮았고, KR2까지 이동하는 데 약 하루가 걸리니 하루 반 정도 KR2에서 탐사할 수 있다는 계산이 나왔다. KR2로 이동하기로 결정한 다음 탐사대원들과 일정을 어떻게 효율적으로 활용할 수 있는지 토의했고 의견을 수렴하여 남아 있는 이틀 반 중 반나절은 KR1 지형 자료를 보충하는 데 사용하기로 했다. KR1 해황은 아직 피항할 수준까지는 아니기 때문에 방향만 잘 잡으면 아직 지형 조사는 가능했다. 바다가 불규칙하게 거친 것 같아도 상대적으로 항해가 쉬운 방향이 있다. 다행히 북동 방향은 항해가 가능했고 지형 조사도 필요한 지역이었다. 3월 8일 오전까지 필요한 최소량만큼의 지형 조사를 하고 해황이 최악으로 치닫기 전 KR1을 탈출했다. 그리고 약 하루 동안의 이동 항해 후 3월 9일 이른 새벽 다시 KR2에 도착했다. 탐사할 수 있는 시간은 하루 정도 남았다. 하루면 비교적 길이가 짧은 KR2에 대한 기초 탐사는 가능했다.

지형 조사를 한 후 지형도를 바탕으로 시료 채취 정점을 정하는 것이 중앙 해령 탐사의 기본 진행 순서이나. KR1에서도 이런 순서를 따랐다. 그러나 남겨진 시간은 단 하루였기 때문에 이 방식으로는 시료 채취를 거의 할 수 없게 된다. 시료 채취 시간을 좀 더 확보하기 위해서는 지형 조사를 진행하면서 시료 채취도 병행하는 방법을 택해야 했다. 이렇게 하면 지형 조사 후 시료 채취 정점까지 이동하는 시간을 절약할 수 있다. 이를 위해서는 아라온호에 장착된 지형 조사 장비인 다중 빔의 기능을 최대한 활용해야 한다. 지형을 약간 선행하여 파악할 수 있게 해주는 이미지, 퇴적물의 분포를 보여주는 이미지 등 다양한 자료를 참고하면서 전체 지형도를 만들지 않은 상황에서 시료 채취 정점을 결정하는 것이다.

  3월 9일 새벽, KR2 정점에 도착한 후 동에서 서쪽으로 연구선을 진행시키면서 중심축으로 추정되는 방향으로 배의 경로를 조금씩 수정해가며 지형 조사를 했고, 가능한 한 일정한 간격에서 조사선을 정지시키고 적당한 지형이라 판단된 곳에서 록 코어와 매퍼를 투하했다. 이러한 방법으로 하루 만에 KR2 중심축의 지형 조사를 거의 끝내고 다섯 차례의 시료 채취에도 성공할 수 있었다. 경험 부족과 험한 해황 때문에 다소 허둥댔던 초기와 달리 연구원과 승조원들의 손발도 척척 맞았다. 탐사를 성공적으로 마무리하며 나는 미지의 중앙 해령을 탐사한다는 소식에 자발적으로 참여해 많은 도움을 준 랭뮤어 교수와 지안 린 박사의 국제적 연대 의식에 감사했다. 물론 남극 중앙 해령 탐사대와 아라온호 승조원들의 헌신적인 노력 덕분에 얻은 결과였음은 두말할 필요도 없을 것이다.

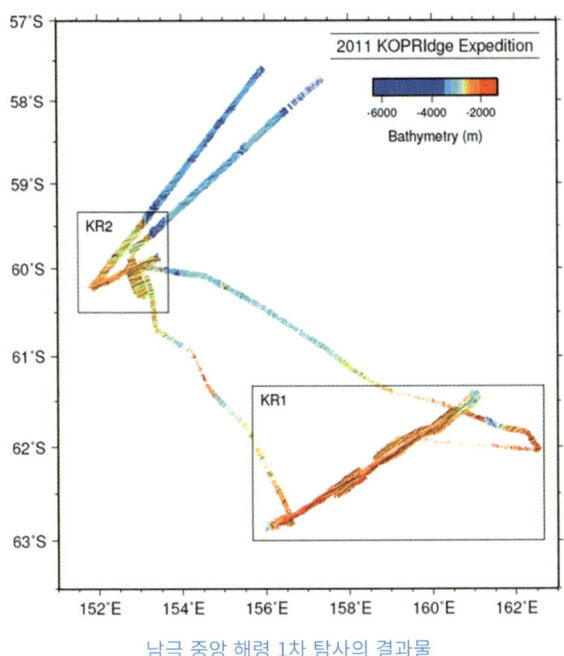

남극 중앙 해령 1차 탐사의 결과물

　　탐사대가 아라온호를 타고 바람과 파도에 쫓겨 다니며 수행한 7일의 탐사 결과로 만들어진 것이 바로 이 그림이다. 이 그림에는 수많은 경로 수정을 해가며 얻어낸 지형도와 16개의 시료 채취 위치가 포함되어 있다. 호주-남극 중앙 해령의 모습을 최초로 드러낸 지형도이고 최초의 시료들이었다. 60°S 이하 중앙 해령에서 열수 분출의 증거를 발견한 것도 세계 최초였다. 이 토끼 모양의 지도를 볼 때마다 많은 생각이 든다. 이러한 모양의 지도를 만든 것은 우리 탐사대였을까, 아니면 바람과 파도였을까? 모든 조건이 좋아서 계획대로 KR1에서만 탐사가 이루어지고 더 완성된 지도와 더 많은 시료를 얻을 수 있었다면 어떠했을까?

한 가지 아이러니는《사이언스》에 게재한 논문에서 KR2 자료가 더 중요한 역할을 했다는 사실이다. 나는 탐사를 나갈 때마다 내가 대학생 때부터 읽고 닳고 닳은 신흥서국新興書局판『노자왕필주老子王弼注』를 부적 삼아 가지고 간다. '부적'이라는 표현을 썼지만 내가 이 책의 신비한 효험을 믿는다는 의미가 아니다. 거대한 자연을 대면해 그 길을 받아들이면서 그 속에서 과학적인 것을 찾아야 한다는 마음가짐을 다지기 위함이다. 예측이 힘든 거대한 자연 앞에서 무위無爲보다 큰 가르침이 있을 것인가? 이러한 생각들이 어려운

거친 해황을 이겨내고 남극권 중앙 해령에 첫걸음을 디뎠다

상황에서도 내게 큰 힘이 되었던 것이다.

    이 첫 탐사로 호주-남극 중앙 해령의 봉인이 풀렸다. 인류에게 첫 모습을 드러낸 호주-남극 중앙 해령, 그리고 그 옆에 위치한 확장-균열대, 태평양-남극 중앙 해령은 아직도 수많은 중앙 해령 연구자들을 유혹하는 거대한 미답의 영역이며 가야할 길은 아직 까마득하다. 나는 첫 탐사 결과를 시작으로 이 지역 맨틀의 특성, 지각 형성의 과정, 그리고 열수 분출구 분포에 대한 큰 윤곽을 그려 나갈 수 있었다. 지진과 거친 해황이라는 어려운 상황 속에서 해낸 남극 중앙 해령 1차 탐사는 의미 있는 첫걸음이었던 것이다.

2장

40일간의 세계 일주

7일의 탐사를 위한 33일의 여정

　　판구조론이라는 지구에서 발생하는 다양한 현상을 포괄적으로 설명하는 이론이 존재하긴 하지만, 아직 지구에는 잘 설명되지 않는 흥미로운 현상과 문제들이 태반이다. 세계의 많은 지구과학자들이 이 문제들을 풀기 위해 수많은 탐사와 연구를 진행하고 있다. 나도 지구과학자의 길로 접어든 후, 지구가 어떻게 만들어졌으며 어떻게 진화해왔고 현재 어떻게 작동하고 있는지에 대한 문제를 고민해 왔다. 지금은 남극 주변의 중앙 해령이라는 구체적인 연구 주제를 잡으면서 지구과학의 근본적인 문제들에 대한 나름의 접근 방향을 갖게 됐다. 중앙 해령은 지판들이 만들어지는 곳으로, 끊임없이 용암과 열수를 분출시키는 활화산 산맥이다.

　　중앙 해령은 야구공의 실밥같이 지구를 두 바퀴 휘감는 약 7만 km 길이의 방대한 해저산맥이다. 지구 적도의 둘레 길이가 약 4만 km인 것과 비교해보면 엄청난 규모이다. 이 긴 중앙 해령의 3분의 1가량이 남극 대륙을 둘러싸고 있다. 지구상에서 가장 추운 곳 중 하나인 남극 대륙이, 용암이 끓어오르는 뜨거운 화산들로 둘러싸여 있는 셈이다. 남극 중앙 해령은 그 규모로만 보아도 지구를 이해하는 데 매우 중요하다. 하지만 거친 바다 환경 때문에 탐사가 극도로 힘들어, 여전히 미지의 지역으로 남아 있다. 극지연구소가 쇄빙 연구선 아라온호와 남극 장보고 기지를 갖추면서 남극 중앙 해령을 탐사할 수 있는 여건이 마련되었다. 아라온호의 기본 항로에 미지의 중앙 해령이 길게 늘어서 있기 때문이다. 무엇보다도 남극의 거친 바다에서 탐사를 진행하기 위해서는 적어도 5,000t급 이상의 연구선이 필요한데, 8,000t급에 훌륭한 해양 장비를 갖춘 아라온호는 남극 중앙 해령 탐사에 적합하다.

    2010년 내가 준비해오던 연구 기획안이 마침내 통과되어, 국제적인 연구팀을 이끌고 탐사를 시작할 수 있었다. 그러나 탐사 과정에는 현실적으로 많은 난관이 도사리고 있었다. 앞에서 말했듯이 2011년의 첫 탐사는 대지진과 함께 시작되었다. 탐사 과정 내내 우리를 괴롭히던 너울과 풍랑 때문에 계획을 실시간으로 변경해야 했다. 수차례 맞이했던 탐사 중단 위기에도 불구하고 세계 최초로 이 지역의 해저 지형도를 작성했고, 이곳 중앙 해령이 내뿜는 해저 열수의 위치도 가늠할 수 있었다. 짧고 험난했지만 탐사를 이어갈 결정적 계기를 마련한 매우 성공적인 탐사였다.

    첫 탐사로 존재 가능성을 확인한 열수 분출구는 추후 탐사에서 열수 생명체 발견으로 이어진 중요한 첫걸음이었다. 열수 생태계는 육상이나 해상 생태계와 구분되는 독자적 생태계로서 중앙 해령별로 매우 다양한 특성이 나타난다. 그러나 적도를 중심으로 한 저위도에 분포하는 중앙 해령의 열수 생태계만 알려져 있을 뿐 광범위한 남극 중앙 해령 주변에 대해서는 완벽한 무지 상태에 놓여 있었다. 여기에서 열수 분출 신호를 포착함으로써 이 미지의 세계에 접근할 수 있는 중대한 실마리를 잡은 것이다. 다양한 첫 발견들은 추후 여러 탐사를 통해 확장되어 가야만 한다고 생각했다.

첫 발견의 중요성을 이해한 극지연구소 소장의 결단으로 6개월 만에 2차 탐사를 준비할 수 있었다. 아라온호의 일정이 매우 빡빡했기 때문에 이 연구를 위한 탐사 일정을 잡기란 매우 어려운 일이었다. 그 당시 아라온호는 킹조지섬에 있는 세종 기지에 월동 물품을 보급하고, 남극 대륙 장보고 기지 현장에 건설 자재를 보급할 계획을 갖고 있었다. 이후에도 다른 탐사들이 많이 계획되어 있었다. 그러나 우리가 뉴질랜드 남단 크라이스트처치에서 아라온호에 탑승하는 대신, 칠레 남단 푼타아레나스에서 세종 기지로 향하는 아라온호에 승선한다면 7일의 탐사 시간 확보가 가능했다. 세종 기지 보급을 마치고 바로 탐사 지역으로 가는 것이 이동 항해 시간을 단축할 수 있는 유일한 방법이었다. 하지만 단 7일의 탐사를 위해 우리는 지구를 한 바퀴 돌아야만 했다. 지구를 반 바퀴 돌아 남아메리카 대륙 최남단에 있는 푼타아레나스로 날아가 아라온호를 타고, 지구를 반 바퀴 더 돌아 탐사 지역에 가야 하는 것이다. 구체적 여정은 이렇다.

1. 인천 출발
2. 스페인 마드리드 경유
3. 푼타아레나스 도착 (산티아고 경유) 및 아라온호 승선

4. 드레이크 해협을 건너 세종 기지로 항해

5. 세종 기지 보급

6. 남극 대륙을 반 바퀴 돌아가는 이동 항해

7. 7일간 호주-남극 중앙 해령 탐사

8. 크라이스트처치로 항해

9. 오클랜드 경유

10. 인천 도착

총 소요 기간 40일. 40일간의 세계 일주인 셈이다. 역사적으로 의미 있는 세계 일주는 무엇이 있었을까? 소설 속의 이야기이기는 하지만, 가장 먼저 쥘 베른Jules Verne의 소설 『80일간의 세계 일주』가 떠올랐다. 지금 생각해보면 어린 시절 이 책과 『해저 2만 리』를 탐독하던 추억이 나를 해양학자의 길로 이끈 것이 아닐까 싶다. 나는 필리어스 포그가 80일이라는 제한 시간을 맞추기 위해 발휘하는 임기응변과 결단력이 좋았다. 또, 네모 선장의 고독은 내가 해양학자로서 바다에서 느끼는 고독감과 겹쳐질 때가 있다. 하지만 포그의 세계 일주와 탐사대의 세계 일주는 매우 다르다. 그에게 세계 일주 자체가 내기였다면, 나의 세계 일주는 연구를 위한 부속물에 불과했다. 경로 역시 겹치는 부분이 단 한 곳도 없다. 포그의 여정은 런던에서 출발하여 인도, 홍콩, 일본, 샌프란시스코, 뉴욕을 경유하는 것이었고, 내가 가려던 남극과는 멀어도 한참 멀었다.

마젤란Ferdinand Magellan도 떠올랐다. 그는 세계 최초로 배를 타고 세계 일주를 해서 지구가 둥글다는 사실을 증명했다. 마젤란은 포르투갈 출신이지만 모국과 절연한 후 스페인에서 함대를 이끌고 출발했다. 그는 남대서양과 남태평양을 잇는 마젤란 해협을 발견했는데, 그 해협의 거점 도시가 바로 아라온호 승선지인 푼타아레나스이다. 우리도 스페인을 거쳐 마젤란 해협에서 아라온호에 승선하지만, 그 다음 여로는 갈라진다. 마젤란은 해협을 통과한 후 말루쿠 제도를 향해 뱃머리를 북서쪽으로 돌렸고, 우리는 남쪽 세종 기지로 갈 예정이었다.

아라온호의 선교 ⓒ극지연구소 극지미디어

한편, 18세기 후반에 대항해 일주를 했던 영국의 제임스 쿡 James Cook 선장은 또 어떠한가. 그는 강력한 리더십을 가진 선장이면서 과학적 측량의 대가이기도 해, 현대적 측량 기법이 등장하기 전 가장 정확한 태평양 해도를 만들었던 사람이다. 또 다른 중요한 역사적 사건은 비글호의 세계 일주이다. 무명의 젊은 박물학자에 불과했던 찰스 다윈 Charles Darwin 은 선장 피츠로이 Robert FitzRoy 의 말동무로 승선할 기회를 얻었다. 비글호 항해의 주목적이 남아메리카 대륙 해안선의 측량 임무였다는 것을 기억하는 사람은 별로 없다. 오늘날 비글호의 이름을 전해오는 것은 당시 깍두기에 불과했던 다윈의 연구이다. 영국 플리머스항을 출발한 비글호는 브라질 리우데자네이루와 우루과이 몬테비데오를 거쳐 마젤란 해협 연안의 푼타아레나스에 머무른다. 그 이후 비글호의 여정은 북쪽으로 뱃머리를 돌려 갈라파고스섬을 경유한 다음 태평양 남반구 쪽 중위도를 지나 남서쪽으로 항해한 후 호주 남부를 지나 인도양을 건너고 아프리카 희망봉을 돌아 대서양을 북상하여 영국으로 돌아가는 것이었다. 우리 탐사대는 비글호와 푼타아레나스라는 한 점에서 만난다.

현대의 탐사는 제임스 쿡이나 찰스 다윈 시대의 탐사에 비교한다면 너무나도 쉽다. 항해 안내도 작성도 오래전에 다 끝났을 뿐더러, 존재하지도 않는 상상 속의 대륙을 찾으려 목숨을 걸 필요도 없다. 인공위성이 제공하는 위치 및 기상 정보는 항해를 안전하게 만들어준다. 제임스 쿡의 측량술과 항해술은 대단한 것이었으나 현대 기술과 비교해보면 허무하다고 할 수밖에 없다. 아라온호는 인공위성과 교신할 수 있을 뿐 아니라 남극권의 험한 바다에서도 큰 위험 없이 항해를 지속할 수 있는 강력한 엔진을 장착하고 있는 8,000t급 쇄빙선이다. 범선인 엔데버호나 비글호와는 비교할 수 없는 능력을 갖고 있는 배인 것이다. 현대 해양 탐사에서는 첨단 장비를 활용해서 해저 지형을 파악하고 해수와 해저의 다양한 특성을 현장에서 측정할 수 있다. 그뿐만 아니라 효율적으로 시료를 채취할 수 있어, 지구를 이해할 수 있는 데이터를 제공한다.

속도와 효율을 중시하는 현대의 기준으로 본다면 단 7일의 탐사를 위해 33일을 보내야 하는 두 번째 남극 중앙 해령 탐사는 매우 비효율적이었다. 이러한 비효율적 여정을 함께할 과학자는 드물어서, 나를 포함해 필수 전문가 몇 명을 제외하곤 색다른 경험을 원하는 학생들로 탐사대를 꾸릴 수밖에 없었다. 마드리드, 푼타아레나스, 세종 기지, 남극해, 크라이스트처치, 오클랜드로 이어지는 여정이 학생들에게는 무척이나 낭만적이었을 것이다. 7일의 탐사보다 매력적인 33일의 여정 덕분에 학생들을 모집하는 데는 큰 어려움이 없었다. 측량이 목적이었던 비글호 항해에서 과학적 목적을 갖고 있던 것은 손님인 다윈이었던 반면, 남극 중앙 해령 탐사의 손님인 학생들의 목적은 색다른 여행과 아르바이트였다. 학생들이 주축이 된 남극 중앙 해령 2차 탐사대는 2011년 11월 3일 첫 경유지인 마드리드로 향했다.

마드리드와 푼타아레나스

출장이나 학회 참석 때문에 유럽의 대표적인 도시들, 예를 들어 런던이나 파리, 빈에 가보긴 했지만 마드리드는 처음이었다. 스페인의 수도라는 기본적인 정보 외엔 기본적인 이미지도 없었다. 이번 출장에서 마드리드라는 도시를 경유하게 된 것은 행운이었다. 남아메리카로 가기 위해서는 대개 항공 편수가 훨씬 많은 미국의 LA나 뉴욕, 혹은 프랑스의 파리를 경유하게 된다. 마드리드행은 항공 운항 편수가 많지 않아 출장 일정과 맞는 경우가 거의 없는데 이번 탐사 일정과는 기가 막히게 들어맞은 것이다.

마드리드에 도착한 것은 새벽이었다. 공항이 한산해서 입국 수속에서부터 짐을 찾는 것까지 빨리 마칠 수 있었다. 젊은 사람들로 구성된 팀이 함께 움직일 땐 각자의 성향에 따라 임무가 자연스레 배분되는 법이다. 호텔 예약을 한 친구, 호텔로 가는 방법을 연구한 친구가 각각 있었다. 탐사팀은 버스를 타고 새벽 한기를 뚫으며 예약된 호텔로 향했다. 호텔 체크인 시간은 대개 오후 2시여서, 아침에 도착해봤자 추가 요금 없이는 체크인이 이루어지지 않는 것이 보통이다. 그런데 친절하게도 예약된 호텔에선 이른 아침임에도 불구하고 추가 요금 없이 우리에게 호텔방을 내주었다. 아침 식사 시간이 막 시작돼서 비교적 저렴한 가격에 호텔에서 아침도 해결할 수 있었다. 호텔이 친절 덕분에 마드리드에서의 첫 하루를 산뜻한 기분으로 시작할 수 있었다.

마드리드에서의 일정은 1박 2일이었지만 2일 모두 시간을 온전히 쓸 수 있어서 효율이 높았다. 마드리드를 떠나야 하는 시간도 다음 날 늦은 밤이었기 때문이다. 나는 주어진 이틀의 시간을 주로 미술관에서 보내기로 했다. 마드리드에는 근대 이전이 미술작품을 전시하는 '프라도 미술관'과 주로 현대 미술을 전시하는 '레이나 소피아 미술관'이 있다는 것을 알고 있었기 때문이다. 이 두 미술관이 호텔에서 그리 멀지 않은 곳에 위치하고 있었다. 물론 학생들의 선택은 달랐다. 미술관 같은 건 관심이 없었다. 그들을 가장 흥분케 한 것은 바로 프로 축구단 레알 마드리드Real Madrid Club de Fútbol의 전용구장이었다. 축구 경기가 있는 것도 아닌데 비어 있는 축구장을 방문하는 것이 무슨 의미가 있냐고 물으니 프리메라리가 최고 구단의 전용구장을 직접 볼 수 있다는 것만으로도 감격이라고 했다. 이를 세대 차이라고 해야 할지 취향 차이라고 해야 할지는 모르겠지만 그들에게는 그들의 선택권이, 나에겐 나의 선택권이 있다. 나는 혼자서 프라도 미술관으로 향했고 학생들은 단체로 레알 마드리드 전용구장으로 향했다.

미술 애호가가 아님에도 불구하고 미술관에서 시간을 보내기로 선택했던 것은 중요한 탐사를 목전에 두고 무리해서 여기저기 돌아다니고 싶지 않았기 때문이었다. 한곳에 주로 머무르면서 생각을 정리해볼 요량이었고 그러기에는 대형 미술관이 적격이었다. 프라도 미술관에 전시된 그림들은 다양하고 훌륭했다. 특히 벨라스케스^{Diego Velázquez}와 고야^{Francisco Goya}의 그림은 압도적이었다. 그다음 날 소피아 미술관으로 갔다. 아뿔싸, 그날은 소피아 미술관이 휴관하는 화요일이었다.

아쉽게도 기회를 놓친 나는 도시를 걷기 시작했다. 스페인은 그 당시 포르투갈과 함께 남부 유럽 경제 위기의 중심이어서, 신문들은 연일 스페인의 경제 위기를 보도하고 있었다. 그래서 도시의 분위기가 침체되어 있지 않을까 예상했는데 의외로 거리는 활력이 넘쳤다. 마드리드는 파리와 빈을 섞어놓은 것 같았다. 부르봉 왕가가 지배한 파리는 로코코풍의 화려한 장식이 특징이고, 합스부르크

부르봉과 합스부르크의 영향을 받아 독특한 색채를 지니게 된 마드리드의 거리

가의 빈은 상대적으로 소박하고 실용적인 건물들이 돋보였다. 부르봉과 합스부르크의 영향을 교대로 받아 형성된 마드리드에서 이 두 도시의 중간적인 색채가 느껴지는 것은 어찌 보면 당연한 것이다. 마드리드는 상대적으로 새로운 도시여서, 빈이나 파리보다는 고풍스러운 맛이 덜했다. 마드리드는 스페인의 영광이 기울고 해양에서의 패권을 영국에게 빼앗긴 이후에 건설된, 유럽에서는 비교적 신도시에 해당한다.

마드리드에서의 체류를 무사히 마치고 늦은 저녁 칠레 산티아고행 비행기를 탔다. 대서양을 넘어 도착한 산티아고에서는 공항에 잠시 머물러 비행기를 갈아타고 칠레의 최남단 도시 푼타아레나스로 날아갔다. 남아메리카 지도를 보면 남쪽 끝부분이 마법사의 모자같이 뾰족하고 약간 굽어 있다. 자세히 보면 52~54°S 부근에 가느다랗고 구불구불한 해협이 지나면서 남부의 뾰족한 지역은 섬으로서 대륙과 분리되어 있다는 걸 알 수 있다. 이 해협이 바로 마젤란 해협 Straits of Magellan 이며, 남쪽의 섬은 티에라 델 푸에고 Tierra del Fuego 섬이다.

1519년 고국 포르투갈을 등지고 스페인으로 귀화한 마젤란은 다섯 척의 배를 이끌고 스페인을 출발한다. 아메리카 대륙을 넘어서 서쪽으로 가면 '향신료의 섬'인 인도네시아 말루쿠 제도에 갈 수 있다는 것을 증명하기 위해서였다. 저위도 지방에서 해협 발견에 실패한 마젤란 탐사대는 남아메리카 대륙 동쪽 연안을 따라 남

지구의 땅끝 마을 푼타아레나스, 마젤란 해협을 바라보고 선 항해자들의 동상

극을 향해 계속 남하하면서 서쪽으로 진행할 수 있는 뱃길을 찾다가 마침내 움푹 들어간 만 같은 곳을 발견한다. 이곳이 해협의 시작일 것으로 직감한 마젤란은 이 물길을 따라 계속 서쪽으로 항해를 진행한다. 언제 암초를 만날지 육지의 벽을 만날지 가늠할 수 없는 살얼음판 위를 걷는 것 같은 38일간의 항해 후, 마젤란 탐사대는 마침내 망망대해를 만난다. 다섯 척의 배 중 한 척은 난파하고 한 척은 뱃머리를 돌려버린 후였다. 좁고 기나긴 해협을 벗어난 감격에 벅차오른 마젤란은 이 바다를 평화로운 바다, 즉 태평양the Pacific, 太平洋으로 명명한다.

푼타아레나스는 이 마젤란 해협의 북쪽 연안에 위치하는 도시이다. 푼타아레나스는 흔히들 '남아메리카 대륙' 최남단 도시라고 하는데 한반도로 치면 해남 '땅끝 마을'에 해당한다. '남아메리카' 최남단 도시는 티에라 델 푸에고섬 남부 비글 해협 연안의 우수아이아로서, 제주도 서귀포시에 비유할 수 있을 것 같다. 푼타아레나스Punta Arenas라는 이름은 모래로 덮인 돌출 지형을 의미하는데, 한때 이 도시는 마가야네스·라고 불린 적도 있다. 칠레는 스페인으로부터 독립하고 내부 혼란이 정비된 19세기 중엽 마젤란 해협을 관리하기 위해 이 도시를 건설했다. 푼타아레나스는 마젤란 해협의 거점 항구로서 19세기 중엽부터 20세기 초반까지 호황을 누렸다. 대서양에서 태평양으로 항해하는 데, 마젤란 해협을 통과하는 것이 남아메리카 대륙과 남극 대륙 사이의 거친 바다로 악명 높은 드레이크 해협을 지나가는 것보다 안전했기 때문이다. 그러나 1914년 중남미에 파나마 운하가 뚫리자 마젤란 해협을 통과하는 선박의 수는 급격히 줄었고 그 후 오랜 기간 동안 도시는 정체됐다.

한동안 정체됐던 이 도시는 파타고니아 여행과 남극 탐사의 중요한 관문이 되면서 다시금 활력을 찾고 있다. 파타고니아는 남아메리카 콜로라도강 남쪽, 즉 약 40°S 이남의 광대한 황무지를 지칭한다. 파타고니아는 마젤란이 그 지역에서 처음 본 원주민을 파

● 마젤란의 스페인식 발음. 포르투갈식 발음은 마갈량이스이고, 마젤란은 영어식 발음이다

타곤^{Patagão} 이라고 부른 데서 유래됐다. 날씨가 급변하고 바람이 많은 척박한 환경이지만 경관이 신비롭고 아름다워서 많은 여행객들이 이곳을 찾는다. 푼타아레나스에는 재밌게도 '어린 왕자'의 동상이 있다. 『어린 왕자』의 작가 생텍쥐페리$^{Saint-Exupéry}$가 20세기 초반에 파타고니아의 비행 항로를 개척한 것을 기념하기 위한 것일까? 남반구의 여름이면 세계 각지에서 파타고니아를 여행하려는 사람들이 푼타아레나스로 몰려든다.

  이번 방문은 나에게는 세 번째 푼타아레나스 방문이었다. 세종 기지 주변에 위치한 섬의 육상 조사와 해양 조사를 위해 2006년과 2009년에 각각 방문했었다. 하룻밤을 아라온호에서 보내고 다음 날 아침 산책 겸 해서 도심으로 걸어 갔다. 19세기의 모습을 간직한 도시의 느낌은 여전했다. 첫 방문 때 마젤란 박물관에선, 석유가 주 에너지원이 되기 이전인 19세기 이곳 사람들의 삶의 모습이 무척이나 화려해서 놀랐던 기억이 있다. 도시 한복판의 마젤란 동상도 여전했고 스페인으로부터의 독립 전쟁이나 아르헨티나와의 영토 분쟁 등에서 공을 세운 칠레 영웅들의 동상들도 여전했다. 프라도 미술관에서 스페인을 침략한 나폴레옹 군대의 잔학성을 폭로한 고야의 그림을 보고 넘어왔는데 이 전쟁으로 남아메리카 국가들

- 큰 발의 거인이라는 의미로, 당시 평균 키가 155cm였던 스페인 사람에 비해, 이 지역 원수빈인 테우엘체족의 평균 키는 180cm였던 것으로 추정된다

〈1808년 5월 2일: 맘루크의 돌격〉, 고야 그림
스페인 독립전쟁의 시발점이 된 도스 데 마요 봉기를 그렸다

이 독립할 계기를 만들었다는 걸 생각하니 역사의 아이러니가 새삼 느껴졌다.

현재 남극에 접근할 수 있는 관문은 세 곳이 있다. 첫째는 칠레의 푼타아레나스와 아르헨티나의 우수아이아가 있는 남아메리카 남부, 둘째는 호주의 태즈메이니아와 뉴질랜드의 크라이스트처치가 있는 남태평양 지역, 셋째는 남아프리카 공화국의 케이프타운이다. 이 중 남아메리카 지역이 가장 남쪽이기도 하고 이곳을 향해 남극반도가 뻗어 있어 상대적으로 거리가 가깝기 때문에 남극으로의 접근성이 가장 좋다. 푼타아레나스에서 남극권까지 배로는 3일, 비행기로는 3시간 남짓 걸린다. 다른 지역들에서는 보통 2배의 시간이 소요된다. 남극으로 비행기를 타고 간다고 하면 의아해하는 사람들이 많은데, 칠레 등 남아메리카의 국가들이 남극의 일부 지역에 영유권을 주장하면서 공군 기지를 운영하고 있기 때문에 공군기들이 자주 다니는 편이다. 여객기같이 쾌적하지는 않지만 아무튼 비용을 지불하면 남극으로 비행기를 타고 갈 수 있는 것이다. 관광객들도 비용을 지불하면 공군기를 이용할 수 있기 때문에 재력만 있다면 누구나 남극에 가볼 수 있다.

극지연구소도 1988년 남극반도 북쪽 킹조지섬에 세종 기지의 운영을 시작한 이래 거의 30년 동안 푼타아레나스를 전초기지로 활용해왔다. 세종 기지를 방문해본 남극 탐사대원이라면 대부분 푼타아레나스와 관련된 추억과 무용담 한두 가지는 늘어놓게 마련이다. 칠레 식당 음식은 대체로 소금 덩어리를 씹는 느낌이 들 정도로 짜서 우리는 도저히 먹을 수가 없다. 탐사대원 중 누군가가 덜 짜게 요리해달라고 부탁할 요량으로 스페인어 사전을 뒤져가며 문장을 만들어, 소금을 빼달라고 했더니 이번에는 소금을 전혀 넣지 않아 너무 싱거워서 역시 먹을 수 없었다는 이야기 같은 것들이다. 아무튼, 푼타아레나스에서 칠레인들과 남극 탐사 관련된 일을 하다 보면 여러 가지 돌발 상황들을 겪게 되는데, 이는 남극의 급변하는 기상 탓도 있고 낙천적이고 느긋한 칠레인들의 인생관 탓도 있다. 그러기에 상황을 수시로 점검하지 않으면 낭패를 겪기 십상이다. 나도 탐사를 하면서 몇 가지 고비를 넘기게 되는데 그 첫 고비를 푼타아레나스에서 마주쳤다.

만만디 정신에 묶인 매퍼를 구하라!

이번 탐사의 가장 중요한 목적 중의 하나는 첫 탐사에서 그 징후만을 포착했던 열수 분출구의 위치와 분포를 보다 정확하게 파악하는 것이었다. 이를 위해서는 PMEL에서 대여해주는 매퍼가 반드시 필요했다. 나는 한국 출국 전 PMEL 담당자로부터, 대여 신청을 했던 이 장비가 푼타아레나스에 잘 도착했다는 확인을 받았다. 장비를 수령하는 푼타아레나스 현지 대리점이 그들의 임무에 충실했다면 매퍼는 이미 아라온호에 실려 있어야 했다. 그런데 푼타아레나스에 도착한 11월 10일 목요일 저녁 아라온호에 승선해보니 매퍼가 실려 있지 않았다. 현지 대리점 책임자를 만나 장비의 행방을 물었다. 공항 창고에 있는 것은 확인했는데 아직 가져오지 못했고, 출항 전까지는 선적해줄 테니 걱정하지 말라고 한다. 그러나 걱정하지 않을 수 없었다. 책임자는 호쾌한 성격이지만 약속을 충실히 이행하는 부류의 사람은 아니란 걸 경험으로 알고 있었기 때문이다. 아라온호 출항은 토요일인 12일 저녁이나 그다음 날인 일요일 오전으로 예정되어 있었기에, 사실상 여유는 금요일 하루밖에 남지 않은 상황이었다.

공항에 이미 도착해 있는 물건을 가져다 배에다 싣기만 하면 되니 상식적으로 하루면 충분하다. 그러나 이건 한국에서의 상식이지 칠레에서는 아니다. 칠레인 다수는 정말 긴박하게 중요한 일

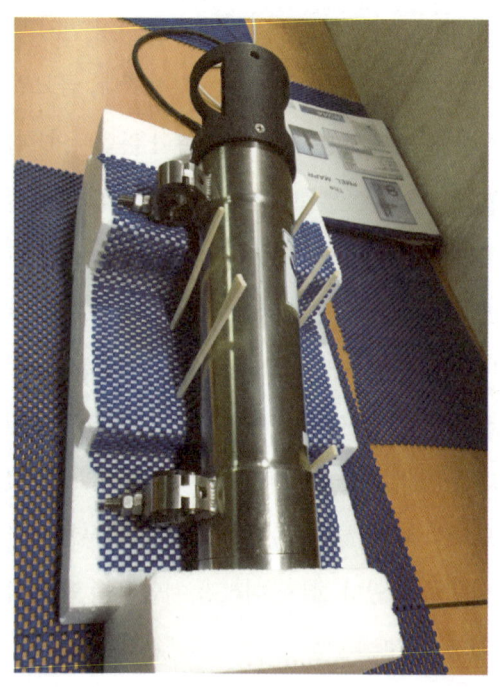

소형 자동 열수 기록기, 통칭 매퍼

이 아니라면 약속을 대수롭지 않게 여기는 만만디^{慢慢的} 정신의 소유자들이다. 보급 업무를 담당하는 극지연구소의 직원들은 칠레 현지 대리점 직원들의 이러한 인생관 때문에 많은 어려움을 겪는다고 토로한다. 약속대로 일을 처리하지 않아서 참다 참다 화를 내면 그게 그렇게 화낼 일이냐는 표정으로 천진하게 쳐다봐서, '인생관이 다른 것을 어쩌랴' 하며 허허 웃고 말았다는 사람도 있다.

아라온호는 푼타아레나스에서 세종 기지로 보급할 식자재

와 유류를 실어야 했다. 이 업무를 중계하는 것이 현지 대리점의 역할이고 정박 기간에는 이 일들로 배는 부산했다. 금요일에는 아라온호로 식자재 선적이 진행됐다. 기나긴 겨울을 나야 하는 세종 기지 월동대원들과 석 달 동안 하계 현장 조사를 수행하는 연구원들이 먹을 식량이다. 그리고 아라온호 항해 중에 사용할 식자재도 실어야 하니 그 양은 어마어마했다. 금요일에는 식자재 선적으로 칠레 대리점 직원과 아라온호 승조원들 모두 하루 종일 바쁘게 움직였다. 그 와중에 나는 수시로 대리점에 매퍼의 선적 여부를 확인해야 했다. 그러나 책임자는 걱정하지 말라는 말만 되풀이했다. 그러나 금요일 저녁까지도 매퍼는 실리지 않았다. 식료품 선적과 그 외 출항 관련 업무로 일손이 딸려 너무 바빠 신경 쓸 겨를이 없었다는 핑계였다. 칠레 대리점의 입장에서 매퍼 선적은 부수적인 일인 셈이었다. 저녁에라도 매퍼를 가져오라고 하니 내일 아침 일찍 가져올 테니 걱정하지 말라고 한다.

  토요일에는 유류 보급을 위해 도심에서 더 멀리 떨어져 있는 선석으로 아라온호를 이동해야 했다. 매퍼가 있는 곳에서 더 멀어진 것이다. 사계절을 하루에 다 체험할 수 있다고 할 정도로 푼타아레나스의 날씨는 급변한다. 그런데 유류 선적을 하는 하루 종일 바람이 세차게 불었다. 바람이 너무 강했던 탓에 크레인 작업을 할 수 없어서 유류 보급에 차질이 생겼다. 유류 보급에 신경 쓰는 와중에 토요일 오전에도 매퍼는 실리지 않았다. 이제부터는 그야말로 비상

상황이었다. 책임자는 어디 갔는지 사라져버렸고 유류 보급을 담당하는 현지 직원에게 물어보니 공항 창고는 통상적으로 토요일 오후에 문을 닫고 일요일을 보낸 후 월요일에야 다시 여니 매퍼 선적은 포기해야 하지 않겠냐고 한다. 정말 무책임하기 이를 데 없었다.

주말이라는 이유로 매퍼를 싣지 못한다면 출항을 월요일 오후로 연기해야 한다. 입항 날짜는 고정되어 있기 때문에 출항이 늦어지면 가뜩이나 부족한 탐사일수가 더 줄어들게 된다. 그리고 항구에 하루를 더 머무르면서 증가한 비용은 어떻게 할 것이고 세종기지 도착이 늦어지면서 벌어지는 상황은 또 어떻게 감당할 것인가? 그렇다고 매퍼 없이 출항하는 것은 탐사의 중요한 목적 중의 하나를 포기해야 하는 것이니 이는 더 심각한 문제이다. 나는 애가 탔는데 대리점 직원은 자기 일이 아니니 절박한 것이 없어 보였고 아무것도 모르는 대원들은 여기저기 돌아다니며 처음 타는 아라온호를 신기한 듯 구경할 뿐이었다.

무슨 수를 써서라도 출항 전까지 매퍼를 가져와서 실으라고 현지 책임자를 압박하는 것 외에는 다른 방법이 없었다. 장비가 해외에 있는 것도 아니고 현지 공항에 있는데 아무리 주말이어도 무슨 수가 있지 않겠는가? 아라온호 근처 유류 보급 사무실에서 버티면서 책임자에게 당장 전화 연결을 하라고 직원을 다그쳤다. 책임자는 전화 받기를 꺼리는 눈치였다. 책임자에게 매퍼를 반드시 시간 내에 선적한다는 확답을 듣기 전까지는 절대 사무실을 떠나지 않겠다고 직원에게 호통을 쳤다. 결국 책임자와 연결이 됐는데 아무래도 일요일 오전까지는 선적이 힘들 것 같으니 배가 일단 출항하면 자기가 매퍼를 칠레 공군기에 실어 세종 기지로 보내주겠다고 한다. 남극으로 들어오는 공군기 일정도 불확실한데 이 말을 어떻게 믿는단 말인가? 떠나고 나면 눈감아버릴 것이 뻔했다. 말도 안 되는 소리 말고 무슨 수를 써서라도 출항 전에 매퍼를 선적하라고 다시 호통을 쳤다. 이제야 상황이 엄중하다는 걸 감지한 듯 그는 무슨 수를 써서라도 반드시 가져오겠으니 자신을 믿어달라고 했다. 일요일 새벽, 출항을 위한 마무리 작업을 하고 있는데 그가 마침내 매퍼 박스를 들고 배에 올라탔다. 뒷선을 대서 창고를 관리하는 사람을 새벽에 깨워 창고 문을 열고 자기 차로 직접 매퍼를 가져왔다는 것이다. 나는 안도를 했고 감사를 표했지만 그가 썼다는 뒷선에 대해서는 모른 체했다. 그는 그가 했어야 할 일을 했을 뿐 아닌가? 아무튼 아라온호에 무사히 매퍼를 싣고 세종 기지를 향해 출항할 수 있게 되었다.

산 넘어 산, 멀미 넘어 눈 폭풍

전날 그토록 강하게 불던 바람도 출항일인 일요일 오전에는 잦아들었고 아라온호는 푼타아레나스를 순조롭게 떠났다. 마젤란 해협은 태평양과 대서양의 연결 통로이기에 어디로든 나갈 수 있지만 세종 기지가 있는 킹조지섬으로의 항해에는 통상 대서양 루트를 택한다. 거리상으로 더 가깝기 때문이다. 마젤란 해협은 어지간한 강보다 폭이 좁다. 좁은 곳은 2km도 채 되지 않는다고 한다. 바다를 항해한다는 느낌보다는 강줄기를 따라 흘러가는 느낌이 든다. 마젤란 선단이 이 좁은 해협을 변변한 지도 하나 없이 통과한 것은 지금 생각해도 기적 같은 일이다. 마젤란 해협의 폭이 좁다 보니 배 위에서 양쪽으로 펼쳐진 파타고니아의 절경을 감상할 수 있어 좋았다. 이곳에서는 수많은 유정들도 곳곳에 눈에 띄었다.

마젤란 해협을 지나 대양으로 나가면 그때부터는 강한 파도와 싸워야 한다. 특히 세종 기지로 가기 위해서는 지구상에서 가장 험한 바다로 악명 높은 드레이크 해협을 건너가야 한다. 드레이크 해협 Drake Passage 은 영국의 프랜시스 드레이크 경 Sir Francis Drake 의 이름을 딴 것인데 그는 마젤란 해협을 통과하여 두 번째로 세계 일주에 성공한 사람으로 알려져 있다. 드레이크가 이끄는 선단이 마젤란 해협을 통과하여 태평양으로 나갔는데 갑자기 풍랑을 만나 남쪽으로 떠밀려 내려가 우연히 이 해협을 발견하게 됐다. 그러나 드레이크 해협의 첫 통과자가 드레이크 경은 아니었다. 드레이크 해협을 처음 통과한 것은 네덜란드 선원들이었다.

영국인들이 나폴레옹 군대를 격파한 넬슨 Horatio Nelson 제독 다음으로 존경하는 인물이라는 드레이크는 원래 해적이었다. 마젤란의 세계 일주 이후 스페인은 포르투갈을 제치고 해상 무역의 패권을 장악했으며 특히 남아메리카에서 나오는 황금을 독점했다. 이러한 상황에서 보물을 가득 실은 스페인 선박들을 노리는 네덜란드와 영국 등 비스페인 출신의 해적선들이 남아메리카 바다에 출몰하게 된다. 그는 이런 해적들 중 가장 대표적인 인물이었다. 드레이크의 세계 일주는 스페인 함대를 노략질하기 위한 해적 활동의 일환이었

지구상에서 가장 험한 바다로 악명이 높은 드레이크 해협

다. 마젤란 해협을 통과하여 남아메리카 서쪽 연안을 따라 북상한 드레이크는 파나마 부근에서 스페인 선박을 공격해 막대한 양의 황금을 노획한다. 그리고 태평양을 지나 인도양을 거쳐 희망봉을 돌아 영국으로 돌아가 영국 왕실에 이 황금을 바친다. 이 황금이 영국 왕실 예산의 몇 배나 되는 막대한 금액에 해당했다고 하니 드레이크가 당시 영국 국왕 엘리자베스 1세^{Elizabeth I}의 대대적인 환대를 받은 것은 당연한 결과이다.

물론 스페인이 가만히 있을 리 없다. 드레이크가 황금을 약탈한 선박은 스페인 왕실 소속이었던 것이다. 국왕 펠리페 2세^{Felipe II}는 엘리자베스 1세에게 해적 드레이크를 스페인에 넘길 것을 요구했다. 펠리페 2세의 청혼을 거절해오던 엘리자베스 1세는 드레이크를 넘기라는 제안을 일언지하에 거절함으로써 돌이킬 수 없는 강을 건너게 된다. 이제 남은 것은 전쟁뿐. 스페인은 그 유명한 무적함대•를 보내 영국을 공격했다. 엘리자베스는 해적에 불과했던 드레이크를 해군 부사령관으로 임명함으로써 스페인의 공격에 맞섰다. 해군 제독이 된 드레이크는 해적 활동 과정에서 파악한 스페인 함대의 전술을 역이용하고 기습과 화공 등의 전술을 구사함으로써 무적함대를 격파하는 데 혁혁한 공을 세우게 된다. 당시 영국이 스페인

• 16세기 해상의 주도권을 가지고 있던 에스파냐 해군의 별명으로, 정식 명칭은 '위대하고 가장 축복받은 함대^{Grande y Felicisima Armada}'이다

을 꺾은 것은 다윗이 골리앗을 이긴 것에 비유할 수 있는 것이었다.

이 한 번의 전쟁으로 스페인의 패권이 당장 무너진 것은 아니었지만 균열이 생긴 것은 분명했다. 프랑스의 역사가 페르낭 브로델^{Fernand Braudel}은 스페인의 패권 상실에는 내륙 도시 마드리드로의 천도도 한 원인으로 작용했을 것이란 가설을 제시한다. 당시 스페인은 포르투갈도 병합한 상태였기 때문에 만약 대서양으로 가는 가장 중요한 항구였던 리스본을 연합 왕국의 수도로 했다면 스페인의 제해권이 강화되어 패권을 더 오래 지속할 수도 있었으리란 것이다. 어쨌든 드레이크의 해적 활동과 세계 일주, 그리고 영국과의 해전에서 패배한 이후 스페인의 패권은 서서히 기울었다. 마젤란의 세계 일주가 포르투갈 중심의 패권을 스페인에 넘겨주는 계기가 되었던 것을 생각해보면 당시 세계 일주라는 것이 유럽 제국 패권 변화의 신호탄이었던 셈이다. 마젤란 해협과 드레이크 해협에는 이와 같은 패권 변화를 반영한 역사적 지층이 그 이름으로 남아 있다.

이번 남극 중앙 해령 탐사는 어떤 의미가 있을 것인가? 이 탐사에서 마젤란이나 드레이크의 일주 같은 세계사적 의미를 찾는다는 것은 견강부회한 일이겠지만 중요한 과학적 성과를 내야 한다는 강박이 늘 나를 따라다녔다. 출항 직후에는 7~8m 파도가 예사로 나타나는 드레이크 해협을 건너는 상황에서 탐사대원들의 뱃멀미 적응 정도를 체크하는 것이 우선이었다. 나를 포함한 세 명을 제외하면 탐사대원들은 대양에서 배를 타는 것이 처음이었기 때문에 멀미

정도가 너무 심하면 약을 먹거나 의사의 도움을 받아야 될지도 모른다. 드레이크 해협을 건너가 세종 기지에서 4~5일을 머문 후, 탐사 지역까지 약 2주 정도 더 이동 항해를 해야 했기 때문에 멀미에 적응할 시간이 충분하다는 것은 긍정적인 조건이었다. 나는 탐사대원들에게 드레이크 해협에서의 3일이 남극 대륙을 노는 이동 항해와 본격적인 탐사 전에 맞는 예방주사가 될 것이라고 말했다.

나도 1996년 해양연구원의 탐사선인 온누리호를 타고 동태평양 망간단괴 탐사에 참여한 첫 항해에서 뱃멀미로 호되게 고생한 적이 있다. 3일 가까이 식은땀이 흐르고 기운이 없고 주변의 모든 것이 마치 살바도르 달리^{Salvador Dalí}의 그림같이 흐물흐물 늘어져 있는 것 같았다. 흔들리는 배에서도 아무 일 없다는 듯 식당에서 돼지불고기에 소주잔을 기울이고 있는 승조원들이 한편으론 부럽기도 한편으론 원망스럽기도 했다. 사실 가장 큰 공포는 이 멀미가 언제 끝날지 가늠할 수 없다는 사실이었다. 내가 발견해낸 처방은 몸을 배의 흔들림에 자연스럽게 맡기고 가급적 갑판에 나와 좋은 공기를 많이 들이마시는 것이었는데 그렇게 3일 정도 지나면 멀미가 자연스럽게 극복되었다. 첫 멀미 체험에서 자신감을 얻은 후 이제는 배를 타도 멀미를 하지 않는다. 멀미에는 심리적인 요소도 강하게 작용하는 것이고 일단 자신감을 갖게 되면 컨트롤이 가능해진다. 드레이크 해협이라는 험악한 바다로 나가는 학생들에게 멀미의 공포란 클 수밖에 없었지만 내 체험을 이야기해주며 그들을 안심시키려고 노력했다.

다행히 3일간의 드레이크 해협 항해 과정에서 해황이 크게 나쁘지 않았고 대부분의 탐사대원들도 멀미를 비교적 잘 극복해냈다.

그렇게 배는 세종 기지를 향해 순조롭게 항해해 가는 듯했지만, 세종 기지로 입항할 즈음 큰 문제를 인지하게 되었다. 선장으로부터 세종 기지를 떠나 탐사 해역까지 가는 이동 시간이 지나치게 짧게 잡혀 있다는 것을 확인했기 때문이다.

"경로를 너무 직선으로 잡았어요. 위성 자료로 해빙 상태를 계속 체크하고 있는데 처음에 잡은 경로는 해빙이 너무 많아서 갈 수가 없습니다. 아직 늦겨울인데 운영팀에서 여름을 생각하고 항로를 잡은 것 같아요. 해빙을 우회해야만 하는데 그러면 계획된 일정보다 최소 3일은 더 걸릴 것 같습니다. 총 탐사일 7일 중에서 3일이 줄어드는 셈인데 도착해서 해황이 나빠 며칠 더 허비하게 되면 최악의 경우 1~2일밖에 탐사를 못 할 수도 있습니다. 이동 시간을 줄이는 노력을 해보겠지만 솔직히 회의적입니다. 당장은 세종 기지 일정을 최대한 줄이고 빨리 출발하는 수밖에 없겠네요."

40일간의 출장 중 일할 수 있는 기간이 단 하루나 이틀에 불과하다면 얼마나 허무한가? 나는 세종 기지에서의 체류 일정을 줄여야 한다는 압박감에 시달렸다. 세종 기지에서 체류 일정은 4일이었다. 식품과 유류 그리고 대원들에게 필요한 사적 물품들 보급을 하고 세종 기지에서 반출힐 물품들을 싣는 일을 다 마치는 데는, 효율적으로 일할 경우 대략 이틀 정도가 소요된다. 남극의 급변하는 날씨 등 예측할 수 없는 상황과 여유 시간을 고려해서 이틀 정도의 예비일을 잡아놓은 것이다. 그래서 하루 정도는 일찍 떠날 수 있지 않을까 하는 희망을 가졌다. 그러나 세종 기지 일정에 대한 결정권은 기지 대장과 연구소에 있었다. 나는 하역 작업을 돕는다는 조건으로 탐사대원들과 함께 세종 기지로 하선하기로 했다. 세종 기지 보급 업무를 도움으로써 가능하다면 세종 기지 체류 일정을 줄여보고 싶었던 것이다. 탐사대원들도 언제 다시 오게 될지 모를 세종 기지 방문 기회를 놓치고 싶어 하지 않았다.

세종 기지에 입항하는 아라온호 ⓒ극지연구소 극지미디어

세종 기지로의 하선과 하역 작업은 쉬운 일은 아니다. 항구에 배를 접안할 수 있으면 사다리를 타고 하선하고 짐들도 크레인을 이용해 육지로 바로 내리면 되겠지만 세종 기지에는 접안 시설이 없다. 그래서 대략 50~60m 거리에 배를 정박시키고 고무보트를 이용해서 이동하면서 작업해야 하는 것이다. 고무보트에 타기 위해서는 입고 벗기에 매우 불편한 구명복을 반드시 착용해야 한다. 남극의 바다는 1~2℃에 불과하기 때문에 구명복을 입지 않은 채 빠지면 10분 이내에 사망하기 때문이다. 탐사대원들과 하선하자마자 고 전재규 대원의 동상 앞에서 묵념을 했다. 고 전재규 대원은 2003년, 동료 대원을 구출하려다 안타깝게 남극에서 목숨을 잃었다. 나에겐 이번이 세 번째 세종 기지 방문이었다. 25년간 남극의 거친 날씨를 견뎌낸 빨간색의 컨테이너 건물들에선 이젠 세월의 무게가 느껴졌다. 완공된 지 얼마 되지 않은 회색의 생활동 건물은 아직 세월과 조화되지 못해 생뚱맞게 보였다.

첫날 예비 작업을 마치고 다음 날, 본격적인 작업이 진행됐다. 중앙 해령 탐사대는 세종 기지 대원들을 도와 1년 치 식량을 보관 창고로 옮겼다. 식재료들은 매우 무겁기 때문에 노동 강도가 상당했다. 나는 별생각 없이 선크림을 바르지 않고 작업하다 강한 자외선에 얼굴 화상을 입었다. 그러나 모두들 합심해서 열심히 일한 탓에 하루 반나절 만에 전체 작업 분량의 80% 가까이 일이 진척되었다. 하루 정도는 일찍 떠날 수 있으리란 희망을 가질 만 했다. 그

출항을 할 수 없을 정도로 눈 폭풍이 거세게 몰아쳤다

러나 무심한 자연이 도와주지 않았다. 강력한 눈 폭풍이 다음 날부터 이틀 동안 몰아치리란 예보가 나온 것이다. 눈 폭풍이 불기 전 야간작업을 해서라도 일을 마무리하고 떠나면 좋겠지만 아무리 다급하다 한들 무리를 할 수는 없는 노릇이었다. 예보가 틀리거나 눈 폭풍이 빨리 지나가기를 기대할 수밖에 없었다. 폭풍 전야의 세종 기지에서 바라본 노을은 너무나도 붉고 아름다웠다. 밤에 짙은 노을이 지면 다음 날 날씨가 좋다고 하지 않았던가? 나는 일말의 희망을 가졌다. 그러나 야속한 눈 폭풍은 이틀 동안 쉬지 않고 휘몰아쳤다. 결국 세종 기지 일정을 단 하루도 줄이지 못하게 된 것이다.

세종 기지를 떠나 남극해로

쉴 새 없이 몰아치던 눈 폭풍은 이틀이 지난 후 마치 아무 일 없었다는 듯 잠잠해졌다. 쌓여 있는 눈만이 격렬했던 눈 폭풍의 증거로 남았다. 남은 일들을 마무리하고 아라온호는 세종 기지를 떠났다. 세종 기지에서의 일정을 줄이지 못했으니 이동 항해를 줄여 탐사 일정을 더 확보할 수밖에 없었다. "아라온호는 쇄빙선이니 해빙 상황을 수시로 점검해서 얇아진 곳이 있으면 엔진 출력을 높여 뚫고 가겠습니다" 하며 선장이 내게 위로의 말을 건넸다. 예정된 이동 항해 기간은 2주였다. 내 경험에 따르면 탐사 지역에 도착할 때까지 6일이면 뱃멀미에 적응하고 탐사 준비를 완료하는 데 충분하다. 2주는 너무 긴 시간이다

남극권이라고 하면 보통 60°S보다 남쪽에 위치한 바다와 육지 전체를 지칭한다. 남극권은 현재까지 어느 나라도 주권을 행사하지 못하는 지구상의 유일한 영역으로 남아 있다. 즉, 남극 대륙에 들어갈 때는 여권 같은 것이 필요 없다. 그렇다면 남극권은 무법지대일까? 그렇지는 않다. 남극권은 남극 조약 가입국들에 의해 공동 관리되고 있다. 남극 조약은 미국과 소련의 주도하에 12개국이 참여해 1959년에 체결되었고, 이후로도 꾸준히 회원국이 늘어나서 현재 53개국이 가입되어 있는 상태이다. 남극 조약에 따라 남극권에서는 어느 나라도 영유권을 주장할 수 없고 군사 활동과 핵 실험

이 금지되었다. 제2차 세계대전 이후 냉전 체제하에서 맺어진 최초의 군비 규제 협정이었다. 남극 조약에서는 연구 목적 외의 광물 자원 개발도 금지하고 있으며 남극 환경과 생태 그리고 지구를 이해하고자 하는 과학 활동만 장려된다. 남극 조약은 남극이라는 미지의 영역을 국제 협력을 통해 평화적으로 관리하여 후손들의 몫으로 남겨두고자 하는 국제적인 공동 의지의 산물인 셈이다.

대한민국은 1986년 남극 조약에 가입했으며 1988년 세종 과학 기지를 완성하고 첫 월동대를 파견함으로써 큰 첫걸음을 내디뎠다. 그 후 극지연구소 설립, 아라온호 건조, 대륙 기지 완공(장보고 기지, 2014년)으로 이어지면서 남극에서 활발한 연구 활동을 수행

맑게 갠 세종 기지의 전경 ⓒ극지연구소 극지미디어

하고 있다. 현재 대한민국은 남극 조약 가입 53개국 중 의사 결정에 참여할 수 있는 29개국 중 하나이기도 하다. 세종 기지가 위치한 킹조지섬은 남아메리카 대륙 남쪽 남극권의 첫 육지인 남셰틀랜드 제도 중앙에 위치한 가장 큰 섬이다. 남극 대륙 횡단을 시도하다 조난당한 어니스트 섀클턴 일행이 생존 투쟁을 벌였던 엘리펀트섬은 남셰틀랜드 제도의 동쪽 끝에 위치하고 있다. 남극 대륙의 시작인 남극반도는 남셰틀랜드 제도에서 남쪽으로 약 140km 떨어져 있다. 한반도로 치면 서울에서 대전까지의 거리이다. 남극 조약 가입국들의 기지는 남셰틀랜드 제도에 가장 많이 분포하고 있다.

    킹조지섬과 넬슨섬 사이, 맥스웰만을 향해 뻗은 바톤반도에 바로 세종 기지가 위치해 있다. 바톤반도는 마리안소만을 사이에 두고 북쪽으로 위버반도와 마주 보고 있는데 마리안소만은 겨울에 완전히 얼어붙기 때문에 겨울에는 눈썰매를 타고 세종 기지에서 위버반도로 건너갈 수가 있다. 여름에는 마리안소만을 덮고 있던 얼음이 대부분 녹고 빙하가 육지로 후퇴한다. 물론 여름에도 마리안소만의 육지에 가까운 지역은 빙하로 계속 덮여 있는데 여름이 올 때마다 조금씩 더 후퇴해서 현재는 세종 기지 운영 초기에 비해 육지 쪽으로 거의 2km 이상 더 후퇴한 상황이라고 한다. 마리안수만은 지구 온난화의 생생한 현장인 셈이다.

    마리안소만을 빠져나와 맥스웰만을 통과하여 밖으로 나오면 여기서부터 브랜스필드 해협(Bransfield Strait)이다. 브랜스필드 해협은 남셰틀랜드 제도와 남극반도 사이의 해협인데, 해양 지질 조사차 탐사한 적이 있어 내겐 친숙한 풍경이었다. 킹조지섬 바로 옆에 삐죽이 솟아 있는 넬슨섬을 보고 남셰틀랜드 제도에서 두 번째로 큰 리빙스턴섬을 통과하니 디셉션섬이 보였다. 디셉션섬에 위치한 스페인 기지에 머무르며 열흘간 현장 조사를 하며 고생했던 추억이 떠올랐다. 이 섬은 화산 폭발로 형성된 칼데라 지형의 섬인데 한때 포경업의 전진 기지이기도 했다. 비교적 잔잔한 내해에 배를 안전하게 정박할 수 있었기 때문이다. 남극권에서 가장 화산 활동이 활발한 이 섬에서는 1960년대 후반 강력한 화산 폭발이 일어나 영국 기지가 파괴되고 몇 명의 사상자도 발생한 적이 있다. 차가운 남극해의 뜨거운 불덩이인 셈이다.

디셉션섬을 지나 스미스섬과 로섬을 지나면 드디어 육지 하나 보이지 않는 없는 망망대해로 나가게 된다. 대양 탐사를 한다고 하면 많은 사람들이 부러워하며 그 느낌이 어떤지 묻고들 한다. 춘추시대의 공자도 도가 행해지지 않음을 한탄하면서 뗏목을 타고 망망대해에 떠 있고 싶다는 소망을 말씀한 적이 있지 않았던가? 육지가 보이지 않는 망망대해는 세속적 질서에 대한 상상적 도피처이기도 한 것 같다. 생각해보면 나도 대양 항해 경험이 풍부한 편이다. 한국의 온누리호를 타고 적도 부근의 동태평양과 서태평양을 모두 탐사해보았고, 미국 탐사선 놀호를 타고 버뮤다섬을 출발해 대서양을 횡단하여, 아조레스 제도까지 항해해본 적도 있다. 그리고 남태

스미스섬과 로섬을 지나면 곧 육지라곤 보이지 않는 망망대해가 펼쳐진다

평양의 타히티섬에서 일본 탐사선 미라이호를 타고 출발해, 남태평양을 가로질러 푼타아레나스까지 항해한 다음, 다시 칠레 연안을 따라 북쪽으로 거슬러 올라와 적도 부근에 위치한 칠레의 최대 항구 발파라이소에서 하선하기도 했다. 그리고 이번 탐사는 남극해를 노는 것이니 오대양 중 인도양과 북극해를 제외한 삼대양을 경험해 본 셈이다. 앞으로 북극해와 인도양 모두 체험해볼 것을 기대하고 있다. 나에게 있어 망망대해는 단순한 상상이 아니라, 구체적 느낌이 얽혀 있는 대상인 것이다.

"망망대해는 그냥 모두 같은 망망대해 아니냐"라고 할 수도 있겠지만 내가 경험한 바다들은 느낌이 모두 달랐다. 나에게 첫 대양의 체험이었던 동태평양은 큰 파도는 드물지만 잔 너울이 끊이지 않는다. 온누리호 같은 작은 배는 너울을 타고 끊임없이 흔들리기 때문에 마치 권투 하면서 잽을 계속해서 얻어맞는 것과도 같다. 멀미에 약한 사람은 서서히 무너져간다. 동태평양은 바닷속 찬물이 솟아오르는 지역이기 때문에 습도가 높지 않고 고기압이 지속되어 날씨가 쾌적한 편이다. 반면 서태평양의 적도 부근은 '적도 무풍지대'라는 말이 있듯이 바람이 없어 호수같이 잔잔한 바다를 볼 수 있는 날들이 꽤 된다. 멀미에도 비교적 쉽게 적응한다. 그렇지만 저기압이 분포하고 해수의 온도가 높아 습하기 때문에 동태평양 같은 쾌적한 느낌이 없다.

동서태평양의 이러한 차이는 적도 부근 서태평양에는 저기압이, 동태평양에는 고기압이 발달하기 때문인데, 이 기압 차로 인해 동에서 서로 무역풍이 불게 되는 것이다. 그런데 이 균형이 무너지는 현상이 바로 그 유명한 엘니뇨$^{El\ Niño}$–남방진동*이다. 엘니뇨 현상이 나타나면 무역풍이 약해지고 동태평양에서 찬물이 잘 솟아오르지 않게 된다. 바다속 찬물이 솟아오르지 않게 되면 그 속에 있

- 남방진동은 인도양과 적도 태평양 사이의 기압 진동 현상으로, 해수의 가열 단계는 엘니뇨, 냉각 단계는 라니냐라고 부른다

던 먹이를 먹고 살던 물고기들도 줄어 어획량은 감소하고 대기 온도도 상승해 이상 기후가 나타나는 것이다. 이는 지구의 해양-대기 시스템이 완벽하지 않기 때문에 나타나는 현상이다. 대양을 항해하다 보면 상상속의 망망대해뿐 아니라 과학적 개념들도 현실로서 체험하게 되는 셈이다. 남태평양을 남동쪽으로 횡단할 때는 날씨와 해황이 고위도로 갈수록 점차 나빠지는 것을 체험했다. 개인적으로는 대서양에서의 느낌이 좋았다. 서태평양같이 습하지도 않고 동태평양의 잽 같은 너울도 없이 쾌적했다.

체험한 바다마다 느낌이 모두 달랐지만 중요한 공통점들이 있다. 우선 간편한 복장으로 갑판에 나가 탁 트인 바다를 바라보며 햇볕을 쬐고 맑은 공기를 마음껏 마실 수 있었다. 그리고 배의 관제실이 있는 선교의 지붕에 올라 바라보는 밤하늘의 별은 정말 장관이다. 별이 너무나도 반짝거려 마치 쏟아질 것만 같았다. 문명의 세계와는 다른 대양적 느낌을 가질 수 있었던 것이다. 그러나 유감스럽게도 아라온호가 항해하고 있는 남극 바다는 내가 경험한 다른 바다들과 너무도 달랐다. 바람이 매섭고 날씨가 춥고 해황은 나쁘니 갑판에 나가 편한 복장으로 맑은 공기를 마실 수도, 심하게 흔들리는 선교에 올라 하늘의 별을 바라볼 수도 없다. 대양의 느낌보다는 배 속에 갇혀 있다는 답답한 느낌이 강했다.

거대한 파도와 해빙을 넘어서

아라온호는 이동 항해 시간을 조금이라도 줄여보기 위해 엔진에 무리가 가지 않는 한에서 최대 출력으로 달렸다. 해빙이 얇다고 판단되면 쇄빙선이란 장점을 활용하여 거침없이 뚫고 지나갔다. 그러나 지구상에서 가장 험한 바다를 원하는 만큼의 스피드로 달리기는 힘들었다. 선장과 항해사들의 노력에도 불구하고 이동 항해에서 시간을 줄일 수 있는 전망은 어두웠다.

거친 해황 때문에 배는 쉬지 않고 흔들렸다. 개인차는 있었으나 이미 드레이크 해협을 통과한 경험이 있었고 자기 관리들을 잘했기 때문에 심각할 정도로 상태가 나빠지는 경우는 없었다. 출항 3일 후 멀미가 거의 극복된 걸로 판단되자 무리하지 않는 수준 내에서 탐사 준비를 시작했다. 가장 먼저 해야 할 일은 탐사가 시작되었을 때 효율적으로 일할 수 있는 이동 경로와 작업 공간을 확보하는 것이었다. 아라온호가 수행해야 할 임무가 다양했기 때문에 선적된 짐들도 많고 다양했다. 건설 중이던 장보고 기지 현장으로 가야 할 물품들도 가득 쌓여 있었고 장보고 기지 보급 후 수행하게 될 서남극 해역 탐사 물품들도 여기저기 쌓여 있었다. 서남극 해역 탐사는 기간도 길었고 화학이나 생물 분야에서 복잡한 선상 실험이 계획되어 있었기 때문에 관련된 물품이 많았던 것이다. 한국을 떠나 출항하기 전까지 주어진 시간이 부족했기 때문에 이 다양한 짐

출항의 순간, 먹구름이 드리운 바다 저편을 바라보는 탐사대원

들은 미처 정리되지 않은 채 여기저기 흩어져 있었고 이 짐들을 다시 정리할 필요가 있었다.

    이동 공간과 작업 공간이 충분히 확보되자 중앙 해령 탐사에서 사용할 장비 설치 방법과 시료 전처리 방법을 익혔다. 이번 탐사에서 핵심적인 역할을 수행할 장비는 록 코어와 푼타아레나스에서 싣지 못할 뻔했던 매퍼였다. 중앙 해령 중심축은 막 분출한 현무암질 용암이 차가운 해수를 만나 급격히 식어서 만들어진 유리질로 덮여 있다. 이 유리질에는 그것이 녹아 나온 맨틀의 특성은 물론, 지표로 올라오는 과정에서 겪은 역사가 가장 잘 반영되어 있다. 록 코어는 이 유리질 부분을 재취하기 위해 특별히 고안된 것인데, 쉽게 말해 유리질에 강한 충격을 가해 깨져 나온 조각을 왁스에 붙여서 선상으로 올리는 장비이다. 매퍼는 중앙 해령에서 뿜어져 나오는 열수의 위치를 파악하는 데 매우 중요한 정보인 해수의 탁도와 온도 등을 측정하는 장비이다. 윈치 드럼에 감겨 있는 강철 로프의 끝단에 록 코어를 매달고 다시 50m 거리를 두고 매퍼를 부착하는데, 록 코어로는 중앙 해령의 암석 시료를 채취하고 매퍼로는 수층의 온도와 탁도를 측정할 수 있으니 한마디로 일석이조인 셈이다.

록 코어에는 직접 충격을 가하는 탈부착 가능한 헤드 부분에 5개, 중량을 유지하기 위해 달린 추에 8개 등 총 13개의 왁스 컵을

작업을 진행하면서 교체하기 위해 준비한 록 코어 헤드와 왁스 컵

부착할 수 있다. 록 코어 헤드를 탈부착하고 컵과 왁스를 교체하는 일은 상당히 힘이 많이 들어가고 손이 많이 간다. 그리고 채취된 시료에는 왁스가 잔뜩 묻어 있기 때문에 왁스를 제거하기 위한 긴 전처리 과정도 필요하다. 이동 항해 기간 동안 실제 상황에서 이 작업들이 신속히 이루어질 수 있도록 팀을 짜고 실습을 했다.

일과를 마치고 저녁 식사 후에는 세미나를 진행했다. 학생들의 전공은 지질학, 해양학, 생물학, 전자공학, 미술, 아직 전공을 결정하지 못한 학부생까지 스펙트럼이 다양했다. 전공이 다양했기 때문에 발표 주제에 특별한 제한을 두진 않았고 각자의 자율에 맡겼다. 전공에 대한 발표는 각자 무엇에 관심이 있고 어떤 일을 해왔는지 이해하는 데 도움이 되었다. 가장 나이가 어렸던 대학생은 1960년대 말에서 1970년대 초 판구조론의 정립시기에 출판된 고전적 논문들을 읽고 몇 차례 발표를 했는데, 발표도 수준급이었고 개인적으로도 판구조론의 기원부터 다시 한 번 회고해볼 수 있는 좋은 기회가 되었다. 탐사 자료가 훨씬 부족했던 1960년대, 1970년대 판구조론자의 선구자들이 제한된 자료로부터 추론해내는 과정은 나를 자극한다.

이동 항해는 계속됐고 평온한 가운데 긴장감이 흘렀다. 해빙을 뚫고 지날 때는 소리가 요란할 수 있으니 놀라지 말라는 방송이 나왔다. 그러면 다들 밖으로 나와서 얼음으로 덮인 바다를 구경했다. 한 번은 해빙 위를 지나다가 강풍과 파도가 몰아쳐서 모두 선실

거친 파도로 흔들리는 배에서 탐사대원들이 복도를 정리하고 있다

로 대피했다. 어느 정도 진정되고 나서 나와보니 바람과 파도에 해빙이 깨끗이 씻겨 사라져버렸다. 정말 가공할 만한 바다의 힘이었다. 파도의 절정은 탐사 지역에 도착하기 이틀 전에 들이닥쳤다. 저녁 식사 시간이 다 돼서, 주방에서는 식사 준비에 한창이었고 탐사대원들은 각자 자유시간을 갖고 있었다. 그런데 별안간 아라온호가 뒤집히기라도 할 것 같이 심하게 출렁거렸다. 마침 계단을 내려오고 있던 나는 너무도 급작스러운 충격에 굴러떨어질 뻔했다. 내려와보니 파도가 선실 복도까지 들이닥쳐 온통 물바다였다. 잘 묶어놓은 줄 알았던 짐들은 강력한 충격에 무너져서 여기저기 굴러다녔다. 한마디로 난장판이었다.

파도가 어느 정도 진정되자 모두들 선실 밖으로 나와 복도의 물을 제거하고 짐들을 다시 정리하고 묶었다. 그리고 각자가 처했던 위급 상황에 대해 한마디씩 이야기 했는데, 운동하다가 다칠 뻔한 사람, 문을 열고 나오는 데 갑자기 문이 닫혀서 손가락을 크게 다칠 뻔한 사람 등 다양했다. 아마 가장 위급했던 곳은 주방이었을 것이다. 식사 준비로 바쁜 와중에 주방 찬장이 넘어가고 끓고 있던 음식들이 바닥으로 쏟아졌다. 주방은 늘 강한 파도에 대비하고 있는데도 이런 일이 발생한 것은 이 파도가 임계점을 넘어섰기 때문이었다. 음식을 다시 해야 했기에 저녁 식사 시간도 연기됐다. 다친 사람이 없어 천만다행이었다. 항해 경험이 풍부한 아라온호 갑판장의 외침이 압권이었다.

"30년 동안 바다에 나와서 온갖 파도를 다 겪어봤지만, 정말 이런 파도는 처음입니다!"

아라온호는 거친 풍랑과 해빙을 뚫고 남빙양 위를 서쪽을 향해 계속 달려 이제 날짜 변경선을 눈앞에 두고 있었다. 날짜 변경선을 지나기 직선, 시간은 그대로 두고 날짜만 하루 전진시켰다. 내 생애 중 하루가 증발해버린 것 같은 느낌이었다. 날짜 변경선은 영국 그리니치 천문대를 지나도록 그어진 경도 0° 선의 반대편인 경도 180° 선을 기준으로 해서 최대한 육지를 지나지 않도록 변형을 가해 그어진 가상의 선이다. 재밌게도 이 날짜 변경선은 유라시아 대륙과 아메리카 대륙을 가르는 선이기도 하다. 여담이지만 19세기 말 본초 자오선이 그리니치 천문대를 지나가는 선으로 설정된 것은 당시 영국의 국력이 세계 최강이었던 탓도 있지만, 영국을 기준으로 해야 날짜 변경선의 기준이 될 180° 선이 육지를 최대한 덜 통과하기 때문이기도 했다.

지구를 한 바퀴 돌면 하루가 줄거나 늘어나는 현상을 발견하게 되는데, 이 신기한 현상을 처음 발견한 것은 마젤란 세계 일주 탐사대원 중 하나였던 안토니오 피가페타Antonio Pigafetta였다. 피가페타는 1519년 스페인 세르비아에서 240명의 선원으로 시작한 3년간의 탐사를 이겨내고 살아서 스페인으로 귀환한 18명의 생존자 중 한 사람이었다. 사령관이었던 마젤란은 필리핀의 세부섬에서 원주민과의 분쟁에서 살해당했고 그 후 최종적으로 세바스티안 엘카노Juan Sebastián Elcano가 사령관으로 탐사대를 이끌고 귀환하게 되는데, 이 모든 과정을 기록한 서기가 바로 피가페타였다. 마젤란 탐사대의 내부 상황과 이들이 겪은 모험을 비교적 소상히 알 수 있게 된 것도, 세상 사람들이 첫 세계 일주를 이끈 사령관으로 엘카노가 아닌 마젤란을 기억하게 된 것도 바로 피가페타의 기록 덕분이었다. 한 치 앞을 내다볼 수 없는 역경의 순간들을 극복해나가는 마젤란의 리더십이 피가페타의 기록에서 생생하게 드러났기 때문이다.

성실한 기록자였던 피가페타는 매일매일 일지를 썼는데 스페인으로 귀환하기 전 정박했던 아프리카 세네갈의 베르데곶에서 자신이 기록해온 날짜가 그곳에 비해 하루 뒤처져 있다는 것을 발견한다. 당시 유럽 사회에서는 이 발견이 20세기에 시간을 재규정한 상대성이론 이상으로 충격을 주었다고 한다. 지구 각 지역의 시간이 경도에 따라 다르다는 것, 이것은 곧 지구가 자전한다는 것을 의미했기 때문이다. 그로부터 250년 후 항해자들은 존 해리슨^{John Harrison}이 제작한 시계를 이용해 시간으로 위치를 역산할 수 있게 된다. 쥘 베른은 『80일간의 세계 일주』에서 이 현상을 서사의 반전 요소로 활용한다. 포그 일행은 동쪽 방향으로 일주를 했기 때문에 하루를 벌어 결국 내기에 승리하게 되는 것이다. 그러나 우리 중앙 해령 탐사대는 서쪽 방향으로 일주를 했기에 달력상의 하루를 날려버렸다.

　　탐사 해역은 161°E 부근부터 시작된다. 180° 선을 넘어 서쪽으로 19° 정도만 더 이동하면 마침내 첫 정점에 도착하게 되는 것이다. 해빙을 수차례 가로지르는 모험을 강행했음에도 불구하고 거친 해황 때문에 이동 시간을 줄이지 못했고 중간 단계를 줄여 탐사 일수를 더 확보해보고자 했던 모든 시도는 결국 수포로 돌아갔다. 출항 전 예상했던 대로 7일보다 이틀 반이나 부족한 4일 반 정도의 탐사가 가능할 뿐이었다. 탐사가 시작되기 전 마지막 회의에서 나는 탐사대원들에게 이렇게 말했다.

"온갖 노력에도 불구하고 우리에게 주어진 시간은 4일 반밖에 되지 않습니다. 대양 탐사는 이동 항해를 뺀 실제 탐사가 20일 내외로 구성되는 것이 일반적인데 이번 탐사는 전체 출장 40일에 항해가 약 29일, 그중 실제 탐사는 4일 반밖에 안 되는 기형적 탐사가 된 셈입니다. 그런데 실제 탐사가 20일 이상인 경우는 대체로 탐사 항목이 다양하고 각 항목딩 주어신 시간은 4일이 채 안 되는 경우가 많을 겁니다. 개인적으로 전체 탐사에서 내게 주어진 시간이 하루도 채 되지 않았던 경우도 많았던 걸 보면, 4일 반의 일정을 하나의 목적에 잘 활용한다면 주어진 시간이 너무 적다고 실망만 할 까닭은 없을 것 같습니다. 지금까지 거친 바다 위에서 이동하느라 고생들 많았습니다. 이제 우리의 목적인 탐사의 성공을 위해 최선을 다해봅시다."

'아직 열두 척의 배가 남아 있다'라며 결의를 다지는 이순신 장군을 떠올리며, 그와 같은 비장함을 담아 내뱉은 말이었다. 이는 한편으론 나만의 '정신승리법'이기도 했다. 아무튼 탐사 일수는 결정되었고 이 시간을 어떻게 잘 활용할 것이냐의 문제에 집중할 수밖에 없었다. 당초 계획을 하나하나 포기하고 록 코어와 매퍼를 결합하여 열수 분출구 위치를 확인하고 중앙 해령 아래 맨틀의 특성을 구체적으로 파악할 수 있을 만큼 촘촘하게 시료를 채취하는 것에 집중하기로 했다. 약 270km에 달하는 중심축을 따라 32개의 록 코어 정점을 잡았는데 이것이 4일 반 동안에 할 수 있는 거의 최대치였다. 이 목적을 달성한다면 성공적 탐사라 할 수 있었다.

갑판으로 나갈 수도 없을 정도로 해황이 나빠지면 탐사 작업은 꿈도 꿀 수 없다

　　그러나 탐사 성공 여부를 결정지을 중대 변수가 아직 남아 있었다. 그것은 바로 탐사 지역의 해황이었다. 드레이크 해협을 세상에서 가장 험한 바다라고 했지만 사실 남극 중앙 해령 탐사 지역이야말로 해황이 거친 곳으로 악명이 높다. 개인적 체험으로는 이곳의 해황이 드레이크 해협보다 나쁘면 나빴지 더 좋지는 않은 것 같다. 남극의 여름은 12월 말부터 2월 하순까지로 보면 되는데 이 기간 동안은 남빙양의 해황이 상대적으로 괜찮은 편이기 때문에 대부분의 극지 탐사는 이 기간 동안 수행된다. 그런데 남극 중앙 해령 1차 탐사는 늦가을인 3월 중순에 행해져서 최악의 해황으로 곤욕

을 치른 바 있다. 이번 중앙 해령 2차 탐사는 12월 초, 계절로 치면 아직 늦봄이어서 해황이 좋지 않을 가능성이 높았다. 그렇다면 계획한 32개 정점 중 몇 개나 성공할 수 있을까? 최적이 아닌 계절, 이 지역의 거친 해황을 고려해 절반을 포기해야 한다면 15개 내외, 최악의 경우 3분의 1을 성공하면 10개 내외, 운이 좋아 3분의 2이라도 성공하면 20개 내외의 시료 채취가 가능할 것이다. 탐사 실패의 기준을 어디로 잡아야 할 것인가?

아마 시료 10개만 확보해도 1차 탐사에서 얻은 시료와 결합하면, 거의 자료가 없다고 할 이 지역에 대해 기본적 연구는 할 수 있을 것이다. 나는 성공보다는 실패의 기준을 상상하는 정신승리법으로 해황에 대한 무거운 불안감을 버텨내고 있었다. 탐사를 하루 앞두고 선장이 해황에 대해 알려 왔다.

"예보에 따르면 일단 탐사 지점에 도착하는 날부터 이틀간은 해황이 확실히 좋을 것 같군요. 그 이후에도 특별히 해황이 나빠진다는 예보는 아직 없습니다."

죽음의 레이스를 헤쳐나가다

아라온호는 이른 새벽 마침내 첫 정점에 도착했다. 한국을 떠난 지 31일 만이었다. 첫 정점은 호주-남극 중앙 해령 중 가장 남쪽에 위치한 약 270km 길이의 KR1 구간의 동편 끝, 수심 약 3,000m에 달하는 '깊은 계곡'에 위치하고 있다. 아라온호가 KR1의 동쪽으로부터 접근하고 있었기 때문에 록 코어 작업은 자연스럽게 동쪽 끝에서 시작해 서쪽으로 진행될 예정이었다. 도착 당시 바람도 좀 불었고 너울도 좀 있었기에 해황이 좋다고는 볼 수 없었지만 다행스럽게도 작업을 못 할 정도는 아니었다. 선상 작업은 밤낮없이 진행되기 때문에 향후 선상 작업은 조를 나누어 진행했지만 첫 작업에는 탐사대원 전원이 참석했다. 대부분의 탐사대원들에게는 설명으로만 듣던 작업을 직접 체험할 수 있는 기회이기도 했고 본격적으로 일이 시작된다는 상징적인 의미도 될 수 있었다. 처음으로 진행되는 작업에 대원들의 얼굴은 약간 상기된 듯 보였다.

아직은 이른 새벽, 배의 위치를 잡아주는 스러스터^{thruster}가 요란한 소리를 내면서 아라온호는 첫 정점에서 완전히 멈추어 섰다. 남극의 여름은 밤이 없지만 본격적인 여름이 시작되기 전이었기 때문에 아직 좀 어둑어둑했다. 록 코어는 정점 도착 몇 시간 전 이미 세팅이 완료되어 있었지만 나는 첫 작업의 성공을 기원하며 왁스의 상태, 연결 부위 등을 최종적으로 다시 점검했다. 작업이 본

회수한 록 코어를 고정하고 있다

격적으로 시작됐다. 스탠드에 놓여 있던 록 코어를 고정시키는 고리를 풀자 아라온호의 갑판수가 크레인 윈치를 천천히 감으면서 록 코어를 들어 올렸다. 승조원들은 공중에 떠 있는 500kg에 달하는 록 코어가 흔들리는 배 위에서 흉기로 돌변하지 않도록 고리 달린 장대를 록 코어에 걸어 단단히 잡고 있었다. 록 코어가 배의 난간을 넘어갈 만큼 충분히 들어 올려지자 크레인의 팔이 원호를 그리며 배 바깥쪽으로 천천히 회전했고, 록 코어가 배 밖으로 약 2m 이상 멀어지자 멈추었다. 록 코어가 바다 위 공중에 매달려 있게 된 것이다.

승조원들은 이때 록 코어를 잡고 있던 장대의 고리를 빼냈고, 갑판수가 윈치를 빠르게 풀어내자 록 코어는 출렁이는 검푸른 바다 속으로 빨려 들어갔다. 록 코어가 입수한 후에는 열수 탐지 장치인 매퍼를 부착해야 한다. 해저면과의 충돌을 방지하기 위해 매퍼는 록 코어로부터 50m 간격을 두게 되어 있다. 록 코어가 물속으로 50m 정도 내려가자 윈치를 멈추고 크레인의 팔을 다시 배 쪽으로 회전시켜 로프를 배 난간을 기대어 잡을 수 있을 만큼 접근시킨 상태에서 매퍼를 단단히 부착했다. 크레인의 팔은 다시 바다 쪽으로 회전해나갔고 윈치가 빠른 속도로 풀려나가면서 매퍼도 물속으로 급속히 빨려 들어갔다. 매퍼는 록 코어가 위아래로 움직이는 동안 바닷물의 탁도와 온도, 전기적 특성을 측정하고 그 자료를 저장할 것이다. 쉴 새 없이 흔들리는 배에서 사고를 방지하기 위해서는 이 전체 과정이 신속하고 부드럽게 이루어져야 한다. 첫 작업이라 다들 긴장하고 약간 허둥대기는 했지만 입수 과정은 큰 무리 없이 진행됐다.

 록 코어와 매퍼가 큰 무리 없이 입수에 성공했으니 이제 록 코어가 해저면을 성공적으로 충격하고 다시 선상으로 올라올 수 있도록 관리해야 한다. 록 코어는 분당 100m의 속도로 내려가고 있는데 첫 정점의 수심이 약 3,000m이니 30분이면 바닥에 도착하는 셈이다. 록 코어의 헤드가 이 속도로 중앙 해령 중심축에 충돌하면 해저면을 구성하는 유리질 암석들이 깨져 나와 그 파편이 록 코어 헤드와 추에 부착된 깁돌을 가득 채운 왁스에 박히게 되는 것이다. 따라서 록 코어가 바닥과 충돌했는지를 판별하는 것이 성공적 시료 채취의 핵심인데, 록 코어가 윈치에 가하고 있는 텐션 변화가 이 판별을 위한 가장 중요한 척도이다. 수심과 풀려나간 로프의 길이만을 비교해서는 충돌 순간을 포착해낼 수 없기 때문이다. 텐션 변화는 아라온호 지구물리 실험실 모니터상에서 시간에 따른 그래프로 확인할 수 있다. 록 코어가 윈치에 가하는 텐션은 로프가 풀려나가면서 계속 증가하다가 코어가 바다에 충돌하는 순간 급감하게 되는데, 그때 바로 윈치를 정지시켜야 한다. 이 타이밍이 성공적 시료 채취를 위해 가장 중요한 것이다. 그다음 록 코어가 안정화될 때까

거대한 윈치를 타이밍 좋게 조작하는 것은 여간 어려운 일이 아니다

지 윈치를 조금만 더 풀어주었다가 천천히 감아올리는데, 텐션을 봤을 때 코어가 해저면에서 완전히 떠올랐다고 판단되면 빠른 속도로 감아올린다. 처음부터 너무 빠르게 감아올리면 로프가 록 코어에 꼬일 수 있기 때문이다.

첫 록 코어를 매단 로프가 수심보다 50m 정도 더 풀렸을 때 모니터상에서 텐션이 급감했다. 첫 작업이라 약간 긴장한 탓인지 정지 타이밍을 약간 놓쳤다. 꼬였을지도 모른다는 불길한 예감이 들어서 윈치를 평소보다 천천히 감아올렸다. 록 코어와 매퍼를 선상으로 올리는 작업은 내리는 작업의 역순이다. 매퍼를 먼저 풀어낸 다음 조심스럽게 록 코어를 선상으로 올렸다. 불길했던 예감대로 록 코어에 로프가 감겨서 꼬여 있었다. 해저면과의 충돌 직후에 로프가 너무 많이 풀렸던 것이 분명했다. 나는 록 코어가 선상에 올라오자마자 시료가 있는지를 살폈다. 많다고는 볼 수 없지만 분석이 가능할 정도의 충분한 유리질 시료가 왁스 여기저기에 검게 반짝이는 보석과도 같이 박혀 있었다. 마침내 첫 시료가 올라온 것이다.

꼬인 로프를 풀어내고 끝단을 잘라낸 다음 록 코어를 다시 연결하는 데는 시간이 필요했다. 두 번째 정점에 도착하기 전 이 작업이 끝날 가능성이 없었기에 곧바로 세 번째 정점으로 가기로 결정했다. 그만큼 시간적 여유가 없었다. 그럼에도 불구하고 첫 시료는 기나긴 여행 후 얻은 첫 성과라는 상징성 측면에서도, 과학적 측면에서도, 개인적 소감의 측면에서도 매우 특별했다. 탐사 지역인

록 코어 헤드의 왁스에 심해의 시료가 박혀 올라온다

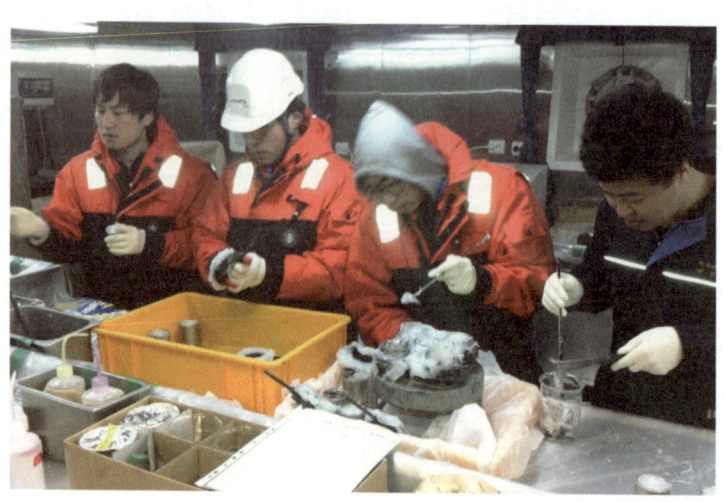

채취한 시료를 분류하는 탐사대원들의 모습

KR1은 가장 깊은 곳이 약 3,000m, 가장 얕은 곳은 1,900m에 달하는 등 지형 변화가 매우 큰 중앙 해령이다. 동에서 서로 깊은 계곡 지형, 평평한 지형, 연속된 산맥 지형, 얕은 계곡 지형, 고원 지형이 연속적으로 나타난다. 첫 번째 탐사 때는 서편에서부터 시작했기 때문에 초기에 서편 고원과 연속된 산맥 지형에서 몇 개의 시료를 얻을 수 있었다. 그런데 동편 깊은 계곡의 시료를 채취하기 위해 이동하려고 할 때마다 최악의 파도와 강풍이 들이닥쳐 접근조차 할 수 없었다. 적어도 지형별로 시료가 하나 이상은 있어야 KR1의 특성을 전체적으로 이해할 수 있기에 동편 깊은 계곡의 시료가 각별히 중요했다. 첫 탐사에서 악천후로 이 지역 시료 채취에 실패했던 악몽 때문에 동편 깊은 계곡에서 얻어낸 첫 시료는 마치 금기 영역을 뚫어낸 것과도 같은 기쁨을 주었고, 그것은 타이밍을 놓친 실수와 시간 지체를 상쇄할 만큼 강했다.

 첫 시료 채취 후 여섯 번째까지 록 코어 시료 채취는 비교적 순조롭게 진행됐다. 해황은 나쁘지 않았다. 검게 반짝거리는 유리질 조각들이 각 록 코어마다 왁스에 박혀 계속 올라왔다. 그런데 바다 아래에서 이런 유리질 조각들이 채취되는 것은 당연한 것일까? 물론 당연하다. 현재 아라온호가 탐사하고 있는 지역은 중앙 해령이기 때문이다. 중앙 해령의 중심축은 이런 유리질로 덮여 있다. 그렇지만 어떻게 생각해보면 매우 신기한 일이기도 하다. 적어도 100년 전 바다 아래가 이렇게 생겼는지 전혀 모르던 사람들에겐 매우 충격적이었을 것이다. 아니, 현대를 살아가는 사람에게도 이것은 신기한 일일 것이다.

  많은 사람들이 바다에 물만 없으면 그 아래 땅은 우리가 사는 육지와 비슷할 것이라 막연히 상상한다. 그런데 우리가 사는 육지의 땅과 바다의 땅은 근본적으로 다르다. 육지의 땅은 암반이 노출된 곳도 있긴 하지만 대개는 흙으로 덮여 있고 그 흙을 파고 들어가면 암반이 나온다. 육지의 암반은 하얀 돌, 즉 관악산 같은 곳에서 볼 수 있는 화강암 같은 돌이 우세하다. 반면 바다의 땅은 흙이 아니라 퇴적물로 덮여 있고 그 퇴적물을 파고 들어가면 암반이 나오는데 그 암반은 전부 까만 돌, 즉 제주도에서 볼 수 있는 현무암들로 되어 있다. 육지의 흙과 바다의 퇴적물은 무엇이 다른 것일까? 흙은 대체로 아래 암반이 풍화되어 만들어진 광물 조각들이고 여기에 다양한 생물이 살아가면서 만들어낸 유기물들이 섞여 있다. 다시 말해 흙은 대체로 자신이 놓여 있는 그 자리에서 만들어진 것이다. 반면 퇴적물은 암반이 침식되고 풍화되어 만들어진 조각들이 강물을 타고, 바람을 타고 이동하다가 낮은 곳에 쌓인 것이다. 바다는 지구에서 가장 낮은 곳이기 때문에 강물과 바람을 통해 운반돼 온 퇴적물들이 두껍게 쌓이게 된다. 100년 전 사람들은 바다 한가운데가 가장 깊기 때문에 당연히 쌓여 있는 퇴적물의 두께가 매우 두꺼울 것이라고 상상했다. 그런데 중앙 해령의 발견은 이런 상상을 깨버린 것이었다.

퇴적물의 두께는 중앙 해령에서 가장 얇고 중앙 해령으로부터 멀어질수록, 연안에 가까워질수록 점점 두꺼워진다. 퇴적물 아래 놓인 현무암들은 중앙 해령에서 가장 나이가 젊고 멀어질수록 나이를 먹어간다. 육지의 돌들은 몇십억 년의 나이를 먹은 것들이 많은 데 비해 바다의 경우 중앙 해령 한가운데의 돌들은 0살에 불과하고 중앙 해령에서 가장 멀리 떨어져 있어 나이를 가장 많이 먹은 것도 2억 살 정도이다. 바다의 땅은 육지의 땅보다 훨씬 젊은 것이다. 지구과학자들은 이러한 현상이 나타나게 된 이유는 중앙 해령에서 바다의 땅이 태어나고 있기 때문이라 해석하고 있다.

바다의 땅은 중앙 해령을 중심으로 해서 양쪽으로 벌어지고 있다. 중앙 해령에서 땅이 갈라지고 벌어지면서 생기는 틈으로 중앙 해령 아래에 있던 맨틀이 솟구쳐 올라와 녹으면서 마그마가 만들어지고 이 마그마가 중앙 해령을 따라 계속 분출해, 바닷물을 만나 식어서 굳어진 것이 바다의 검은 돌, 즉 현무암이다. 특히 바닷물과 직접 접촉한 부분은 급격히 식기 때문에 유리같이 반질반질해지는데 록 코어에 의해 깨져서 올라오는 것들이 바로 이 유리질 부분인 것이다. 중앙 해령에는 깨진 틈으로 침투해 들어간 해수가 마그마의 뜨거운 열기로 인해 끓어올라 분출되는 열수들이 여기저기 분포하고 있다. 그리고 이 열수 에너지를 이용해서 살아가는 심해 열수 생물들도 서식하고 있다. 중앙 해령은 지구의 안과 밖이 섞이고, 그 과정에서 나오는 에너지를 이용해서 살아가는 특수 생명체들이 생존 경쟁을 벌이고 있는 역동적인 장소인 것이다. 아라온호는 지구를 두 바퀴 휘감고 있는 중앙 해령 중 그때까지 아무도 가보지 못한 미답의 영역을 탐사하고 있는 것이었다. 시료 하나가 올라올 때마다, 지형이 새롭게 파악될 때마다 지구의 신비가 하나씩 모습을 드러내는 것 같았다.

여섯 번째 시료가 올라옴으로써 깊은 계곡과 평평한 지형에서 계획된 시료 채취는 끝났다. 아라온호는 이제 연속된 산맥 지형으로 접근해가고 있었다. 연속된 산맥 지형의 중간 부분은 첫 번째 탐사에서 열수 분출의 신호를 처음으로 발견한 곳이었기 때문에 촘촘한 간격으로 시료 채취를 할 필요가 있었다. 필요한 시료 채취 간격을 유지하다 보니 정점 간 이동시간이 평균 20분 내외, 짧은 곳은 10여 분에 불과했다. 그 시간 동안 시료 처리와 록 코어 세팅이 완료돼야 하는데 그때까지의 작업 효율로 미루어보았을 때, 턱없이 부족한 시간이었다. 촘촘한 간격으로 채취해야 할 시료의 개수가 17개였는데 나는 농담 삼아 대원들에게 죽음의 레이스를 앞두고 있다고 했다. 그런데 이 죽음의 레이스를 돌파하려면 시료 채취와 처리 과정의 개선이 반드시 필요했다. 나는 전체 과정을 다시 점검해 코어 헤드에 왁스를 채우는 데 가장 많은 시간이 소요된다는 것을 알아냈다. 굳이 왁스로 채우지 않아도 될 부분에 고무판을 끼워 넣으면 시간을 절약할 수 있다는 개선책을 찾았다. 탐사대원 중에 공작에 능숙한 친구가 있어 이 문제를 기술적으로 해결해냈다. 일손도 부족했지만 대원들이 각자 취침 시간 외에는 모두 나와 작업을 도와 효율성을 높였다.

　　　해황은 계속 아슬아슬했지만 모두들 열심히 일한 덕분에 죽음의 레이스를 비교적 순조롭게 통과하고 있었다. 그런데 죽음의 레이스가 중반을 넘었는데도 강력한 열수의 징후는 아직 나타나지 않고 있었다. 날씨는 조금씩 나빠지고 있었고 작업 불가능 상태에 가까워 오자 선장이 선교에서 내려와 이제 시료 채취를 잠시 쉬는 것을 고려할 때가 된 것 같다는 상황을 알려왔다. 다음부터 열수의 징후가 나타날 것으로 예측하고 있었던 나는 아직 해황이 통제 불가능 상태는 아니니 일단 다음 작업까지는 해보고 나서 중단 여부를 결정하자고 선장과 합의했다. 다음 록 코어는 무사히 투하됐고 순조롭게 회수됐다. 채취된 시료의 양은 많지 않았다. 그러나 매퍼에 강력한 열수의 징후가 기록되어 있음이 확인되었다. 다들 환호성을 질렀다. 그 후 신기하게도 조금씩 나빠지던 날씨가 다시 좋아지기 시작했다. 록 코어마다 열수의 징후는 계속 나타났고 유리질 시료도 계속 풍부하게 올라왔다. 그리고 약 이틀 만에 죽음의 레이스를 단 한 차례의 실패 없이 무사히 돌파해냈다. 열수 분출구의 지도를 그려낼 수 있을 만큼 충분한 지료 획득에 성공한 것이다. 탐사 시작 전 절망적이었던 상황과 비교해보면 극적인 반전이었다.

남극해의 잔잔한 바다 그리고 새로운 시작

　　나는 록 코어 작업 때마다 매번 상황을 점검하고 확인했다. 죽음의 레이스가 끝난 직후에야 잠을 잘 수 있었다. 거의 이틀 만이었다. 이제 시료 채취 간격은 여유가 있었고 탐사대원들도 익숙해졌기에 그 후 록 코어 작업은 순조로웠다. 날씨와 해황도 탐사가 가능한 수준을 계속 유지했다. 탐사 시작 직전까지도 나를 짓누르던 해황에 대한 우려는 결국 기우가 되었다. 서쪽 고원 지대에서 마침내 마지막 록 코어 시료가 올라왔다. 두 번째 시료를 스킵 한 것을 제외하곤 계획된 모든 정점에서 록 코어 시료 채취에 성공했고 열수 분출구 분포도를 그릴 수 있을 만큼 충분한 매퍼 자료도 확보했다. 이제 강력한 열수 분출의 징후를 확인했던 서쪽 고원 지대를 떠나 열수 해수 시료를 채취하기 위해 뱃머리를 동쪽으로 돌렸다. 록 코어 시료를 과연 몇 개나 채취할 수 있을까를 고민하다가 이젠 열수를 직접 채취하는 단계까지 가게 된 것이다. 열수 채취를 위해서는 CTD$^{\text{Conductivity Temperature Depth}}$라는 장비를 사용한다. CTD는 해수의 깊이에 따른 온도와 화학적 특성 변화를 실시간으로 측정하고 원하는 깊이에서 해수를 직접 채취할 수 있는 장비이다.

　　몇 시간 정도의 이동 항해가 필요했기 때문에 지형 조사가 되지 않은 곳을 경유하도록 이동경로를 잡았다. 마지막 작업을 위한 정점 도착 예정 시각은 이른 새벽. 그동안 나는 잠깐 취침을 취

CTD 장비를 운용하는 모습　ⓒ극지연구소 극지미디어

하고 도착 1시간쯤 전 다시 갑판으로 나왔는데, 앞에 보이는 바다를 보고 순간적으로 눈을 의심했다. 옅은 어둠을 배경으로 보이는 남극해의 새벽 바다는 마치 호수와도 같이 잔잔했던 것이다. '이게 정말 남극 바다인가? 내가 혹시 서태평양의 적도 바다 위에 있는 것은 아닐까?' 순간 내 마음에는 심해 카메라가 떠올랐다. 곧바로 선장과 항해사들이 근무하고 있는 선교로 뛰어 올라가 심해 카메라 작업의 가능 여부를 물었다.

　　열수 분출구 주변에는 다양한 심해 열수 생물들이 살고 있다. '이미 열수 분출구가 있을 가능성이 높은 지역에 와 있지 않은가? 이 지역에 어떤 종류의 심해 생명체가 서식하고 있는지 확인할 수 있는 좋은 기회 아닌가?' 카메라만 내릴 수 있다면 열수 생물을 직접 볼 수도 있을 것 같다는 상상이 나를 사로잡았다. 중앙 해령 탐사의 중요한 목적 중의 하나를 조기 달성하는 것이다. 그러나 아쉽게도 심해 카메라는 준비되어 있지 않았다. 내릴 수 있는 상태가 되기까지 반나절 아니 그 이상의 시간이 필요했던 것이다. 록 코어 작업의 성공 여부도 불투명할 만큼 시간과 해황의 압박이 컸던 상황에서 심해 카메라 같은 고난도 작업이 준비되어 있을 리 없었다. 짙은 아쉬움을 안은 채 예정된 CTD를 바닷속으로 내렸다. 그런데 CTD에 부착된 센서에서 잡힌 열수 신호는 하루 전 같은 자리에서 매퍼에 의해 포착된 것과 비교해볼 때 너무 약했다. 심해 열수는 마치 나타났다 사라져버리는 신기루 같았다.

이로써 탐사는 끝났다. 이제 아라온호는 뱃머리를 돌려 뉴질랜드 크라이스트처치로 향하는 4일간의 이동 항해를 시작했다. 이동 항해 기간 동안 채취한 시료들을 정리하고 포장하고 사용했던 장비와 도구들을 정비해서 한곳으로 치웠다. 아라온호 선장은 빈손으로 돌아갈까 봐 우려가 많았던 탐사가 성공적으로 끝난 것을 축하하는 선상 파티를 열어주었다.

아라온호는 크라이스트처치 리틀턴항에 입항하였다. 리틀턴항은 남극 탐사와 관련해 많은 역사를 간직하고 있는 곳이다. 남극 과학 연구에 큰 공헌을 했으나 남극점 정복 경쟁에서 아문센에게 밀린 후 비극적 최후를 마친 로버트 스콧의 탐사대도 이곳 리틀턴항을 경유했다. 크라이스트처치와 리틀턴항은 현재도 남극을 향하는 전초기지이다. 그러나 2011년 2월 발생한 지진으로 인해 크라이스트처치와 리틀턴항은 크게 파괴되었다. 지진이 난지 8개월 만에 들른 항구는 나름대로 기능을 유지하고 있었지만, 고즈넉한 항구 마을은 지진으로 인한 파괴의 흔적에서 벗어나지 못하고 있었다. 이 지진은 진도 6.3으로 강한 편은 아니었으나 진앙지가 리틀턴 근처였고 바다가 깊지 않은 탓에 충격 흡수가 덜 되어 그 피해가 특히 컸던 것이다.

  탐사대원들은 아라온호를 떠나 크라이스트처치 공항 근처의 호텔로 이동했다. 다음 날 새벽 비행기를 타고 오클랜드로 가서 하루를 더 보낸 다음 한국행 비행기를 타게 된다. 나는 크라이스트처치 호텔에 도착하자마자 짐을 놓고 도심으로 갔다. 지진 후 도시가 어떻게 변했는지 보고 싶었다. 사전 준비를 위해 이 도시를 방문한 적이 있기 때문에 파괴되기 전 도시의 모습을 기억하고 있었다. 19세기 중엽 옥스퍼드 크라이스트처치대학교의 국교도들이 중심이 되어 건설된 이 도시는 전형적인 영국 도시의 모습을 하고 있었다. 복구는 예상보다 더뎠고 도심으로의 접근은 경찰에 의해 통제되고 있었다. 경찰이 설치한 라인을 따라 도심으로 들어가보니 이 도시의 이정표이자 상징적 역할을 해왔던 150년 된 캔터베리 대성당의 파괴된 모습이 가장 눈에 띄었다. 지진으로 붕괴된 건물의 잔해를 쌓아서 만든 기념물들이 있었고 지진 사망자들을 추모하는 사

리틀턴항에 정박한 아라온호 ⓒ극지연구소 극지미디어

진과 메모, 화환들이 곳곳에 있었다. 지진 직후 흐트러진 상태를 정리하지 않고 그대로 놓아둔 식당도 있었다. 추모 분위기와 느린 복구 작업 속에서도 삶은 지속된다. 파괴된 중심 상가에서는 컨테이너 박스가 설치되어 기본적 영업이 이루어지고 있었다. 마침 12월 말 크리스마스 시즌이었고 곳곳에서 캐럴송이 울려 퍼지고 있었다. 남반구는 여름이다. 여름의 크리스마스인 셈이었다.

오클랜드에서는 도시 외곽의 숙소에 머물렀다. 탐사대원들이 오클랜드 도심으로 나들이 간 사이 나는 숙소 인근을 산책했고 아이리시 펍에 혼자 앉아 맥주를 마시며 우여곡절이 많았던 여행과 탐사를 회고했다. 시간이 좀 더 충분했더라면 하는 소회가 없었던 것은 아니지만 초기의 절망적인 상황과 비교해볼 때 기적과도 같은 성공이라고 하지 않을 수 없었다. 전체 과정을 위해 마치 드라마틱한 각본이라도 있었던 듯이 느껴졌다. 물론 각본 같은 것이 있을 리 없었다. 뚜렷한 목적이 있었고 인간적 난관과 자연적 난관이 우발적으로 다가올 때마다 이를 헤쳐나가고자 하는 의지와 인내 그리고 행운이 있었을 따름이다. 탐사를 통해 얻은 자료와 시료들을 분석하고 해석해 유의미한 결과물을 만들어내는 일은 탐사보다 더 힘들고 인내가 필요한 과정이다. 그런 의미에서 탐사의 완료는 곧 새로운 시작이리라.

3장

거친 파도 위의 방랑자

첫 남극 탐사기
: 남극 대륙에는 세종 기지가 없다

지금까지 총 일곱 차례 남극을 방문했으니 내 남극 경험도 적지는 않은 셈이다. 그런데도 처음 만나는 사람들이 "정말 남극에 가보았냐", "진짜 펭귄을 봤느냐" 하고 신기해하며 물을 때마다 늘 답변하기가 궁색하다. 질문의 뒷면에 깔려 있는 부러움에 부응하는 것도, 남극에 대한 이야기로 화제가 집중되는 것도 꺼려지기 때문이다.

내게 있어 남극은 탐험이나 연구 대상이라기보다는 일을 해나가는데 있어서 중요하게 고려해야 할 조건에 가깝다. 내 관심과 연구는 중앙 해령에 대한 탐사와 연구를 통해 지구의 맨틀, 더 나아가 지구의 진화를 이해하는 것이기 때문에 남극이라는 특수한 지역에만 한정되어 있는 것은 아니다. 그리고 중앙 해령 탐사를 위해서는 바다로 나가야 하는데 남극이라는 환경은 해양 탐사에 있어서 매우 큰 장애 요인이다. 현재까지 남극권에 위치한 중앙 해령 탐사를 다섯 차례 수행하면서 급변하는 날씨와 거친 해양 환경 때문에 어려움을 겪었고, 그때마다 적도같이 평탄한 해양 환경을 바랐던 것이 한 두 번이 아니었다. 한편으론 연구 대상 지역이 남극이라는 거친 환경에 놓여 있어 선행 연구가 부족했고, 그런 까닭에 후발 주자인 나에게도 도전할 기회가 주어졌다는 점을 생각하면 다행스럽기도 하다. 나에게 있어서 남극은 단순하게 말하기 어려운 매우 복합적인 대상인 것이다.

아마 내게 질문을 던진 사람들이 듣고자 했던 답변이 이런 복잡한 사정은 아니었을 것이다. 남극이라는, 현실 세계를 초월한 공간에 서본 느낌에 대해 간접적으로나마 듣기를 원했을 것이다. 남극에 가보기 전에는 나 역시 "남극이라는 특수한 환경에 놓이게 되면 일상을 초월하는 듯한 신비한 체험을 하지 않을까" 하는 막연한 상상을 해본 적이 있었으니 그 심정이 이해가 간다. 구체적 답변보다는 질문 자체를 통해 자신만이 상상하는 극지라는 신비한 환경을 환기하고 싶었던 것인지도 모르겠다. 남극 체험에 대한 질문을 받을 때마다 느끼는 불편함은 내가 부딪혔던 현실과 일반인들이 갖고 있는 다양한 상상 세계 사이에 존재하는 괴리에서 비롯되는 것이라고 볼 수도 있을 것 같다.

상상적 공간으로서의 남극이 내게 현실로 다가온 것은 2006년 12월이었다. 아직 남극 중앙 해령 탐사 기획을 시작하기 전이였다. 남극권에 위치한 디셉션^{Deception} 섬의 현장 조사를 위한 방문이었다. 이 섬은 수십 년 전에 강력한 폭발이 있었던 활화산인데, 암석 시료와 끓어오르는 온천수를 채취하여 이 섬의 생성과정과 열수 활동의 특성을 밝히는 것이 조사의 목적이었다. 디셉션섬이 속한 남 셰틀랜드 제도에는 세종 기지가 위치한 킹조지섬을 비롯하여 넬슨섬, 스미스섬, 리빙스턴섬 그리고 엘리펀트섬 등 여러 섬이 속해 있다. 특히 엘리펀트섬은 20세기 초 섀클턴 탐험대가 조난을 당한 후 가까스로 이 섬에 상륙하여 생존 투쟁을 벌였던 것으로 유명하다. 남셰틀랜드 제도에서 남쪽으로 120km 정도 더 항해하면 남극 대륙에서 길게 뻗어 나온 남극반도를 만나게 된다. 세종 기지가 대륙에서부터 어느 정도 거리가 떨어진 섬에 위치하고 있다는 사실은 눈보라가 몰아치는 빙원 위에 서 있는 기지를 상상하던 분들에게는 약간 실망스럽게 느껴질지도 모르겠다. 중국의 약 1.5배에 해당할 정도로 거대한 남극 대륙으로부터 약 120km 떨어진 곳에 위치한 작은 섬만을 다녀오고서 남극을 갔다 왔다고 할 수 있을까?

그런데 남극의 범위는 흔히 생각하는 것보다는 더 광범위하다. 남극이라는 말을 최대한 좁혀 생각하면 지구의 자전축이 통과하는 남쪽의 한 지점만으로 생각할 수 있겠지만 남극 조약에 따르면 60°S 아래로는 모두 남극권에 해당한다. 여기에는 남극 대륙은 물론 주변 섬들과 해양까지 모두 포함되어 있다. 이 지역이 남극권으로 규정된 까닭은 유사한 특성을 공유하고 있기 때문이다. 세종 기지가 위치하고 있는 킹조지섬 등도 62°S에 위치하고 있어 남극권에 해당하며, 남극 대륙 한복판만큼은 아닐지라도 남극의 특성 대부분이 나타난다. 남극의 특성을 간단하게 규정할 수는 없겠지만 흔히들 상상하는 빙하, 급변하는 날씨, 강력한 바람과 눈 폭풍, 기나긴 겨울 등을 의미한다고 보면 된다. 즉, 남극 대륙으로 들어가지 않아도 남극권에서는 남극의 환경을 체험할 수 있다.

킹조지섬에 위치한 세종 기지의 전경 ⓒ극지연구소 극지미디어

  현장 조사를 앞두고 우선적으로 해결해야 할 문제는 디셉션섬으로 가는 교통편과 현장에서의 숙식이었다. 남극권에 있는 무인도인 디셉션섬으로 가는 여객선이나 비행기가 있을 리도 없고 섬에 들어간다 한들 호텔이나 식당 같은 것이 있을 리 없기 때문이다. 디셉션섬에는 다행히 스페인이 운영하는 가브리엘 드 카스티야Gabriel de Castilla 기지가 있고 이 기지로의 인력 투입과 물품 보급을 위해 탐사선인 헤스페리데스호가 운영되고 있었다. 헤스페리데스호를 타고 디셉션섬에 들어가서 스페인 기지에서 숙식할 수 있다면 기본적

인 문제가 한 번에 해결되는 것이다. 스페인 기지 대장은 헤스페리데스호는 운항하지 않지만 숙식과 도움은 제공하겠다고 약속했다. 스페인에서 요청한 환경 영향 평가 관련 서류들도 한국 외교부를 통해 무사히 구비했다.

남극권은 남극 조약에 의거해 어느 나라의 영유권도 인정되지 않는 지역이니 전체를 관리하는 국가는 없다. 그 대신 여러 나라에서 남극 곳곳에 기지를 운영하고 있다. 남극 기지들은 대체로 남극 현장 조사와 환경 모니터링을 주요 임무로 하고 있다. 그런데 각국의 남극 기지들은 과학적 조사를 위해 남극을 방문하는 과학자들에게 숙식과 편의를 제공해야 한다는 협약이 맺어져 있다. 즉, 과학적 목적이 분명할 때는 사전 협조만 구하면 자국의 기지뿐 아니라 타국의 기지에도 머무를 수 있는 것이다. 타국의 기지에 머무른다고 해서 숙박비나 음식값을 지불하지도 않는다. 기지들은 타국에서 오는 과학자들의 방문에 대비해 여유 공간과 여분의 음식을 비축해 두고 있기 때문이다. 그리고 현장 조사에는 기지 실무자들의 지원도 받을 수 있다. 남극권에는 다국 간 협력 시스템이 잘 구축되어 있는 셈이다.

남극 기지 중에는 1년 내내 운영하는 기지도 있고 여름에만 운영하는 기지도 있다. 세종 기지와 장보고 기지가 1년 내내 운영하는 대표적 기지들로서 1년에 한 번 월동대를 파견한다. 남극의 긴 겨울 동안에는 월동대만 남아서 기지 유지와 가능한 과학적 관찰만을 수행하고, 짧은 여름 기간 동안에는 다양한 과학자들이 기지를 방문해 현장 조사를 수행한다. 그런데 디셉션섬에 위치한 스페인 기지는 여름철에만 운영된다. 군인들이 기지를 관리한다는 점에서도 세종 기지나 장보고 기지와 차이가 있다. 참고로 여행객들에게는 남극 기지가 개방되지 않는다. 남극 여행을 하는 사람이 얼마나 있겠나 싶겠지만 여행사들에서 다양한 남극 여행 상품을 팔고 있고, 지금도 꽤 많은 사람들이 남극을 여행한다. 그러나 여행 목적으로는 남극 기지에 들어갈 수 없다. 남극에 위치한 기지는 공간이나 식량 등 여러 면에서 여행객들에게까지 편의를 제공할 정도로 여유가 있는 것이 아니기 때문이다. 이것도 국제적인 협약 사항이다. 참고로 킹조지섬에는 호텔도 있고 은행도 있고 우체국도 있다.

    디셉션섬으로 들어가는 교통편으로는 극지연구소가 세종 기지 보급과 현장 활동 지원을 위해 임차한 유즈모 지올로지아Yuzhmorgeologiya(이하 유즈모)라는 러시아 배를 이용하기로 했다. 그런데 유즈모에 승선하기 위해서는 세종 기지로 가야 했다. 디셉션섬으로의 여정은 세 개의 구간으로 나눌 수 있게 됐다. 첫 번째 구간은 한국에서 남극으로 들어가기 위한 대표적 관문 도시인 남아메리카 최남단 도시 푼타아레나스까지이고, 두 번째 구간은 푼타아레나스에서 세종 기지로 들어가는 구간이다. 그리고 마지막 세 번째 구간은 세종 기지에서 디셉션섬으로 들어가는 구간이다. 첫 번째 구간은 비행기를 여러 번 갈아타며 오랜 시간을 이동하는 번거로움

러시아의 탐사선 유즈모 지올로지아

이 있긴 하지만 예정된 항공 일정에 따라 이동하면 되기 때문에 확실한 편이다. 그러나 두 번째 구간부터는 불확실성이 개입한다. 이 구간들에는 보편적 운송 수단이 없을 뿐 아니라 현지 날씨에 큰 영향을 받기 때문이다. 남극에서의 이동을 위해서는 다른 팀들과의 협력이 중요한데 팀 간의 일정 조율도 빼놓을 수 없는 변수가 된다.

물론 푼타아레나스와 남극을 오가는 선박과 항공편들은 있다. 선박은 시간이 오래 걸리고 날씨와 해황에서 완전히 자유로운 것은 아니지만 일정만 잘 맞으면 계획한 시간에 목적지에 도달할 수 있는 가장 안정적인 이동 수단이다. 문제는 푼타아레나스와 남극을 수시로 운항하는 여객선이 없다는 점이다. 거의 유일하게 이용 가능한 선박은 세종 기지 보급과 인근 해역 탐사를 위해 극지연구소에서 매년 임차했던 유즈모뿐이다. 그런데 유즈모는 대체로 남극 하계 활동 초기에만 푼타아레나스에 머물다 세종 기지로 일찍 들어가 보급 업무를 마치고 곧바로 인근 해역 탐사를 진행하기 때문에 이 배에 승선하면 세종 기지에 너무 일찍 들어가야 한다는 단점이 있다.

원하는 날짜에 가깝게 남극에 들어갈 수 있는 방법은 항공기를 이용하는 것이다. 남극의 여름 기간 동안에는 칠레와 우루과이 정부에서 남극에 있는 자국 기지로의 보급과 남극 출입 과학자와 여행객들 운송을 위해 수시로 공군기를 운영하고 있기 때문이다. 그러나 문제는 변덕스러운 남극의 날씨이다. 비행기가 칠레 공항까지 날아가는 시간은 3시간 남짓하지만 날씨에 따른 결항율이 매우 높다. 푼타아레나스의 현지 날씨와 남극 현지 날씨 양쪽이 모두 좋아야 하기 때문에 예정된 시간에 비행기가 뜨는 것은 큰 행운이다. 비행기가 무사히 떴다고 해서 안심할 수만도 없는 것이 중간 정도 갔다가 남극 날씨가 급변해서 회항하는 경우도 있기 때문이다. 비행기가 킹조지섬에 위치한 남극 칠레 공항에 착륙했다고 해서 세종 기지로 바로 이동할 수 있는 것도 아니다. 세종 기지와 남극 공항 사이에는 마리안소만이라는 작은 내해가 가로놓여 있어서 세종 기지 월동 대원들이 운영하는 고무보트를 타고 이동해야 하는데, 남극은 고무보트를 운영할 수 없을 정도로 나쁜 날씨가 지속되는 경우가 있기 때문이다.

　　　세종 기지에서 디셉션섬으로 이동하는 구간의 불확실성은 세종 기지로 들어가는 것 이상이다. 그래도 세종 기지로 가는 교통편은 있는 셈이지만 디셉션섬으로 가는 교통편은 없는 것이나 마찬가지기 때문이다. 선박이나 헬기를 임차한다는 것은 너무 많은 비용이 들기 때문에 결국 섬을 지나가는 다른 팀의 협력을 구하는 것 외에는 방법이 없었다. 남극 공항에서 스페인 기지로 헬리콥터가 오가기도 하지만 원하는 날짜에 이용할 수 있다는 보장도 없고 킹조지섬에서 디셉션섬까지의 거리도 멀기 때문에 역시 날씨 변수의 영향은 압도적이다. 그리고 탐사팀의 많은 인원이 한꺼번에 헬기를 타고 디셉션섬으로 이동할 수도 없는 노릇이었다. 마침 극지연구소의 다른 팀이 유즈모를 활용해 인근 해역 탐사를 계획하고 있었기 때문에 디셉션섬으로의 연결은 가능한 상황이었다. 그러나 세종 기지 도착 일정이 계획된 유즈모 출항 일정보다 많이 늦어지면 유즈모에 승선하지 못할 수도 있고 해황 때문에 유즈모 운항 일정이 변경될 수도 있었다. 결국 디셉션섬 도착의 성공 여부는 예정된 날짜에 세종 기지에서 유즈모 승선에 성공할 수 있느냐의 문제로 귀착되는 것이었다.

　　　남극의 작은 섬 하나를 들어가는데 이와 같이 수많은 불확실성들의 영향을 받는다. 처음에는 디셉션섬에 무사히 들어가는 것이 무슨 기적과도 같아 보였다. 불확실성을 되도록 줄일 수 있도록 선택할 수 있는 유일한 방법은 가능한 일찍 푼타아레나스에 도착하는 것이었다. 그 후의 일정은 말 그대로 하늘에 맡길 수밖에 없는 노릇이었다.

첫 남극 탐사기
: 안타티카, 불확실한 여정

2006년 12월 초 디셉션섬 탐사를 위한 여행을 출발했다. 유즈모 출항보다 3일 정도 여유를 두고 세종 기지로 들어가는 일정이었다. 물론 계획된 시간에 세종 기지에 도착한다는 보장은 없었다. 미국 LA에서 1박을 한 후 칠레 산티아고로 가서 공항에서 대기하다 푼타아레나스행 비행기로 갈아탔다. 푼타아레나스에 도착해 호텔로 이동하는 차 안에서 창밖을 보니 날씨는 흐렸고 곧 비라도 내릴 듯해서 주변의 낯선 풍경에 신비로움을 더해주었다. 푼타아레나스는 남반구 기준으로 여름이었지만 날씨에 대한 느낌은 한국의 여름과 확연히 달랐다. 온도가 낮은 편은 아니었지만 바람이 뼈를 때리는 듯 묵직하게 느껴졌다. 푼타아레나스의 자연과 도시 풍경은 내게 낭만적인 감정을 불러일으켰다.

황무지에 가까운 파타고니아 최남단에 푼타아레나스라는 도시가 건설된 것은 마젤란 해협을 떼놓고는 생각할 수 없다. 19세기 말 파나마 운하가 뚫리기 전까지 대서양과 태평양을 연결하는 해협은 마젤란 해협이 유일했고 이를 관리하기 위한 거점 도시가 필요했던 것이다. 그런데 푼타아레나스라는 도시가 건설되기 전까지 파타고니아에는 아무도 살지 않았던 것일까? 그렇지는 않다. 파타고니아란 이름 자체가 이 지역에 사람이 살고 있었다는 것을 가리킨다. 유럽인으로서 처음 남아메리카 대륙 최남단에 도달한 마젤란 일행은 자신들에 비해 덩치가 큰 원주민들이 살고 있는 것을 발견하고, 거인족의 땅이란 의미의 '파타고니아'라는 이름을 붙였다. 이것이 이 지역의 명칭으로 굳어진 것이다. 원주민들이 어떤 경로로 파타고니아에 살게 됐는지 알 수는 없다. 유럽인들의 이주 후 원주민들은 사멸해갔기 때문이다. 그렇다면 푼타아레나스 외 다른 파타고니아 지역에는 누가 살고 있는 것인가? 여행 작가 브루스 채트윈 Bruce Chatwin 이 쓴 『파타고니아』를 보면 사람들이 왜 황무지까지 와서 살게 되는지에 대한 다양한 이야기를 읽어볼 수 있다.

  마젤란 해협으로 많은 배들이 지나다니던 19세기 동안 호황을 누리던 푼타아레나스는 파나마 운하가 개통되면서 몰락하기 시작했다. 선박들이 가까운 길을 놔두고 굳이 멀고 위험한 마젤란 해협으로 돌아갈 이유가 없어진 것이다. 몰락해가던 이 도시가 다시 활력을 찾게 된 것은 파타고니아와 남극 관광 붐 덕분이었다. 파타고니아는 혹독한 날씨 때문에 사람이 살기는 힘들지만 화산 활동, 빙하 그리고 바람이 만들어낸 환상적인 풍경을 체험할 수 있어 많은 사람을 매혹시켰던 것이다. 파타고니아는 다채로운 지질현상 때문에 많은 과학적 연구가 진행되고 있기는 곳이기도 하다. 푼타아레나스는 이제 오지 여행의 거점 도시가 된 것이다.

  개인적으로 푼타아레나스까지 간 김에 파타고니아까지 탐험해보고 싶은 욕구가 있었지만 이번 탐사 일정으로는 불가능했

푼타아레나스에 세워져 있는 마젤란의 동상

다. 유즈모에 타기 전까지 주어진 사흘 안에 세종 기지로 들어가기 위해 긴장을 늦추지 않고 대기하고 있어야 했기 때문이다. 남극으로 들어가는 시도는 도착한 다음 날부터 바로 시작됐다. 그러나 킹조지섬의 기상이 좋지 않아 들어갈 수 없었다. 덕분에 푼타아레나스에서 하루의 여유가 생겼다. 파타고니아의 음산한 바람을 맞으며 마젤란 해협 주변을 거닐었다. 1년 전 해양 시추선을 타고 파나마 운하를 통과했던 경험이 문득 떠올랐다. 1년 간격으로 파나마 운하와 마젤란 해협을 방문하다니 이 무슨 역마살인가?

　　마젤란 해협을 벗어나 도시 여기저기를 돌아다녔다. 한동안 정체되었던 까닭인지 마치 19세기 유럽 도시 같은 느낌도 들었다. 칠레인들이 사는 집, 학교, 박물관 등을 주마간산 격으로 둘러보다 칠레 남극 연구소를 방문했다. 전시물들을 살펴보다가 칠레가 남극의 일정 지역에 대해 자국의 영유권을 주장하고 있다는 사실을 알게 됐다. 칠레가 킹조지섬에 공군 기지와 비행장을 유지하고 있는 것도 남극 영유권 주장과 관련 있었던 것이다. 물론 국제 사회에서는 칠레의 영유권을 인정하고 있지 않다. 하지만 칠레의 많은 사람들은 킹조지섬과 남극의 특정 지역이 자국의 영토라고 믿고 있다. 지속적인 교육의 결과이기도 하고 외지인들과 접할 기회가 많지 않기 때문이기도 할 것이다.

　　둘째 날 새벽, 짐을 다 챙기고 공항으로 갈 만반의 준비를 마치고 대기하는데 날씨가 급격히 나빠져 항공편이 또 취소되었다. 남은 시간은 하루밖에 없게 되었다. 유즈모 입항시간에 맞춰 도착하지 못한다면 다른 방법을 찾아야 하고, 탐사 일정이 줄어드는 것도 감수해야 한다. 제시간에 세종 기지에 도착할 수 있을지 초조해지기 시작했다. 나는 에이진트에게 내일은 비행기가 뜨는 거냐고 물었다. 그는 누가 알겠냐면서 '안타티카^{Antarctica}'라고 말하곤 살짝 윙크를 했다. 이 한 단어는 남극과 관련된 온갖 불확실성과 책임 회피에 대한 변명을 함축하고 있다.

3장_거친 파도 위의 방랑자

마침내 셋째 날, 남극행 비행기는 이륙에 성공했다. 남극 탐사를 수차례 다녀온 사람들의 경험이 반영된 3일이라는 예비 시간은 타당성이 있었던 것이다. 우리 일행이 탄 비행기는 칠레 국적이었다. 푼타아레나스는 칠레 영토지만 우루과이 공군 수송기를 운영하기 때문에 우루과이 국적기를 탈 가능성도 있었다. 공항에서 탑승 대기를 하는데 우리와 같은 비행기를 타고 남극으로 들어갈 관광객들이 다수 눈에 띄었다. 공군 수송기이기는 하지만 일반인들도 일반 여객기와 유사한 방식으로 항공권을 구입할 수 있다. 아마도 대부분 첫 남극행일 여행객들의 얼굴은 발갛게 상기되어 있었다. 그들도 우리와 같이 남극행 비행기가 언제나 뜰까 기다리며 노심초사했을 것이다.

  수많은 사람들 중 낡고 색 바랜 붉은색 윈드재킷에 다양한 남극 기지 엠블럼^{emblem}을 수십 개 꿰매 붙이고 다니는 노인이 눈에 확 띄었다. 이런 사람은 십중팔구 남극을 장기간 연구한 과학자라고 한다. 남극 과학자들 중에는 각국 기지의 엠블럼을 수집하는 취미를 갖고 있는 사람이 많기 때문이라고 한다. 우리 일행도 남극 현장 조사를 위해 세종 기지로 간다며 말을 걸자 반가워하며 자신도 세종 기지에 가본 적 있다며 재킷에서 세종 기지 엠블럼을 찾아 보여준다. 재킷에 꿰매진 각국 기지의 엠블럼들은 자신의 남극 경험의 풍부함을 알림과 동시에 우연히 남극 현장에서 만나게 되는 다양한 나라의 과학자들이 자연스럽게 접근하고 소통할 수 있도록 하는 매개의 역할도 하고 있는 것이다.

남극 탑승 전 비행기 내에는 화장실이 없으니 화장실을 반드시 다녀오라는 주문을 받았다. 3시간 남짓의 비행이지만 대소변 문제로 큰 낭패를 겪을 수 있다는 것이다. 공군 수송기의 항공권 가격은 일반 여객기보다 훨씬 비싸지만 여객기의 안락함과는 거리가 멀다. 화장실이 없을 뿐 아니라 제대로 된 의자가 있는 것도 아니어서 비행기 벽에 등을 기대고 서로 마주 보고 앉게 되어 있었다. 군대식으로 치렁치렁 매달려 있는 붉은색의 안전벨트를 착용하고 자리에 앉으니 마치 작전 수행 중인 군인이라도 된 듯한 기분이었다.

우리 일행을 태운 비행기는 킹조지섬에 위치한 칠레 프레이 공군 기지에 무사히 착륙했다. 비행기가 이륙한 후에도 남극 쪽 기상이 급변하면 중간에 회항을 하는 경우도 종종 있다고 하지만 이번 비행은 매우 순조로웠다. 마침내 남극권 땅을 밟게 된 것이다. 착륙을 하자 같이 비행기를 탔던 여행객들 중 일부는 낮은 환호성을 질렀다. 비행기 문이 열리고 순서에 따라 밖으로 나왔다. 상상 속의 대상이 현전으로 다가오는 순간이었다. 비행기 밖으로 나오면서 나는 낯선 그림 속으로 던져지는 듯한 느낌을 받았다. 옅은 회색으로 물든 두터운 구름과 그 아래로 펼쳐진 하얀 눈 그리고 이와 극명한 대조를 이루며 노출되어 있는 검고 거친 토양은 자연이라기보다 마치 초현실주의적으로 과장된 그림과도 같았다. 남극 하면 모두들 상상하는 눈보라 치는 빙원도 펭귄도 눈에 띄지 않았다. 내가 마주친 첫 남극은 수만 겹의 층위 중 매우 얇은 한 단면에 불과할 것이다. 비행기에서 내려 남극으로 들어가는 절차를 밟기 위해 칠레 기지로 천천히 걸어갔다. 걸어가는 도중에도 현실이 아닌 공간에서 부유한다는 듯한 느낌은 계속되었다. 차가운 대기의 느낌과 묵직하게 뼛속으로 파고드는 바람이 이것이 실재實在라고 일깨워주는 것 같았다.

　　　남극은 현재 어느 나라의 영토도 아니다. 지구상에는 손바닥만 한 크기일지라도 일국의 영토이거나 한 개인의 소유가 아닌 땅이 드물지만 남극 땅만은 아직 예외이다. 따라서 입국 수속을 밟을 필요는 없다. 이것은 한편으론 신기하고 한편으론 허무한 체험이었다. 우리가 너무나도 완고하게 국경으로 갈라진 세계 속에서 살고 있기 때문에 들게 된 기묘한 느낌일 것이다. 물론 남극으로 출입하는 인원들의 현황을 파악하기 위한 여권 확인 등의 절차는 필요하다. 입국 절차가 아니라 입남극 절차라고나 할까? 절차가 끝나고 일행 중 대표가 세종 기지에 전화를 걸어 세종 기지로 들어갈 일정을 조정했다. 세종 기지로 들어가는 과정도 순조로울 것 같았다. 시간이 흐르자 주변 풍경이 좀 더 눈에 들어오기 시작했다. 남극에 온 것을 환영한다는 듯이 천연덕스럽게 뒹굴고 있는 바다표범이 눈에 띄었다. 남극에서 마주친 첫 번째 동물은 펭귄이 아닌 바다표범이었던 것이다. 동물원 우리가 아닌 야생에서 뒹구는 바다표범의 모습을 보니 이제야 대자연 속으로 들어섰다는 느낌이 들기 시작했다.

세종 기지의 고무보트와 아라온호   ⓒ극지연구소 극지미디어

　　프레이 기지와 세종 기지 사이에는 마리안소만이라는 작은 만Cove이 가로놓여 있다. 두 기지 모두 킹조지섬에 자리 잡고 있기 때문에 육상을 통해 이동할 수도 있지만, 눈과 얼음으로 뒤덮이고 차량 이동을 위한 포장도로도 구비되지 않은 거친 지형을 생각하면 고무보트를 활용해 만을 건너다니는 것이 효율적이다. 세종 기지 월동대원들이 탐사대원들을 태우기 위해 고무보트를 몰고 마리안소만을 건너 프레이 기지로 왔다.

　　고무보트 승선을 위해서는 상의와 하의가 통으로 되어 있는 구명복을 입어야 한다. 이 구명복은 너무나 두껍고 무거워서 입고 벗는 것 자체가 곤욕이었다. 하지만 남극의 바닷물은 너무 차가워서 빠지는 즉시 저체온증으로 사망에 이르기 때문에 특수한 구명복 착용은 필수이다. 물에 빠졌을 때 저체온증이 오기까지의 시간을 조금이라도 지연시켜 구조의 가능성을 높이기 위한 것이다. 마리안 소만을 건너는 시간은 10여 분 남짓밖에 안 되지만 남극의 기상은 급변하기 때문에 사고의 가능성은 늘 염두에 두어야 한다. 2003년 동료 대원 구조작업을 벌이다 아깝게 희생된 고 전재규 월동대원의 사고도 마리안소만을 오가던 과정에서 일어났던 것이다.

탐사팀을 태운 고무보트는 커다란 엔진 소리를 내며 마리안소만을 가로질러 거침없이 달렸다. 프레이 기지를 떠난 지 얼마 지나지 않아 세종 기지의 전경이 눈앞에 펼쳐지기 시작했다. 눈앞으로 다가온 빨간색 세종 기지는 어쩐지 몽환적이기까지 했다. 고무보트가 정박하고, 순서를 기다렸다가 사다리를 타고 올라가자 고 전재규 대원의 흉상이 가장 먼저 눈에 들어왔다. 무사히 도착했다는 안도감보다는 비장한 느낌이 밀려왔다. 흉상 옆에 나란히 서 있는 천하대장군과 지하여장군이 아깝게 희생된 고 전재규 대원의 슬픔을 달래고 있는 것같이 보였다. 고 전재규 흉상 앞에서 묵념을 하는 것은 세종 기지에 도착한 모든 사람이 처음으로 진행해야 하는 예식이다. 나는 그의 명복을 빌면서 첫 남극 현장 조사가 사고 없이 진행되기를 기원했다.

사진으로만 봤던 빨간색의 컨테이너 박스 건물들은 실제로 보니 상상보다 견고하고 고풍스럽게 느껴졌다. 낡고 지쳐버린 것 같다기보다는 20년 가까이 강한 바람과 폭설을 꿋꿋하게 버텨내고 이제는 노숙한 경지에 이른 것 같았다. 2020년 현재는 세종 기지에 건물이 더 들어서서 초기 모습과 많이 달라졌지만, 당시만 해도 빨간색 컨테이너 박스만으로 구성된 건립 초기의 모습을 거의 그대로 보존하고 있었던 것이다. 그런데 세종 기지를 제대로 느껴볼 틈도 없이 상황은 급박하게 돌아갔다. 유즈모가 마침 세종 기지에 가깝게 접근하고 있기 때문에 곧바로 승선해야 했기 때문이다. 세종 기지에 머물 수 있던 시간은 1시간 남짓밖에 안 됐기 때문에 여행 중에 쌓였던 빨래를 할 여유도 없었다. 스페인 기지에서 빨래가 가능할지 여부가 불투명했기에 빨래를 그대로 가져가는 것이 마음에 걸렸다.

세종 기지 주변은 수심이 얕기 때문에 유즈모같이 큰 배는 가깝게 접근할 수가 없다. 유즈모에 올라타기 위해서는 다시 고무보트를 타고 이동해야 한다. 고무보트 선착장에 나가보니 저 멀리 빨간색의 유즈모가 보였다. 다시 두꺼운 구명복을 입는 곤욕을 치르고 철제 사다리를 타고 내려가 고무보트에 올랐다. 고무보트가 유즈모에 최대한 가깝게 접근하면 유즈모 선상에서 드리워진 줄사다리를 타고 약 15m 정도를 올라가야 한다. 두꺼운 구명복을 입고 흔들거리는 줄사다리를 타고 배에 오르는 건 나름 스릴이 있었다.

전대원이 무사히 승선하자 유즈모는 디셉션섬으로의 이동 항해를 시작했다. 중간에 놓여있던 모든 불확실성의 장벽을 무사히 통과하고 드디어 디셉션섬으로 들어갈 수 있게 된 것이다. 유즈모는 브랜스필드 해협을 따라 디셉션섬을 향해 남서쪽으로 이동항해를 계속했다. 8시간 남짓한 짧은 항해이기 때문에 선실을 배정받을 필요가 없어서 줄곧 갑판 위에서 남극 바다 풍경을 구경했다. 눈앞을 지나가는 눈 덮인 섬들의 모습에서 뭔가 장엄함이 느껴졌다.

첫 남극 탐사기
: 활화산에서 펭귄을 만나다

디셉션섬은 대륙 지각이 균열하는 곳에서 일어나는 화산 활동 결과 만들어진 섬이다. 가운데 커다란 칼데라˙를 품고 있으며, 위에서 보면 남동쪽이 뚫려 있는 말굽 모양을 하고 있다. 그렇다면 같은 화산섬인 제주도는 왜 디셉션섬과 다른 모양을 하고 있을까? 그것은 제주도의 화산 활동이 지속된 기간이 디셉션섬보다 훨씬 길었기 때문이다. 제주도도 초기에 디셉션섬과 같이 말굽 모양의 형태를 띠었던 시기가 있었을지 모른다. 그러나 화산 활동이 거듭되면서 기존의 칼데라는 새로운 화산 폭발로 묻히고 다른 칼데라가 형성되는 과정이 무수히 반복되었을 것이다. 그리고 그 과정에서 섬이 계속 성장해 결국 현재와 같은 모양이 된 것으로 추측된다. 제주도나 울릉도의 화산 활동은 정지했지만 디셉션섬의 화산 활동은 아직 진행형이다. 인류가 디셉션섬을 발견하기 이전에 이미 대규모의 화산 폭발이 있었고, 비교적 최근인 1967년, 1969년, 1970년에도 큰 화산 폭발이 일어났다. 화산 활동이 거듭되면 디셉션섬도 언젠가는 제주도와 같은 큰 규모의 섬이 될지도 모를 일이다.

- 화산 폭발 후 마그마가 담겨 있던 곳이 함몰되어 만들어진 구조를 말하며, 대표적으로 백두산 천지 등이 여기 해당한다

디셉션섬은 울릉도보다도 약간 넓은 섬이니 결코 작은 섬이라고 볼 수는 없다. 그러나 안쪽이 대부분 바닷물로 채워져 있어 육지의 면적은 울릉도에 비해 훨씬 좁다. 거친 남극 바다를 떠돌다 큰 섬이 보여서 상륙했는데 땅은 거의 없고 안쪽의 대부분이 바다로 되어 있다는 사실을 발견하게 되면 누구나 속았다는 느낌이 들 것이다. 디셉션이란 이름의 유래가 바로 여기에 있다. 디셉션^{Deception}은 영어로 속임수라는 뜻이다.

유즈모에서 멀리 보이는 디셉션섬은 그냥 평탄한 섬 같아 보였다. 디셉션섬의 내해에 위치하는 스페인 기지에 가기 위해서는 넵튠 벨로^{Neptunes Bellows}라는 이름을 가진 230m 정도 넓이의 입구를 통과해야 한다. 넵튠 벨로는 '해신의 고함'이라는 뜻인데, 1820년 미국의 포경선이 입구를 지날 때 돌풍이 몰아쳐서 붙은 이름이라고 한다. 다행히 유즈모가 입구를 통과할 때는 돌풍 같은 것은 불지 않았다. 내해는 거친 외해와는 달리 잔잔했다. 스페인 기지가 가까이 보이자 유즈모는 멈추었고 물 위로 고무보트가 천천히 내려졌다. 탐사팀은 차례로 줄사다리를 타고 내려가 고무보트에 승선하고 스페인 기지 바로 앞에 무사히 상륙했다.

우리 일행은 작업 중이던 스페인 기지 하계대원들과 반갑게 인사를 나눈 후 기지 본부 건물 안으로 들어갔다. 내부는 깔끔하게 정리되어 있었다. 전면의 창을 통해 보이는 디셉션섬의 내해가 참으로 아름다웠다. 출입구가 있는 벽에는 스페인 기지를 방문한 다양한 사람들이 기증한 걸로 보이는 기념품들이 열을 맞춰 가지런히 배치되어 있었다. 스페인 기지의 이름은 가브리엘 드 카스티야이다. 가브리엘 드 카스티야는 스페인 출신 항해가의 이름이다. 스페인에서는 그가 17세기에 인류 최초로 남극 대륙을 보았다고 믿고 있다. 서양의 기지는 탐험가의 이름을 딴 경우가 많고, 동양의 기지는 정치나 문화적 상징물을 기지 이름으로 사용한 경우가 많다. 미국의 아문센-스콧 기지, 맥머도 기지, 프랑스의 뒤몽 뒤르빌, 호주의 모슨 기지 등은 모두 항해자나 탐험가들의 이름을 딴 것이다. 그런데 한국의 세종 기지와 장보고 기지, 중국의 (만리)장성 기지나 중산˙ 기지 그리고 곤륜 기지, 일본의 쇼와˙˙ 기지 등의 이름을 보면 자국의 정치나 문화적 상징들임을 알 수 있다. 대양을 누비며 대항해 시대를 선도했던 서양과 외부 세계에 큰 관심을 보이지 않고 내치에 치중했던 동양의 차이가 여기에도 반영되어 있는 것일까?

   기지 본부에서 한숨을 돌린 후 스페인 기지 대원에게 식사 시간을 비롯한 기지에서의 생활 수칙 등에 대한 교육을 받았다. 가장 큰 문제는 물이었다. 스페인 하계대원들에게도 물이 풍족하지 않기 때문에 샤워는 1일 1회, 단 5분으로 제한한다는 것이었다. 마음속으로 "샤워는 넜구나" 하는 생각이 들었다. 물이 이렇게 부족

● 신해혁명의 주인공 손문의 호
●● 제124대 일왕이 사용한 연호

하니 빨래도 편하게 할 수 없을 것임은 자명했다. 한국을 떠난 후 단 한 번도 세탁하지 못한 상태에서 앞으로 열흘 가까이 세탁 없이 현장 조사를 해야 하는 상황이 끔찍하게 느껴졌다. 스페인 하계대원 절반에 육박하는 인원이 더부살이를 하는 셈이니 부족한 것이 많을 것임은 자명했다. 남극이라는 고립된 환경에서는 필요 물품의 공급이 제한될 수밖에 없기 때문에 임기응변으로 대체품을 찾거나 포기하고 적응할 수밖에 없다. 스페인 기지의 상황은 여러 기지들이 모여 있어 인프라도 갖추어져 있고 물물교환도 가능한 킹조지섬의 기지들보다 열악했다.

열흘 가까이 잠을 자야 할 숙소를 안내받고 다시 한 번 충격을 받았다. 숙소가 위가 훤히 뚫려 하늘이 보이는 플라스틱 이글루였기 때문이다. 아무리 여름이라지만 남극인데 이런 곳에서 잠을 자야 한다는 것일까? 더부살이 인원이 한두 명이 아니었기 때문에 숙소도 턱없이 부족했던 것이다. 이글루 하나에는 2층 침대가 두 개씩 놓여 있었다. 스페인 기지에서 품질 좋은 침낭을 제공할 것이니 추위를 걱정할 필요는 없다고 하지만 상황이 여러 가지로 열악하다는 느낌에 조금 의기소침해졌다. 그러나 내가 지금 서 있는 곳은 남극이었다. 아무것도 없던 시절 남극을 탐험했던 사람들에 비교해본다면 이 정도면 매우 좋은 조건이라고 볼 수도 있을 것이다. 남극점 정복에 나섰던 아문센이나 스콧이 안정적인 이글루나 샤워 시설, 그리고 빨래를 상상이나 했을 것인가? 그리고 내가 머무는 시간은 고작해야 열흘 남짓에 불과 하지 않은가? 남극에서 안락한 도시 생활을 기대해서는 안 될 일이었다. 이런 생각들을 하고 나니 다시 의욕이 생기기 시작했다.

   짐을 정리한 후 스페인 하계대원의 안내를 받아 기지를 간단하게 둘러본 후 기지 주변으로 가볍게 산책을 나갔다. 남극권을 여유롭게 느껴보는 것은 처음이었다. 스페인 기지에 도착하기 전까지 일정이 너무나도 정신없이 돌아갔던 것이었다. 화산 폭발이 있었던 게 불과 수십 년 전이었기에 섬은 전체적으로 고화周化되지 않은 암갈색의 거친 화산재로 덮여 있었다. 이 화산재와 백색의 눈 그리고 파란색의 내해는 선명한 대조를 이루고 있었다. 절경이라고 하지 않을 수 없었다. 그러나 그 속에 있는 나는 풍경에 융화되지 못하고 형언할 수 없는 낯선 느낌 속에 계속 머물러 있었다. 우리 일행은 하얀 눈과 푸석푸석하고 거친 화산재를 번갈아 밟으며 계속 걸었다. 그런데 척박한 화산재 사이에서 녹색의 식물이 불현듯 눈에 들어왔다. 지의류˙였다. 남극이라는 극한 환경, 모든 생명체를 뒤덮어버렸을 화산재, 그 위를 몇 번이나 다시 덮고 녹아내렸을 눈…. 어디로 보나 식물이 자랄 수 없는 척박한 환경 같았지만 지의류는 남극 화산의 폐허 위에서 꿋꿋하게 다시 피어난 것이다. 그 강인하

● 조류와 균류가 함께 공생하는 복합 유기체로, 발생 단계에서부터 공생하면서 마치 하나의 개체처럼 동작한다

생명력이 경이로웠다.

지의류를 뒤로하고 우리 일행은 특별한 목적 없이 계속해서 걸었다. 걷다 보니 저 멀리 비탈을 뒤뚱뒤뚱 내려오는 한 무리의 생명체가 눈에 들어왔다. 바로 펭귄이었다. 남극 펭귄을 처음으로 목격하게 된 것이다. 비탈을 다 내려온 펭귄들은 디셉션섬의 파란 내해 속으로 하나둘씩 뛰어 들어갔다. 펭귄을 보니 척박하고 을씨년스럽게만 느껴지던 남극에서 일말이나마 따뜻한 정감이 느껴졌다. 펭귄은 정말 얼어붙은 마음까지 녹여버리는 귀여운 생명체였다. 남극에 오기 전 이미 펭귄을 목격한 사람들이 "사실 펭귄을 계속 보다 보면 금방 지겨워진다", "알고 보면 지저분한 생물이다" 등등의 이

누가 뭐래도 펭귄은 남극을 대표하는 생물이다

야기를 하곤 했지만 역시 펭귄은 척박한 남극 환경에서도 인간에게 온기를 느낄 수 있게 하는 생명체임은 분명했다. 남극권에는 펭귄 외에도 사람들이 상상하는 이상으로 다양한 생명체들이 서식하고 있다. 킹조지섬에서 처음 마주쳤던 바다표범이나 남극의 난폭자 도둑갈매기 등은 비교적 흔하게 눈에 띈다. 자연의 입장에서 남극은 펭귄만을 위한 공간도 아니고 펭귄만이 주인공일 수도 없다. 그러나 적어도 인간에게만큼은 '남극' 하면 떠오르는 생물은 펭귄이다. 수많은 사람들이 남극을 동경하고 일생에 한 번쯤은 방문해보기를 원하는데, 그 이유 중 하나가 펭귄이라는 순수하고 귀여운 친구를 만나고 싶다는 바람 때문은 아닐까?

순수한 마음을 가지고 남극을 동경하는 것도 나쁘지 않지만, 개인이 갖고 있는 상상 속의 세계는 남극이라는 현실과 직접 부딪히게 되면 깨어지고 새롭게 형성될 수밖에 없다. 남극을 여행이 아닌 일로서 방문하게 된다면 남극의 척박한 상황은 목적 달성을 위해 극복해야만 하는 현실로 자리 잡게 된다. 1829년, 디셉션섬에 두 달간 머무르면서 최초로 체계적인 관찰을 하고 정확한 지형도를 작성한 에드워드 켄들은 다음과 같은 기록을 남기고 있다.

"그건 정말 거지 같은 일이었다. 처음 열흘 동안은 안개가 너무 잦아 태양도 별도 볼 수 없었다. 너무나도 원시적이고 추워서, 북극에서 가장 추울 때 고생했던 일조차 너오ㅌ지 않을 정도였다."

켄들 일행은 두 달 동안 디셉션섬에 머무르면서 식량 부족을 해결하기 위해 마지못해 약 7,000마리의 펭귄을 잡아먹어야 했다. 남극 현장 조사에는 특별한 안전 수칙이 필요하다. 남극에서는 언제 눈폭풍이 몰아칠지 언제 두터운 안개가 낄지 모르기 때문이다. 예를 들어 초코바 같은 고열량의 비상식량을 반드시 챙겨야 한다. 통신수단은 생존과 직결되어 있으니 늘 충전 상태를 확인해야 한다. 그리고 절대 혼자 다니지 말고 반드시 팀을 이루어 함께 다녀야 한다. 설령 여름일지라도 남극의 바람은 세기의 차원이 다르니 언제나 윈드재킷을 챙겨 입어야 한다. 배낭은 여러 가지 필수 구호 물품들이 채워져 있었다.

이번 탐사에서의 내 임무는 화산 암석과 여기저기서 뿜어져 나오는 화산 가스를 채취하는 것이었다. 다른 팀들은 화산 퇴적층을 기술하거나 담수 샘플들을 채취할 계획이었다. 화산 가스가 어디서 분출하는지, 암석이 어디에 노출되어 있는지에 대한 정보는 사전 연구를 통해 알고 있었기 때문에 현장 조사 일정은 비교적 쉽게 잡을 수 있었다. 나는 가스 전문가인 일본인 구사카베 교수와 한 팀으로 움직이기로 했다.

현장 조사가 시작된 첫날, 첫 조사 지역인 퓨마롤 베이[Fumarole Bay]로 이동했다. 퓨마롤 베이는 내해의 만 같은 지형으로 온천수와 가스의 분출이 활발하다고 보고된 지역이다. 스페인 기지에서 약 5km 정도 거리에 있다. 이곳에서 가스를 채집하는 것이 첫 작업이었다. 퓨마롤 베이로 걸어가는 길에는 화산, 물, 얼음 그리고 바람이 상호작용하여 만들어낸 기기묘묘한 풍경이 펼쳐져 있었다. 어떤 지형물은 크렘린^{Kremlin} 궁전 같기도 하고 어떤 것은 커다란 횃불 같아 보이기도 했다. 나는 지질을 연구하는 학자이지만 이런 지형이 만들어지는 과정은 내 상상을 초월했다. 남극권 대기의 초월적 느낌과 기묘한 지형이 어우러지면서 마치 선계를 걷고 있는 것 같았다.

퓨마롤 베이까지 가는 길은 순조로웠다. 바람은 많이 불었지만 도보 이동은 그렇게 힘들지 않았다. 바람을 잘 막아준 윈드재킷과 단단하게 묶어 신은 등산화 덕분이었다. 온천수와 가스가 분출하는 지역도 어렵지 않게 발견할 수 있었다. 퓨마롤 베이 곳곳에서 뽀글뽀글 온천수와 가스가 뿜어져 나오고 있었기 때문이다. 그중에서 가장 활발하게 분출하는 곳을 찾아 각종 도구를 사용해 가스를 채취하면 되는 것이다. 온도가 높고 강렬하게 분출하는 곳일수록 대기로 오염되지 않은 가스를 채취할 수 있는 가능성이 높아진다. 우리는 4일 동안 퓨마롤 베이를 방문하여 다양한 분출 상황을 관찰하고 그중에서 가스를 채취할 수 있을 정도로 충분히 온도가 높고 분출이 활발한 곳을 선별했다. 곳곳에서 분출하는 온천수와 가스를 하루 종일 관찰하다 보니 분출하는 세기가 시간에 따라 변화함을 발견할 수 있었고 그 변화가 조석과 관련 있음을 확인할 수 있었다. 밀물 때 물이 밀려들어 오면 수압의 영향으로 온천수와 가스의 분출이 활발해지는 것이 분명했다. 우리는 밀물 때 가스를 채취하기로 했다. 샘플 채취에 적당한 활발한 분출구는 공교롭게도 물이 들어와 있는 곳에 위치해 있었다. 구사카베 교수와 나는 주변에 널려 있던 나무판자들을 모아 다리를 만들어 분출구로 접근했다. 시간은 제법 걸렸지만 가스 채취는 성공적이었다. 난 가스 전문가가 아니었지만 구사카베 교수는 오랫동안 가스를 연구하고 현장 조사를 해온 전문가였기에 작업은 순조로웠다.

디셉션섬에서 온천수와 가스가 분출하는 이유는 무엇일까? 그리고 이런 것들을 채취하고 분석해서 알 수 있는 건 무엇일까? 온천수와 가스가 분출하는 이유는 기본적으로 디셉션섬이 활화산이

디셉션섬에는 화산 활동의 결과 만들어진 지형의 흔적이 여실히 남아 있다

고 그 아래에 마그마가 활동하고 있기 때문이다. 마그마는 암석이 녹은 액체, 광물 결정들 그리고 각종 휘발성 물질들이 혼합되어 있는 것을 지칭한다. 마그마를 가리키는 말로 대한민국에는 암장岩漿이라는 번역어가 있고 북한에서는 돌물이란 번역어를 사용하지만, 대부분의 사람은 어감이 좋은 마그마라는 말에 익숙하다. 그런데 마그마를 직접 본 사람은 아무도 없다. 지하에 존재하기 때문에 뚫고 들어가지 않는 한 볼 수가 없기 때문이다. 화산이 폭발할 때 흘러내리는 용암lava은 마그마와 다른가? 마그마는 분출하는 순간 원래 마그마와 달라진다. 화산 폭발은 마그마가 육상이나 해상으로 분출하면서 용암, 화산재, 수증기, 각종 가스의 형태로 분리되는 현상이다. 분출 하지 못한 마그마는 지하에서 굳어져 암반이 된다. 마그마의 활동은 폭발을 통해 많은 피해를 불러일으키기도 하지만 장기적으로는 토지를 비옥하게 하고 다양한 유용 광물을 만들어내 인류 문명에 기여한다. 마그마의 성장과 움직임은 지표에 다양한 징후를 드러낸다. 대표적인 것이 화산 지진과 온천이다. 현재 디셉션 섬에서는 약 30년 동안 화산 폭발이 일어나지 않고 있지만 마그마 활동의 징후는 꾸준히 감지되고 있다. 스페인 기지에서는 화산 지진 모니터링을 통해 화산 활동의 특성을 규명하고 화산 폭발을 예측하고자 한다. 우리 팀은 온천수와 가스를 분석해서 마그마의 특

- 돌즙이라는 의미

성, 더 나아가 지구 내부 맨틀의 특성을 파악하고자 했다. 디셉션 아래에는 왜 마그마 활동이 활발한 것일까? 디셉션섬이 위치한 브랜스필드 해협 아래의 맨틀에서는 과거 섭입$^{摂入, Subduction●}$하던 지판에서 공급된 물이 풍부하여 마그마가 상대적으로 많이 형성되고 있기 때문일 것이다.

다음 날은 웨일러스 베이$^{whalers bay}$에서 조사를 실시했다. 퓨마롤 베이만큼은 아니었지만 가스 채취는 잘 진행됐다. 그런데 디셉션섬 내해로 들어오는 입구, 즉 넵튠 벨로 가까이에 위치한 웨일러스 베이에는 붉게 녹슨 커다란 고철 구조물들이 여기저기 흩어져 있었다. 과거 남극해에서 잡은 고래를 처리하던 공장의 흔적임이 분명했다. 웨일러스 베이, 즉 포경선의 만이란 이름이 상징하듯 포경업 전진 기지가 여기에 있었음이 분명했다. 그리고 십자가가 있는 무덤이 보였고 낡은 목선도 눈에 띄었다. 이곳에 무슨 일이 있었던 것일까? 웨일러스 베이는 1944년부터 1967년까지 영국이 운영하던 남극 기지가 있었던 곳이기도 하다. 영국 기지는 1967년 있었던 화산 폭발로 파괴됐는데 그 후 영국은 기지를 재건하지 못했다. 영국 기지의 잔해 내부는 텅 비어 있었지만 건물의 형태는 갖추고 있었다. 건물 밖에 이곳의 역사를 기록한 아크릴판이 붙어 있었다. 내용을 읽어보니 이곳 웨일러스 베이에는 1911년부터 노르웨이에

● 지구의 표층을 이루는 판이 서로 충돌하여, 한쪽이 다른 쪽의 밑으로 들어가는 현상

서 운영하던 포경업 기지가 있었는데 1931년 고래 기름 가격 하락으로 문을 닫았다고 한다. 붉은 고철 덩어리들은 노르웨이 포경 기지의 잔해임이 분명했다. 무덤 역시 포경업 종사자의 것임을 암시하고 있었다. 그 후 이 잔해들을 정리하려는 움직임이 있었지만 다음과 같은 이유로 보전이 결정되었다고 한다. 첫째, 화산이 만들어낸 새로운 지형의 지질학적 가치가 높고 남아 있는 건물의 잔해가 화산 폭발의 힘을 잘 보여준다. 둘째, 포경 기지가 남극 조약에 따라 1995년 남극의 역사적 기념물로 지정되었다.

디셉션섬에는 전쟁의 흔적들도 남아 있다. 제2차 세계대전 때 영국군에 의해 침몰당한 독일 잠수정 잔해도 디셉션섬에는 남아 있다. 인류는 남극에서도 전쟁을 벌였던 것이다. 우리가 스페인 기지에 머무는 동안 관광객을 태운 대형 유람선이 디셉션섬으로 들어왔다. 남극권의 많은 부분이 인간 역사의 공간으로 편입되어 있다.

디셉션섬에서의 현장 조사는 물론 고생스러웠지만 대체로 순조로웠다. 걱정했던 이글루 생활도 그럭저럭 익숙해져 갔다. 스페인 기지 대원들의 친절이 많은 도움이 됐던 것 같다. 디셉션에서의 시간은 빠르게 흘러갔고 떠날 시간이 되자 유즈모는 어김없이 우리 일행을 태우러 왔다. 나는 짧지만 강렬했던 기억을 가진 채 디셉션섬을 떠났다. 유즈모에 승선하면서 느꼈던 그 상쾌함은 말로 표현하기 힘들다. 세종 기지로 돌아오니 천국이 따로 없었다. 아무리 남극이지만 말이다. 디셉션섬을 먼저 경험하지 않고 세종 기지에서 처음부터 생활했다면 불편함을 느꼈을지도 모르겠다. 모든 일은 상대적인 것이다. 세종 기지로 들어오는 일정은 몇 번 어그러졌지만 떠나는 일정은 순조로웠다. 예정된 시간에 우루과이 공군기가 도착했고 러시아 기지에서 대기하던 우리 일행은 이 비행기를 타고 남극을 떠났다.

호주 프랭클린호 승선기
: 서태평양 섭입대를 찾아서

서태평양 파푸아뉴기니 북쪽 바다인 비스마르크해의 화산대를 탐사하기 위해 호주의 해양 탐사선 프랭클린^{Franklin}호에 승선했던 것은 다채롭고도 중요한 체험이었다. 한일 월드컵이 있던 해인 2002년이었고, 나는 아직 박사과정 학생이었다.

서태평양에는 동태평양에서 형성된 지판이 맨틀 속으로 다시 돌아가는 입구인 섭입대가 존재한다. 서태평양 섭입대는 북반구의 알류샨 열도에서 시작해서 일본 열도를 거쳐 남반구 뉴질랜드 북부까지 걸쳐 있는 지구 최대 규모의 섭입대이다. 동태평양 중앙 해령에서 처음 만들어진 해양 지각은 해수와의 상호 작용을 통해 함수량이 높아지는 등의 변질을 겪게 되고 그 후 서태평양을 향해 계속 이동하는 과정에서 위에 퇴적물이 차곡차곡 쌓인다. 종착지인 섭입대를 통해 해양 지각이 맨틀 속으로 다시 돌아갈 때 수분과 퇴적물도 일부 같이 끌려 들어가고 그 영향으로 주변 맨틀 성분도 변화를 겪는다. 특히 수분은 맨틀의 녹는점을 낮춰 용융을 일으킨다. 이때 마그마가 형성되는데, 이 마그마가 상승하면서 화산 폭발이 일어나는 것이다. 이 화산 폭발은 섭입되는 지판 위에 놓인 지판 위에서 일어나는데 여러 개의 화산이 마치 활 같은 배열로 분포하기 때문에 호상열도^{弧狀列島} 화산대라는 이름을 갖게 되었다. 비스

폼페이를 멸망시킨 베수비오산처럼, 호상열도 화산은 폭발성이 매우 강하다

마르크해의 화산대가 바로 호상열도 화산대의 일종이다.

    호상열도의 암석에는 내부로 끌려 들어간 수분이나 퇴적물 등 육상 기원 물질들의 영향이 강하게 남아 있는 것이 특징이다. 호상열도 화산은 풍부한 수분 때문에 폭발성이 매우 강하다. 큰 화산 피해를 일으키는 화산은 대개 호상열도 화산들이다. 폼페이^{Pompeii}를 멸망시킨 베수비오산^{Monte Vesuvio}도 호상열도 화산의 일종이며 일본도 대표적인 호상열도 화산 지대이다. 비스마르크해는 섭입의 방향이 자주 바뀐 복잡한 섭입대의 일부 구간이다. 나는 온누리호를 타고 프랭클린호 탐사 지역 북동쪽에 위치한 마누스 분지 탐사에 참여했던 경험이 있었다. 이때 채취했던 암석 시료를 박사 논문 주제 중 하나로 포함시킬 계획이었기에 프랭클린호 탐사 참여는 주변 지질에 대한 이해를 넓힐 수 있는 좋은 기회였다. 그 전까지 온누리호 승선 경험밖에 없었기 때문에 외국의 해양 탐사를 체험할 수 있는 첫 기회이기도 했다. 개인적으로 중앙 해령과 섭입대의 암석으로 박사 논문을 쓰기로 결심한 후 처음으로 참여했던 탐사이기도 했다. 전체 여정은 매우 복잡했다.

1. 캔버라의 호주국립대학교 지구과학과에서 암석학을 전공하는 리처드 알큘러스 Richard Arculus 교수를 만나 토의
2. 시드니로 이동, 주말을 보냄
3. 월요일 오전, 호주 연방과학산업연구소 Commonwealth Scientific and Industrial Research Organisation of Australia, CSIRO 를 방문해, 이번 탐사를 이끄는 수석 연구원 레이 빈스 Ray Binns 박사를 만나 탐사에 대한 설명을 듣고 연구소 견학
4. 레이 빈스 박사와 호주 북동쪽 케언스 Carins 로 비행기를 타고 함께 이동, 프랭클린호 승선 및 그레이트 베리어 리프 Great Barrier Reef 탐방
5. 프랭클린호 출항 및 한 달간 탐사
6. 파푸아뉴기니 북동쪽 뉴브리튼섬의 라바울항 입항 및 라바울에서 1박
7. 항공기로 파푸아뉴기니의 포트모르즈비로 이동 및 2박
8. 호주 브리즈번으로 이동, 1박 후 항공편으로 귀국

프랭클린 탐사를 위한 여정은 혼자 하는 첫 번째 해외여행이기도 했다. 그 전까지는 출국·이동·입국을 모두 일행과 같이 했기 때문에 신경 쓸 것이 별로 없었다. 그러나 이번에는 모든 걸 혼자 해야 했다. 특히 호주와 파푸아뉴기니 모두 첫 방문이라 긴장될 수밖에 없었다. 다행히 무사히 캔버라에 도착하여, 호텔에서 그리 멀리 떨어져 있지 않은 호주국립대학교 지구과학과까지 걸어서 이동해 알큐러스 교수의 연구실 문을 두드렸는데 반응이 없었다. 근처의 과 사무실에 물어보니 알큐러스 교수는 건물 밖 벤치에서 동료들과 담소 중이라며 나를 안내해줬다. 건물 밖으로 나가 벤치를 향해 걸어가니 아인슈타인^{Albert Einstein}같이 생긴 알큐러스 교수가 나를 금방 알아보고 반갑게 손을 흔들었다. 캔버라^{Canberra}를 다 찾아봐도 알큐러스라는 성을 가진 사람은 자신밖에 없다며 본인은 인도에서 태어난 영국인이라고 소개했다. 호쾌한 스타일이었다.

먼저 지구과학과가 보유하고 있는 분석 장비들을 견학했다. 점심시간이 가까워 본격적인 대화를 나누기엔 시간이 부족했고 무엇보다 긴장을 풀 필요가 있었기 때문이다. 지구화학은 지구를 구성하는 물질들에 대한 정확한 화학 분석이 시작이고 또 가장 기본이기도 하다. 호주국립대학교가 갖추고 있던 분석 장비는 내 상상을 초월했다. 원소 분석은 물론 다양한 최첨단 동위원소 분석 장비를 갖추고 있었다. 더 놀랐던 것은 호주국립대학교는 필요한 분석 장비를 직접 설계하고 개발할 수 있는 원천 기술도 갖추고 있다는 사실이었다. 호주국립대학은 고분해능 이차이온질량분석기^{Sensitive High Resolution Ion MicroProbe, SHRIMP}를 개발하여 해외로 수출하기도 한다. 위에서 바라봤을 때 말 그대로 새우^{shrimp}를 닮은 이 기기는, 한국 지질학계에도 2008년에 도입되었다. 하지만 당시에는 슈림프 등을 직접 보면서 한국과의 엄청난 격차가 느껴졌다. 도저히 따라잡을 수 있을 거라는 상상조차 할 수 없었다. 분석 환경부터 따라잡지 못한다면 지구과학 연구에서 우리가 앞서나가기는 힘들 것이란 건 지금도 변하지 않는 소신이다.

호주국립대학교 지구과학과는 전통적으로 알프레드 링우드^{Alfred Ringwood}의 맨틀 연구로 유명하다. 지구는 지각·맨틀·핵의 삼

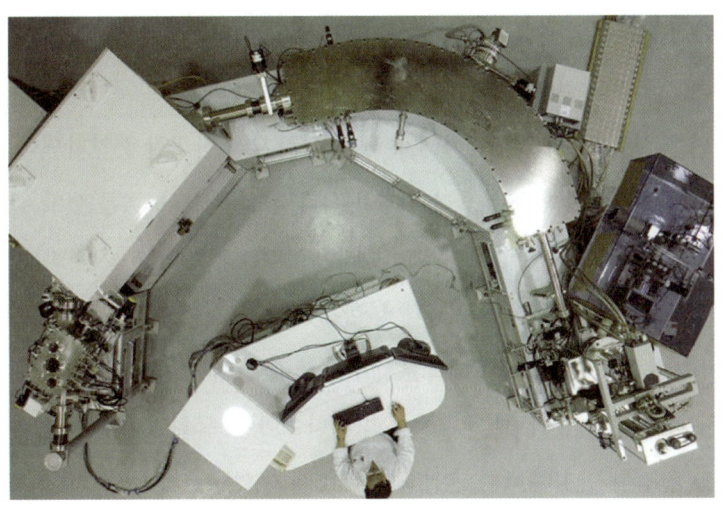

위에서 보면 새우를 닮은 고분해능 이차이온질량분석기

중 구조를 갖고 있는데 이중 맨틀은 부피가 지구의 80% 정도로, 가장 큰 비중을 차지한다. 지각은 대륙 지각의 경우 대체로 25~75km, 해양 지각의 경우 대부분 10km 미만인 데 반해 지각이 끝나는 곳에서 시작하는 맨틀은 코어까지의 깊이가 약 2,900km에 달한다. 따라서 맨틀 상부에 비해 하부의 압력은 엄청나게 높을 수밖에 없다. 그런데 압력이 증가하면 광물들의 구조와 성질도 바뀐다. 대표적인 예를 하나 들면 연필심의 재료로 많이 사용되는 시커먼 흑연과 투명하고 영롱한 보석 다이아몬드는 탄소(C) 하나로만 이루어져 있어 그 조성이 같은데 흑연이 엄청난 압력을 받으면 다이아몬드로 변하는 것이다. 만약 맨틀이 탄소로만 구성되어 있다면 상부는 흑연인데 하부는 다이아몬드로 되어 있을 것이다. 그러면 이 모두를 맨틀이란 단일 이름으로 부를 수 있을까?

구체적으로 따지면 어느 깊이부터 흑연이 다이아몬드로 바뀌는 것인지, 이 변화가 급작스러운 것인지 점진적인 것인지 등등의 문제가 맨틀의 특성을 이해하는 데 중요할 것이다. 물론 실제 맨틀은 산소(O), 규소(Si), 마그네슘(Mg), 철(Fe), 칼슘(Ca), 알루미늄(Al) 등의 원소로 주로 구성되어 있어 문제는 좀 더 복잡하다. 상부 맨틀은 위 원소들로 이루어진 대부분의 감람석과 일부의 휘석으로 구성되어 있는 감람암이다. 흑연과 다이아몬드의 사례에서 알 수 있듯 감람석과 휘석이 맨틀 하부에서까지 안정된 상태일 리 없고 이 광물들이 고압에서 어떤 구조의 광물로 변하는지, 또 그 변화가 일어나는 깊이는 어디인지 등의 문제를 고압 실험을 통해 최초로 풀어 나가기 시작한 사람이 바로 링우드였던 것이다. 감람석이 다른 광물로 바뀌는 깊이를 기준으로 상부 맨틀과 하부 맨틀을 구분한다. 이러한 연구가 맨틀이 어떻게 움직이는지를 이해하는 데 매우 중요할 것임은 분명하다. 나는 알큐러스 교수에게 링우드 교수와 같이 일한 적이 있는지 물었다.

하지만 아쉽게도 그럴 기회는 별로 없었던 모양이었다. 본래 미국에서 교수직을 맡고 있었던 알큐러스 교수를 호주국립대학교로 초청한 것은 링우드 교수의 역할이었지만, 알큐러스 교수가 호주에 들어올 때 즈음, 링우드 교수는 암으로 세상을 떠났던 것이다. 그는 죽기 전 말년에 핵폐기물을 지판의 섭입대에 넣어서 지구 내부에 영구적으로 봉해버리는 프로젝트에 몰두하고 있었다고 한다. 하지만 알큐러스 교수는 이 시도가 비현실적이라고 생각했고, 시기적인 차이도 있었기에 같이 일하지는 않았다는 것이다.

나 또한 링우드가 그 아이디어를 냈다는 건 얼핏 알고 있었지만, 이것이 그가 그 말년에 진지하게 몰두한 프로젝트였다는 건 처음 들었다. 아이디어 자체는 흥미로웠다. 그런데 섭입에 필요한 시간은 장구한데 그 전에 핵폐기물이 주변 환경을 오염시키면 어떻게 할 것인가? 특히 섭입대는 판이 아래로 말려들어가면서 엄청난 마찰과 이로 인한 지진이 활발하게 일어나는 곳이 아닌가? 심해 퇴적물들이 섭입대를 통해 지구 내부로 들어간다는 지구화학적 증거는 얼마든지 있지만 지판 위의 모든 것이 지구 내부로 들어가는 것은 아닐 것이다. 알큘러스 교수가 링우드의 아이디어에 부정적이었던 이유를 정확히 알 수는 없지만, 어쩌면 나와 비슷한 생각을 했는지도 모르겠다.

"북서태평양에서 가장 큰 분지인 마리아나는 일본에서, 남서태평양의 라우 분지는 미국에서 탐사를 주도했는데 그 사이에 끼어 있는 에이유 해령은 어느 나라가 하나 했더니 결국 한국이 했군요."

나의 연구 내용을 들은 알큘러스 교수의 덕담이었다. 내가 학위 논문을 위해 연구하던 대상 지역은 서태평양에 위치한 에이유 해령, 마누스 분지, 우드록 분지였다. 인도네시아 북쪽에 위치한 에이유 해령은 섭입 환경이 압도적으로 우세한 서태평양에서 유일한 중앙 해령이다. 마누스 분지와 우드록 분지 모두 서태평양 섭입 환경과 관련되어 있는데 섭입 방향이 몇 차례 바뀐 적이 있는 복잡한 지역이다. 나는 1998년부터 2001년까지의 기간 동안 온누리호를 승선해 세 지역의 시료를 채취했다.

그렇게 내가 하던 연구에 대한 토론을 하다 티타임이 되어 연구실 밖으로 나갔다. 호주에는 영국식 전통이 남아 있어서 오전과 오후 두 번의 티타임을 철저히 지킨다. 그런데 복도를 걸어가다가 그가 갑자기 벽에 걸려 있는 한 지도를 가리켰다. 바로 윌리엄

윌리엄 스미스가 만든 영국의 지질도

스미스^{William Smith}가 만든 세계 최초의 지질도^{geological map}라고 했다. 지질도는 특정 지역의 암석과 지층의 분포 영역을 다양한 색과 기호를 사용해서 표시한 지도이다. 지질도 작성은 전통 지질학의 가장 기본적인 작업으로서 지질도를 통해 심부 구조와 그 역사를 어느 정도 꿰뚫어 볼 수 있다. 지하자원 분포 확인에도 요긴하게 사용되는 지도이다. 18세기 영국의 윌리엄 스미스는 아직 지질도라는 개념도 없던 시절 영국의 지질도를 그리는 방대한 작업을 거의 혼자서 해냈다. 스미스의 지질도는 과학적으로는 물론 역사적으로도 중요하지만 예술 작품같이 아름답기도 하다. 책에서만 읽었던 스미스의 지질도를 직접 볼 수 있었던 것은 감동이었다. '영국 지질학의 아버지'라고까지 불리는 그가 남긴 지질도 중 가장 상태가 좋은 것을 호주국립대학교에서 소장하고 있는 것이다.

티타임 장소에 가보니 이미 여러 사람이 모여 있었다. 여러 개의 머그잔 중 지구가 단계적으로 팽창하는 그림을 담고 있는 것에 어쩐지 눈이 가 집어 들었다. 그 모습을 본 알큘러스 교수가 새뮤얼 케리Samuel Carey나 지구 팽창설을 아냐고 물었다. 나로선 처음 들어보는 이름이고, 학설이었다. 알고 봤더니, 그 컵에 그려진 것이 바로 케리가 주장한 지구 팽창설을 표현한 그림이라는 것이었다. 지구 팽창설은 좀 황당했지만, 한편으론 신기하기도 했다. 베게너의 대륙 이동설이 오랫동안 무시당하다가 판구조론으로 종합되는 데 가장 결정적인 역할을 한 것은 해저 확장설이었다. 해저 확장설은 중앙 해령을 중심으로 해양 지각이 새롭게 형성되면서 해저가 점점 넓어진다는 이론이다. 지구 팽창설은 해저만 넓어지는 것이 아니라, 지구 전체가 커진다는 주장이다.

케리는 해저 확장설을 초기에 받아들였던 지질학자 중의 하나였다. 그런데 그는 판구조론이 아닌 지구 팽창설로 나아갔는데 그 이유는 무엇일까? 지구의 크기가 일정하다는 걸 전제하는 판구조론의 입장에선 해저가 확장된다면 소멸하는 곳도 있어야 균형이 맞게 된다. 지판이 소멸하는 곳이 바로 섭입대인 것이다. 판구조론에 따르면 대서양은 넓어지는 추세인 반면 태평양은 소멸하는 추세이다. 서태평양의 긴 섭입대로 태평양이 빨려 들어가는 중인 것이다. 유럽의 지중해는 소멸 말기의 바다이다. 즉, 판구조론에 따르면 바다는 넓어지기도 하고 소멸하기도 하는 것이다. 그러나 케리는 섭입을 인정하지 않았다. 그는 해저의 확장을 지구 팽창의 증거로 생각했고 또 우주 팽창과 연결시켰다. 케리는 우주가 팽창하면서 지구도 팽창한다고 믿었던 것이다. 물론 케리의 이론은 단순하지 않다. 그는 파푸아뉴기니 지질 조사를 여러 차례 수행했으며 그 조사 결과가 그의 학설을 지지한다고 생각했다. 그는 1988년 『팽창하는 지구』라는 책을 출판하기도 했다. 그러나 현재 지구 팽창설을 믿는 지구과학자는 거의 없다. 지판이 섭입한다는 증거가 너무도 많기 때문이다. 주변에서 지구 최대 규모의 섭입이 일어나고 있는 호주의 연구자에게서 섭입을 부정하는 이론이 나왔다는 것도 흥미롭다.

  길지 않은 시간 동안 알큘러스 교수와 링우드, 서태평양 연구 주제, 윌리엄 스미스 그리고 지구 팽창설까지 다양한 대화를 나눈 셈이었다. 물론 탐사와 그 이후의 일정에 대한 이야기도 빠질 수 없었다. 프랭클린호 여기저기에 먹을 게 많으니 살찌지 않도록 주의하라는 유머러스한 조언을 곁들이며 다음 일정에 대한 이야기를 하다 보니, 파푸아뉴기니 Papua New Guinea 에 대한 이야기가 나왔다. 당시 나는 호주보다 파푸아뉴기니에 더 큰 관심이 갔었다. 온누리호의 서태평양 탐사들을 통해 다양한 섬나라들을 방문할 수 있는 기회가 있었고 일찍이 갖고 있던 인류학적 관심의 영향도 있었다. 첫 망간각 탐사의 출항지였던 마셜 제도 공화국의 수도 마주로에 가기 위해 괌에서 비행기를 갈아타고 축·포나페·코스레·콰잘레인 네 개의 산호섬을 징검다리 타듯 건너야 했던 기억이 지금도 생생하다. 이 섬들을 거치는 동안 섬 주민들이 비행기를 마치 버스같이 타고 내리는 걸 흥미롭게 지켜보기도 했다. 괌은 미국, 축·포나페·코스레는 미크로네시아, 콰잘레인과 마주로는 마셜 제도 공화국으로 저마다 국적은 달랐지만 섬 주민들은 모두 미크로네시안으로, 오스트로네시안의 한 그룹이다. 오스트로네시안은 미크로네시안만이 아니라 중앙 및 남태평양 섬들 주민인 폴리네시안, 파푸아뉴기니 주민인 멜라네시안을 포함하며 광범위하게는 인도네시아, 필리핀, 인도양의 마다가스카르 주민들까지 포괄하는 광범위한 해양 민족을 가리키는 말이다. 이들은 인류 다수가 대양에 대해 무지하던 시절부터 카누를 타고 대양을 누볐던 뛰어난 항해자들이다.

폴리네시안의 항해에 대한 관심이 싹튼 것은 어릴 때 읽었던 『콘티키』란 책 덕분이었다. 저자인 인류학자 토르 헤위에르달Thor Heyerdahl은 폴리네시안들이 남아메리카 대륙에 있었던 잉카제국에서 바다를 통해 이주한 민족이란 가설을 제시했다. 그리고 이를 입증하기 위해 직접 뗏목을 만들어 페루를 출발해 망망대해로의 항

국토가 무려 1,156개의 섬으로 구성된 마셜 제도 공화국 수도 마주로의 해변

해에 나섰고, 마침내 남태평양의 섬까지의 이동에 성공하였다. 『콘티키』는 이 스토리를 담은 흥미로운 모험기이다. 그 후 레비스트로스_Claude Lévi-Strauss의 『슬픈 열대』 덕분에 인류학에 대한 관심을, 말리노프스키_Bronistaw Malinowski의 『야만사회의 섹스와 억압』 덕분에 서태평양 섬 주민들의 문화에 대해 관심을 갖게 되었다. 그리고 실제로 서태평양을 탐사하며 막연했던 관심이 증폭되었다. 짧은 방문이긴 했지만 그들이 인류학적 관찰의 대상이라기보다, 다른 문화 전통을 가졌지만 유사한 문제의식을 공유하고 있는 동시대의 생활인들이

란 감각을 얻을 수 있었다는 것도 하나의 수확이었다.

마침 이 시기에 출판된 재레드 다이아몬드^{Jared Diamond}의 『총, 균, 쇠』는 이 지역 역사에 대한 궁금증을 해소해주었다. 헤위에르달이 몸소 증명하고자 했던 폴리네시안 남아메리카 대륙 기원설에 과학적 근거가 없다는 걸 알게 된 것도 이 책을 통해서였다. 재레드 다이아몬드에 따르면 남중국의 일부 종족들이 어마어마한 대양 항해를 통해 태평양의 여러 섬들로 이주해 정착했다는 것이다. 파푸아뉴기니아 주민들이 미크로네시안이나 폴리네시안과 기원이 다른 멜라네시안이란 걸 알게 된 것도 이 책 덕분이었다. 멜라네시안들은 좀 더 오래된 다른 기원을 갖고 있으며 남중국에서 기원한 오스트로네시안들이 태평양으로 대거 이주할 때 저항에 성공해 그들의 땅을 지켜냈다는 것이다. 이 책을 보면 우리가 간과하고 있는 태평양의 역사 역시 인류사의 중요한 부분이란 걸 새삼 깨달을 수 있다. 좀 더 총체적인 시각이 필요한 것이다.

저녁에 알큘러스 교수와 헤어진 후 캔버라 시내를 간단히 돌아보았다. 캔버라는 현대식 건물로 이루어진 한적하고 특색 없는 도시처럼 느껴졌다. 다음 날 시드니로 이동했는데, 주말이어서 시드니를 둘러볼 시간이 있었다. 시드니가 3대 미항으로 유명하다는 것을 알고 있었지만 오페라 하우스 외에 별로 떠오르는 것이 없었다. 호텔 로비에서 시드니를 하루 동안 관광할 수 있는 방법을 물었더니 버스를 타고 조지 스트리트에 내리면 주변의 다양한 명소들에 쉽게

시드니에 펼쳐진 아름다운 항구의 라인 전경

접근할 수 있다는 팁을 줬다. 무지의 상태에서 봐야 놀라움이 더 커지는 것일까? 눈앞에 나타난 시드니는 상상 이상이었다. 너무 현대적이고 무미건조해 보였던 캔버라와 딴판으로 19세기 유럽 스타일의 웅장한 건물들과 현대식 건물들이 잘 조화를 이루고 있는 모습이었다. 항구에 펼쳐진 더 록The Rocks, 서큘러 퀘이Circular Quay, 오페라 하우스Opera House로 이어지는 항구의 라인은 너무나도 아름다웠다.

    월요일 오전 드디어 탐사 책임자인 레이 빈스 박사를 만났다. 그와 연방과학산업연구기구(CSIRO)를 간단하게 견학한 후 같이 점심을 먹고 탐사 준비 사항을 점검했다. 다음 날 프랭클린호가 정박해 있는 호주 케언즈로 비행기를 타고 같이 이동해 프랭클린호에 무사히 승선했다. 프랭클린호는 온누리호와 크기는 비슷했지만 하얀색의 온누리호와는 달리 파란색이었다. 적도에 가까운 케언즈는 시드니보다 훨씬 습했다. 케언즈는 지구 최대의 산호초 군락인 '그레이트 베리어 리프'에 접근할 수 있는 유명한 휴양지이기도 하다. 프랭클린호에 짐을 푼 후 크루즈에 타고 접근해볼 수 있었는데, 교육을 받지 않아 다이빙은 못 했지만 스노클snorkel만으로도 거대한 산호 군락의 아름다움을 느껴볼 수는 있었다.

    그날 저녁 출항 전 마지막 회식을 하면서 탐사대 전원을 만날 수 있었다. 호주의 각종 연구소와 대학에서 온 사람들이 대부분이었고 외국인은 인도네시아와 파푸아뉴기니 참관인 각각 한 명, 한국인인 나 그리고 알바로 핀투라는 포르투갈인 한 명까지, 이렇게 네 명이었다. 나는 알바로 핀투와 같은 선실을 쓰게 되었다. 마침내 케언즈를 출항한 프랭클린호는 호주 북동쪽에 위치한 산호해를 거쳐 탐사 지역인 파푸아뉴기니 북쪽 비스마르크해까지 순조롭게 항해를 계속했다. 레이 빈스는 이동 항해 과정에서 매일매일 회의를 통해 전달 사항을 알리고 탐사 시작 전 배의 시설과 탐사 장비를 익히는 실습을 순차적으로 진행했다. 프랭클린호의 시스템은 당시까지 내 유일한 체험이었던 온누리호와 비교할 때 여러 가지 차이점이 있었다. 프랭클린호는 여러 장비들의 작동 상황을 보여주는 큼직큼직한 모니터들을 밀접하게 배치해 한눈에 전체적인 상황을 파악할 수 있도록 한 것이 아주 좋았다. 드레지에 걸리는 장력 변화를 그래프로 보여주는 모니터가 있는 것이 특히 좋았다. 온누리호에서는 장력 변화가 숫자로만 나타나 판단에 어려움이 있었던 것이다. 프랭클린호의 단점은 수심을 편리하게 측정할 수 있는 다중빔 수심 측정기가 없다는 점이었다. 레이 빈스는 비스마르크해에 대한 탐사 경험이 풍부했고 많은 자료를 꼼꼼하게 준비해 왔지만 단일빔 수심 자료만으로 상황 판단을 해야 해서 많은 어려움을 겪었다. 온누리의 다중빔 수심 측정기가 얼마나 효율적인 것인지를 그제서야 실감했다. 프랭클린호는 해양 지질보다는 일반 해양 조사에 특화된 배 같아 보였다. 온누리호는 일반 해양 탐사선으로서의 효율성은 프랭클린에 비해 부족하지만 다중빔을 갖추고 있었고 못할 탐사가 별로 없는 만능의 탐사선이었다. 프랭클린호를 타보니 온누리호에 대한 애정이 새삼 다시 느껴졌다.

파푸아뉴기니 북쪽에는 동에서 서의 방향으로 뉴브리튼, 움보이, 롱, 카카, 매넘, 뱀이라는 화산섬들이 호상으로 분포했다. 파푸아뉴기니 남쪽에서 일어나는 섭입 작용에 의해 만들어진 화산암이었다. 움보이섬 주변 해역에서 탐사를 본격적으로 시작해 뱀섬까지 탐사하면서 이동하고 뱀섬에서 다시 배를 동쪽으로 돌려 서에서 동으로 이동하면서 처음 이동 경로에서 미진했던 부분을 채워나가는 방식으로 진행됐다. 레이 빈스는 이 섬들 주변 해저 화산에서 수층 탐사, 드레지, 퇴적물 채취를 통해 열수 분출구의 위치를 찾고 싶어 했다. 다중빔이 없어 정밀 지형도가 없는 악조건이었지만 이 지역 탐사 경험이 풍부했던 레이 빈스는 꾸준히 시료 채취를 밀고 나갔다. 수많은 드레지 암석들과 퇴적물을 처리해야 하는 강행군이 계속되었지만 서로의 호흡은 잘 맞았고 탐사는 순조롭게 진행됐다. 내 경우 온누리호에 승선했던 풍부한 경험이 빠른 현장 적응에 도움이 되었음은 물론이다. 드레지로 올라온 시료들을 커팅하고 분류하고 기재하는 일은 세계 공통인 것이다. 프랭클린에서 제공되는 식사에도 잘 적응했다. 때론 한국 음식이 그리워지기도 했으나 이전까지 잘 체험해보지 못했던 새로운 음식들을 만나는 것도 즐거움이었다. 앵글로색슨 전통이 강한 호주 배는 알콜이 금지되어 있다는 것도 언급하고 싶다. 한 달 내내 맥주 거품도 입에 댈 수 없었던 것은 아쉬웠다.

    선상에서 바라보는 섬들의 모습은 장관이었다. 움보이, 롱, 카카, 뱀을 차례로 만날 때마다 시간의 흐름을 느낄 수 있었다. 어느덧 뱀섬에 이르러 뱃머리를 동쪽으로 돌리자 "이제 탐사도 마무리 단계로 접어들고 있구나" 하는 느낌이 들었다. 움보이섬을 다시 만나면 탐사는 종료되고 라바울항으로 이동 항해를 시작하는 것이다. 끊임없이 연기가 뿜어져 나오는 라바울항은 멀리서도 그 위치를 알 수 있다. 라바울 화산은 1994년 크게 폭발했고 라바울항은 심각하게 파괴됐다. 이 화산은 현재도 활동 중이며 언제 또 폭발할지 모른다. 기나긴 탐사도 끝나고 마침내 라바울항에 들어서자 라바울 화산 연구소에서 마중을 나왔다. 연구소 측에서 제공한 차량으로 하마마스 호텔로 이동해 짐을 풀고 분화구를 방문할 수 있었다. 분화구 근처의 끓어오르는 물에 계란을 넣자 순식간에 익어버렸다. 저녁엔 오랜만에 맥주를 양껏 들이켰다. 파푸아뉴기니를 대표하는 맥주 이름은 SP, 남태평양^{South Pacific}의 약자이다. 아주 좋은 맥주였다. 파푸아뉴기니뿐 아니라 서태평양 섬나라들에는 모두 좋은 맥주가 있다.

  라바울은 태평양 전쟁 당시 일본군 함대 사령부가 있었던 곳이다. 포트모르즈비^{Port Moresby}는 일본군과 대치하는 호주·미국 연합군의 근거지였다. 일본 입장에선 포트모르즈비를 점령해야 계속 남하해 호주까지 진격할 수 있었던 것이다. 그러나 일본은 산호해에서 일어난 해전에서 패배했고 호주·미국군에 의해 해상 경로가 철저히 봉쇄되어 있었다. 일본은 해상 진격을 포기하고 파푸아뉴기니의 험준한 산을 넘어 포트모르즈비를 공격할 계획을 세운다. 파푸아뉴기니는 높고 험준한 산악 지형으로 유명하다. 파푸아뉴기니에 수많은 부족과 언어가 있는 것도 험준한 지형 때문에 부족 간 소통이 쉽지 않았기 때문이다. 일본군은 한니발이 알프스를 넘어 로마로 진격하듯 파푸아뉴기니의 험준한 산을 넘어 포트모르즈비로 진격할 작전을 세웠다. 그러나 이 무모한 작전은 발각되었고 일본군은 육상에서도 궤멸되고 만다. 태평양 전쟁이 끝난 후에도 종전 소식을 듣지 못해 수십년 간 혼자 생활한 일본군 잔병이 발견된 곳도 바로 파푸아뉴기니이다. 내가 방문했던 서태평양의 많은 섬들에서도 태평양 전쟁의 상흔을 목격할 수 있었다. 폭격으로 파괴된 산들, 포탄의 잔해들, 파괴된 무기들…. 이 모든 것들이 수십 년이 지난 오늘날까지 여러 곳에 방치된 채 전쟁의 참상을 전하고 있었다.

　　늦은 밤, 한 달 동안 같은 배를 타고 고생하며 정이 들었던 대원들과도 작별 인사를 할 시간이 됐다. 한 달 동안 같은 방을 쓰며 정들었던 룸메이트 알바로 핀투와도 작별이었다. 알바로 핀투는 성실하고 친절한 사람이었다. 다음에 또 만나자는 이야길 했지만

파푸아뉴기니의 험준한 산악 지형

언제 또 만날 수 있을지 기약할 수 없었다. 영원한 헤어짐일 수도 있겠단 생각을 안고 다음 날 포트모르즈비로 향하는 비행기에 올랐다. 포트모르즈비는 세계에서 가장 위험한 도시였다. 단 5분도 혼자 걸을 수 없는 도시로 악명이 높았다. 하지만 라바울에서는 한국은 물론 호주로의 직항도 없기 때문에 포트모르즈비 경유는 필수였다.

  비행기는 포트모르즈비 공항에 무사히 착륙했다. 한국을 떠나기 전, 포트모르즈비를 혼자 돌아다니는 것은 아무래도 위험할 것 같아 혹시 도와줄 만한 사람이 있는지 인터넷 검색을 했는데, 한국인 의사 한 분이 포트모르즈비에서 국제협력의사로 일하고 있음을 알게 되었다. 염치 불고하고 의사 선생님에게 메일을 보내 도움을 청했는데, 감사하게도 도와주겠다는 답변을 흔쾌히 보내왔다. 의사 선생님은 도착한 날 공항으로 나를 마중나와 주었다. 오랜만에 한국말로 대화를 할 수 있어 정말 좋았다. 그런데 짐이 나오지 않았다. 이날 새벽 비행기가 취소되면서 내가 탄 오전 비행기에 승객이 몰리게 되었는데, 그 때문에 승객들의 짐을 다 싣지 못한 채 비행기를 띄우는 황당한 상황이 벌어졌던 것이다. 게다가 항공사에 문의하기 전까지 이에 대한 아무런 설명도 없었다.

  후속 비행기로 실려올 짐을 기다리는 동안 그는 "파푸아뉴기니는 정말 예측할 수 없는 나라죠"라며 나를 위로했다. 함께 점심 식사를 하러 근처의 한국 식당으로 갔다. 포트모르즈비에 한국 식당이 있다는 것도 신기했는데, 여기서 마실 물을 청할 때 H_2O라고 하는 것도 재미있었다. 그냥 'Water'를 달라고 하면 손 씻는 데 사용하는 수돗물을 가져다주고, 마실 물을 원하면 H_2O를 달라고 콕 집어 이야기해야 한다는 것이었다. 식사를 마치고 짐을 찾은 후, 호텔에 체크인을 했다. 그러고 나서 그의 집을 방문해 가족과 함께 저녁 식사를 하면서 파푸아뉴기니에서의 삶에 대해 여러 이야기를 들었다. 지면에 차마 적을 수 없는 끔찍한 사연들에서부터 여러 날이 걸리는 파푸아뉴기니의 선거 이야기, 음악 이야기 등등 흥미로운 이야기를 많이 나눴다.

포트모르즈비는 왜 이토록 위험한 도시가 된 것일까? 파푸아뉴기니는 험준한 지형으로 인해 수많은 부족들이 고립된 상태로 상호 소통 없이 살아왔고 그 결과 부족별로 다른 언어를 오랜 기간 사용해왔다. 이 고지대인들은 해양보다는 산악에 적응된 사람들인 셈이다. 서로 교류가 없는 수많은 고지의 부족들이 다른 언어를 사용하다 보니 세계 언어 6,000여 개 중 약 1,000여 개가 파푸아뉴기니에 있다는 것이다. 한 부족이 통제하는 지역은 대체로 안전하다. 라바울 같은 곳이 대표적이다. 한 부족의 통제권을 벗어난 지역은 위험해진다. 여러 부족 출신들이 모여 있는 곳은 매우 위험하다. 서로 치열한 생존 경쟁을 하기 때문이다. 수도인 포트모르즈비가 대표적이다. 포트모르즈비에는 거지가 없다고 한다. 그 이유는 부족이 구성원의 생존을 책임지기 때문에 자기 부족 출신 거지가 있는 것을 수치로 여기기 때문이라는 것이다.

포트모르즈비에서의 둘째 날은 혼자였다. 포트모르즈비를 혼자 다니기는 어려워 보였고 호텔에만 머무르다 떠나는 것은 무의미한 듯해서 항공기 스케줄을 바꾸어 브리즈번에 하루 일찍 갔다. 브리즈번 공항을 통관하려는데 세관에서 암석 시료를 문제 삼았다. 급히 불려 온 전문가가 검토를 한 후, 토양은 안 되지만 암석은 대개 문제없고 퇴적물도 수심 200m 이상에서 채취된 것이라면 괜찮다고 유권 해석을 내려줬다. 브리즈번은 시드니와는 또 다른 분위기였다. 캔버라같이 완전 현대식 도시는 아니었지만 시드니 같은 19세기적 이미지는 덜하다고 해야 할까? 도시를 관통하는 브리즈번강 주변은 평화롭고 여유로웠다. 숙소였던 게스트하우스에서 소개하는 다양한 투어 프로그램 중 맥주 공장 견학을 다녀오기도 하고, 세계에서 가장 넓은 백사장이라는 골드코스트 Gold Coast에도 다녀왔다. 너른 바다와 해안을 따라 펼쳐진 넓디넓은 백사장은 상상을 초월할 만큼 압도적이었다.

그날 저녁, 게스트하우스로 돌아왔지만 좁은 방에 있기엔 너무 답답해 주변 거리를 걸었다. 젠 Zen 이란 이름의 카페가 눈에 들어왔다. 선禪의 영어식 표현인데 현대 미니멀리즘을 구현하고 있는 듯 보였다. 여행의 마지막 밤, 젠 카페에서 플랫 화이트 flat white● 한 잔

● 오스트레일리아와 뉴질랜드에서 인기 있는 에스프레소 기반의 커피로, 에스프레소에 마이크로폼 스팀밀크를 넣어 만든다

골드코스트의 드넓은 해안은 흔히 서퍼들의 천국이라고도 불린다

을 시켜놓고 앉아 있는데 방문했던 도시, 탐사 그리고 만났던 사람들이 파노라마처럼 스쳐 갔다. 생각해보면 해양 탐사란 자연에 과학적으로 접근하는 것에 그치지 않는다. 인간과의 만남, 문화와의 만남 그리고 역사와의 만남도 함께하는 것이다. 다음 날 오전 출국 수속을 무사히 마치고 비행기에 올랐을 때의 안도감을 지금도 잊을 수 없다. 돌아올 때는 떠날 때와 마치 다른 사람이 된 느낌이었다.

IODP 조이데스 레졸루션호 승선기
: 모호를 향하여

지구 속이 어떤 물질들로 구성되어 있고 어떤 모습인지 어떻게 하면 알 수 있을까? 땅만 아무리 쳐다봐도 답은 나오지 않는다. 답은 의외로 하늘에서 온다. 지구가 속한 태양계에서 압도적인 크기를 자랑하는 태양을 분석하면 지구 내부가 어떤 물질로 되어 있는지 어림짐작할 수 있다. 지구로 떨어지는 운석도 지구 내부 물질에 대해 중요한 정보를 담고 있다. 지구 내부와 유사한 고온 고압 환경을 만들어 어떤 물질이 존재할 수 있는지 실험해 보기도 한다. 병원에서 CT 촬영을 하는 것처럼 지진파로 지구 내부 모습의 이미지를 그려보기도 한다. 지구과학자들이 이와 같은 다양한 정보를 종합하고 복잡한 추론 과정을 거쳐서 얻어낸 결론은 지구가 지각, 맨틀, 핵이라는 세 개의 층으로 구성되어 있다는 것이다. 그런데 복잡하게 연구할 것 없이 수박을 잘라서 내부를 보듯 직접 뚫고 들어가서 이 층들을 직접 들여다 볼 수 있는 방법은 없을까?

반경 약 6,400km에 달하는 지구의 중심부까지 뚫고 들어간다는 것은 상상에서 그칠 뿐, 현실적으로는 거의 불가능할 것임은 길게 실명하지 않아도 예상할 수 있을 것이다. 그런데 목표치를 대폭 낮추어서 최소한 지각 바로 아래, 맨틀까지는 직접 뚫어서 확인해볼 수도 있지 않을까? 지각과 맨틀의 경계는 그 발견자인 크로아

티아의 지진학자 모호로비치치$^{\text{Andrija Mohorovičić}}$의 이름을 따서 '모호로비치치 불연속면$^{\text{Mohorovičić 不連續面}}$(모호면)'으로 불린다. 이 모호면의 깊이는 대륙과 해양에서 각기 다른데, 대륙 지각은 그 깊이가 평균 35km에 달하는 반면 해양 지각에서는 불과 5~6km 정도에 불과하다. 해저면 아래로 불과 5km 정도만 뚫으면 상상만 해왔던 맨틀을 직접 볼 수도 있는 것이다. 한번 도전해볼 만한 과제이나.

실제로 모호면을 통과해서 직접 맨틀까지 도달하고자 하는 시도는 꾸준히 있어왔다. 1950년대 말에 추진됐던 프로젝트 모홀$^{\text{Project Mohole}}$과 현재 추진 중인 미션 모호$^{\text{Mission Moho}}$가 바로 그것이다. 그러나 아쉽게도 이 미션은 저조한 수준에 머물고 있다. 현재까지 뚫는 데 성공한 최대치가 모호면의 깊이인 5km에 훨씬 못 미치는 2km 정도에 불과한 것이다. 현무암으로 구성되어 있는 암반을 깊게 뚫고 들어간다는 것에는 다양한 기술적 어려움들이 있다. 그중 가장 결정적인 것은 연장, 즉 '드릴'의 한계이다. 현재 기술 수준으로 드릴을 만들기 위해서는 금속을 재료로 사용할 수밖에 없는데, 암반을 뚫고 들어갈수록 지열이 증가하기 때문에, 고속으로 회전하면서 이 고온을 견딜 수 있는 금속 드릴을 도저히 만들어낼 수 없는 것이다.

비록 모호면에 도달하기 위한 시도는 좌절됐지만 지구를 이해하기 위한 시추는 지속되고 있다. 가장 대표적인 것이 모홀 프로젝트에서 영감을 받아 1966년부터 시작된 일련의 시추 프로그램들

이다. 이 프로그램은 심해 시추 프로그램^{Deep Sea Drilling Project, DSDP}에서 시작해, 해저 시추 프로그램^{Ocean Drilling Program, ODP}, 종합 해저 시추 프로그램^{Integrated Ocean Drilling Program, IODP}을 거쳐 2013년 10월 이후 현재 국제 해양 발견 프로그램^{International Ocean Discovery Program}으로 계승되고 있다. 이 프로그램은 여러 나라들이 그 비용을 분담하는 시스템으로 운영되고 있다. 그중에서도 미국, 일본, 유럽연합(EU)이 가장 많은 비용을 부담하고 있다. 한국도 한때 일부 비용을 부담했으나 2020년 현재 더 이상은 하고 있지 않다. 거의 40년 동안 대를 이어가며 수행되어온 이 국제 공동 프로그램은 해저 시추를 통해 지구의 작동 메커니즘과 진화를 규명하고 미래를 예측하고자 하는 원대한 목적을 갖고 있다. 이 프로그램에서 운영하고 있는 대표적인 시추선들이 미국에서 제작한 조이데스 레졸루션^{Joides Resolution}호(이하 JR)와 일본에서 제작해서 국제 사회에 기부한 지큐^{ちきゅう}호이다.

　나는 2005년 JR에 승선했던 경험이 있다. 내가 참여했던 탐사의 목적은 해양 지각을 뚫고 들어가 하부 지각 시료를 채취하는 것이었다. 해양 지각은 크게 보아 상부와 하부 지각으로 구성되어 있는데, 그때까지 모호는커녕 하부 지각을 뚫고 들어간 적도 없었다. 당시 JR는 하부 지각의 깊이가 가장 얕다고 추정된 지역에서 두 달씩 세 번의 항해로 구성된 6개월간의 긴 시추 작업을 통해 하부 지각에 도달한다는 계획을 갖고 있었다. 내가 참여했던 탐사는 하부 지각으로 뚫고 들어갈 수 있을 것으로 예상된 세 번째 항차였다.

미국의 조이데스 레졸루션호

일본의 지큐호

2005년 당시 나는 학위 논문을 제출하고 최종 통과를 기다리던 상황이었기에 아직 장래에 불확실성이 많았다. 하지만 어렵게 잡은 IODP 탐사에 참여할 기회를 놓치고 싶지는 않았다.

　　JR는 멕시코의 아카풀코에 정박하고 있었고, 나는 여기 합류하기 위해 인천을 출발하여 LA, 멕시코시티를 경유하는 긴 비행 일정을 소화해야 했다. 아카풀코행 국내선에 탄 채로 내려다본 멕시코시티는 고층 건물이 거의 없이 저층 건물만 빡빡하게 들어찬 모습이 장관이었다. 이전에 봤던 어느 도시와도 이미지가 달랐다. 멕시코시티가 고원 지대이기 때문일 것이다. 출항이 급작스레 앞당겨지는 바람에 아카풀코에서 새벽에 내리자마자 바로 승선했고, 인원 점검이 끝나자마자 JR는 바로 시추 지역을 향해 출항했다. 해황이 좋은 적도 지방이었기에 항해는 순조로웠고 시추 지역에 금방 도착했다. 탐사팀은 화성암석학, 변성암석학, 그리고 구조지질의 3개 조로 이루어졌고 나는 화성암석학 조에 속해 암석 기재를 하게 됐다. 올라온 시추 코어를 육안으로 관찰하여 양식에 맞게 기재하고 박편*이 만들어지면 현미경 기재를 하는 임무였다. 화성암석학 조에는 리더인 미국인 데이브 크리스티 교수를 필두로 영국 과학자, 두 명의 독일 과학자, 다수의 일본 과학자 그리고 내가

● 암석이나 광물을 현미경 관찰이 용이하도록 0.02~0.03mm로 연마하여 슬라이드 글라스와 커버 글라스 사이에 넣고 봉한 시료

속해 있었다.

새로 올라오는 시료들은 물론, 이전 두 차례의 항해에서 채취된 시료들을 계속 관찰할 수 있는 기회가 주어졌다. 막 시추된 해양 지각을 직접 관찰할 수 있는 매우 좋은 기회였다. 학회에서 만나 안면이 있었던 크리스티 교수에게 암석 기재와 현미경 관찰에 대해 많은 것을 배울 수 있었던 것이 기억에 남는다. 바쁜 일정이었지만 크리스티 교수는 내 학위 논문의 일부를 직접 읽고 날카로운 코멘트를 해주기도 했고 나는 많은 가르침을 받았다. 두 달에 걸친 긴 탐사였고 유일한 한국인이었던 나는 고독할 수밖에 없었으나 큰 어려움 없이 잘 생활했던 걸로 기억난다. 네 명이서 한 방을 쓰고 화장실과 샤워장은 여덟 명이 같이 써야 하는 불편한 환경이었으나, 주어진 상황에 적응하는 데 많은 시간이 걸리진 않았다. 프랭클린호 탐사 경험이 많은 힘이 되었음은 물론이다.

동일한 일이 반복되는 지루한 일정이었으나 하부 지각에 도달한다는 명확한 목적이 있던 탐사였기에 코어가 올라올 때마다 긴장감이 감돌았다. 이를 완화시켜준 것은 흥미롭게도 음악이었다. 록 음악의 마니아였을 시추 기술자가 코어가 올라올 때마다 하드 록Hard Rock의 유명한 기타 리프를 틀어주었던 것이다. 예를 들어 딥 퍼플Deep Purple의 〈Smoke on the Water〉나 레드 제플린Led Zeppelin의 〈Whole Lotta Love〉 같은 곡이 경쾌하게 흘러나오면 시추 코어가 올라온다는 신호였다. 우리는 경쾌한 기타 리프riff와 함께 새로운 시료를 맞이할 수 있었다.

하부 지각이 가까울수록 해양 지각을 구성하는 광물 입자의 크기가 커져가는 것을 관찰하며 우리는 이제나저제나 하며 하부지각을 구성하는 주 암석인 반려암이 올라오기를 기다렸다. 그러던 어느 날 예상 깊이인 약 1,400m 지점에서 마침내 반려암이 시추되어 올라왔다. 과학적 예측과 실제 얻어진 결과가 일치하는 것을 현장에서 목격하는 것은 큰 기쁨이었다. 그 전에 드릴 비트가 망가지는 등 많은 우여곡절을 겪었으나 마침내 하부 지각 시추에 성공한 것이다. 이 결과는 2006년 5월 《사이언스》에 게재된 바 있다.

지구 내부를 직접 관찰하고자 하는 시도는 하부 지각을 뚫고 들어간 정도의 깊이에 머물러 있다. 지각과 맨틀의 경계인 모호는 인간이 현장에서 직접 뚫고 들어가보지 못한 채로 남아 있다. 그러나 인류는 과학적 추론을 통해, 직접 관찰하는 것보다 훨씬 더 풍부하게 지구 내부에 대해 알아낼 수 있다.

성공적인 해저 시추를 마치고 JR는 파나마 운하를 통과해서 우리를 파나마 시티 근처 발보아에 내려주었다. 파나마 해협을 통과하기 위해서는 입구에 있는 아메리카의 다리를 지나야 하는데 시추탑이 다리 아래를 스치듯이 통과하는 모습이 아슬아슬했다. 우리 탐사대는 탐사의 성공을 알리기 위해 JR 앞에 "We freed Gabbro"라고 쓰인 플래카드를 내걸고 파나마 운하를 지나갔다. 나는 파나마 시티에서 뉴욕으로 날아가 2006년 1월 1일 새해를 맨해튼에서

We freed Gabbro!

맞았다. "반려암을 해방"하고 맞이한 새해의 감회는 이루 말할 수 없다.

일본 미라이호 승선기
: 발파라이소와 이슬라 네그라의 추억

2009년 2월 인천공항을 출발해 LA를 경유하여 남태평양의 타히티로 날아갔다. 타히티의 파피티항에 정박해 있던 일본의 해양 탐사선 미라이(みらい)호에 승선하기 위해서였다. 미라이호는 타히티에서 출항해 각종 해양 지질 및 지구 물리 탐사를 수행하면서 남태평양을 횡단한 다음, 칠레 연안에 이르러 칠레 중앙 해령을 탐사하고 다시 북쪽으로 뱃머리를 돌려 칠레 서부 연안을 따라 올라가 마지막으로 쁘띠 스팟이라는 독특한 화산체^{volcanic edifice}•를 탐사하는 것을 목적으로 하고 있었다. 탐사 종료 후 미라이호는 칠레의 태평양 쪽 관문인 발파라이소^{Valparaíso}항으로 입항했다. 나는 발파라이소항에서 2박 3일 동안 머무른 다음 산티아고에서 비행기를 타고 뉴욕을 경유해 한국으로 돌아왔다. 거의 두 달에 육박하는 긴 여정이었다. 내가 미라이호에 승선한 이유는 중앙 해령이 대륙판 아래로 섭입해 들어가는 독특한 환경인 칠레 중앙 해령 탐사에 참여하기 위해서였다. 칠레 중앙 해령의 독특한 환경과 한국에서 가장 멀리 떨어진 중앙 해령이라는 어려운 접근성이 나를 이 기나긴 탐사에 참여하게끔 만든 강력한 동기로 작용했다.

• 화산분출물이 화구 주변에 쌓여서 만들어진 산체

미라이호는 일본 최대 규모의 일반 해양 탐사선으로서, 규모는 8,000t급이다. 당초 원자력 엔진을 장착한 군함으로 건조되었으나 원자로에 수리 불가능한 결함이 발견되어 군함으로는 이용할 수 없게 되었다. 그래서 대안으로 나온 것이 과학적 탐사를 수행하는 해양 탐사선으로 개조하는 것이었는데, 이를 위해 원자로가 위치한 배의 중앙부를 통째로 잘라내고 앞뒤를 이어 붙인 다음 일반 엔진을 장착했다. 그런데 이 개조 작업에 새로 배를 만드는 것보다 더 많은 비용이 들었다고 한다. 이 배가 완성됐을 때 일왕 내외가 직접 방문했다고 하니, 일본에서 미라이호가 가진 위상을 짐작할 수 있다. 회의실 뒤편에는 하얀 의자가 하나 놓여 있는데, 일왕 내외가

일본 최대 규모의 해양 탐사선 미라이호

방문했을 때 앉았다는 설명이 붙어 있었다. 이 의자에 일반인이 앉으면 안 되는 것이냐고 물었더니 그렇지는 않다고 했다. 그렇다고 일부러 앉아보고 싶은 건 아니었기에 나는 앉지 않았다.

    탐사대는 주로 일본의 여러 대학과 연구소 소속의 다양한 전공을 가진 교수와 연구원들로 구성되어 있었는데, 일본인이 아닌 대원으로는 칠레 교수 한 명, 칠레 학생 둘, 브라질 학생 둘 그리고 한국인인 내가 있었다. 칠레 교수는 일본에서 박사를 마치고 돌아간 일본통이었다. 해저 시추 프로그램 탐사에서 만났던 친구이기도 했다. 칠레 학생 둘은 칠레 교수의 추천으로 승선했고, 브라질 학생 둘은 브라질에서 교수 생활을 하는 일본인 교수가 데리고 왔다. 칠레 남단에서 발파라이소까지 가는 뱃길은 칠레의 배타적 경제 수역Exclusive Economic Zone, EEZ●이기 때문에 나중에 푼타아레나스 근처에서 정부 참관인이 한 사람 승선했다. 40여 명에 달하는 탐사대원 중 외국인은 일곱 명이었다.

    지구과학이라는 학문은 연구 자체도 흥미롭지만 여행을 통해 다양한 문화를 체험할 수 있다는 장점이 있다. 근대 지질학을 확립한 찰스 라이엘Charles Lyell도 북아메리카 대륙을 여행하고 지질 조사 기록과 함께 미국 문화에 대한 기행문을 남겼다. 찰스 다윈도 『비글호 항해기』에 남아메리카 사람들의 생활과 문화에 대한 관

● 해양법에 관한 국제 연합 협약에 근거해서 설정되는, 경제적인 주권이 미치는 수역

찰과 생각들을 기록하고 있다. 나는 미라이호에 승선하기 이전에도 호주 탐사선인 프랭클린호, 해저 시추 프로그램의 시추선 조이데스 레졸루션호에 승선했던 경험이 있었다. 이후에도 미국의 놀^{Knorr}호, 프랑스의 라탈랑테$^{L'Atalante}$호 등 다양한 배에 승선했다. 탐사 참여를 통해 과학적 성과를 얻을 수 있었던 것은 물론, 여행을 통해 주어진 문화 체험으로 시야를 넓힐 수 있었다.

파피티항 출항 후 적도 태평양에서는 평온했던 해황은 고위도로 갈수록 점점 거칠어졌다. 그러나 미라이호는 태풍을 비롯한 온갖 악천후 속에서도 탐사를 진행할 수 있도록 중심을 잡아주는 횡동요 방지 장치$^{Anti-rolling\ system}$를 갖춘 배였기 때문에 흔들림은 다른 배에 비해 훨씬 덜했다. 미라이호는 온갖 종류의 해양 장비와 바다 위에서 즉각적으로 실험을 할 수 있는 다양한 실험실들도 갖추고 있는, 일본이 세계에 자랑할 만한 배였다. 계획대로 순조롭게 탐사가 진행되는 가운데, 한 가지 느낀 점이 있었다. 시간이 지날수록 일본인은 한국인에 비해 선내 생활에 있어서나 탐사 방법에 있어서나 더 격식을 중시한다는 인상이었다. 식당에 들어갈 때는 반드시 목둘레에 옷깃이 있는 옷을 입어야 했으며 선장, 수석 연구원, 일등 항해사, 기관장 등은 반드시 정해진 자리에 앉았다. 한국 탐사선의 식당은 일본에 비해 자유분방한 편이며 내가 경험한 다른 나라의 배들도 다 그러했다. 또한 미라이호에서는 시료 채취를 위해 장비를 바닷속에 투하했다 건져 올릴 때마다 작은 종교 의식을 거행하

기도 했다. 한국 탐사선은 물론 다른 나라의 배들에서도 의식을 거행하는 것은 보지 못했다. 일본이 전통적으로 다양한 신$^{神, かみ}$들을 섬기는 나라이기 때문일까?

무엇보다 가장 기억에 남는 것은 결국 음식 문화였다. 긴 탐사 기간 동안 미라이호의 주방에서는 정성스럽게 조리된 매우 수준 높은 음식을 제공했다. 나는 일본과 음식 문화의 많은 부분을 공유하고 있는 한국인이어서인지 만족도가 매우 높았다. 특히 일본식 된장국인 미소가 매우 좋았다. 식사 때마다 추가로 미소를 더 떠 와서 먹었던 것 같다. 그러나 동승했던 칠레인들의 반응은 달랐다. 초기에는 처음 보는 다양한 일본 음식들을 신기해하며 잘들 먹었지

칠레인들의 소울 푸드, 마라케타

만 점차 일본 음식에 질려가는 모습을 관찰할 수 있었다. 미소도 초기에만 먹을 뿐, 시간이 흐르자 손도 대지 않게 되었다. 칠레인들은 무엇보다 '빵'을 원했다. 그러나 일본 주방장의 권위와 자부심은 대단해서 식당에서는 자신이 세팅한 음식에서 벗어나는 것을 용납하지 않았다. 빵은 물론 하루 세 끼 외에 추가로 어떤 음식도 제공하지 않았다. 한국을 비롯한 다른 나라의 배에 타면 간식 시간도 있고, 주방에 가면 빵을 포함해 다양한 먹을 것들이 구비되어 있다는 걸 고려하면 확실히 다른 모습이었다. 칠레 학생들은 식당에 최소한 시리얼이라도 비치해 두었다면 이렇게 힘들지 않을 것이라고 투덜대기 시작했다. 그들은 특히 마라케타^{Marraqueta}•라는 빵을 절실히 원했다. 칠레인들이 가장 많이 먹는 빵이라고 한다. 한국인들이 빵만 먹고 살 수 없듯, 칠레인들도 밥만 먹고는 견딜 수 없었던 것이다.

미라이호는 계획된 탐사를 완수했다. 거친 해황과 시간 부족 때문에 어려움이 있었지만 나는 칠레 중앙 해령에서 중요한 시료들을 얻을 수 있었다. 미라이호가 마침내 발파라이소항에 정박하자 내국인으로서 특별한 수속이 필요 없는 칠레인들은 탈출하듯 배에서 내렸다. 그들의 음식을 먹고 싶었던 것이다. 마라케타를 사먹고 돌아온 칠레 학생들의 표정에서 깊은 만족감이 느껴졌다.

• 밀가루, 소금, 물과 이스트로 만드는 빵으로, 칠레의 주식

미친 듯한 항구의 냄새가

발파라이소에서 난다,

그늘의, 별들의 냄새

그리고 물고기 꼬리의 냄새.

잡초 무성한 언덕으로 오르는

너덜너덜한 계단 위에서

가슴은 전율한다.●

일본 탐사대와 나는 입항한 다음 날에야 입국 수속이 완전히 끝나 하선할 수 있었다. 나를 제외한 다른 탐사대원들은 모두 발파라이소에 인접한 신도시 비냐 델 마르^{Vina del mar}로 이동했다. 그러나 나는 구도시인 발파라이소에 홀로 남기로 했다. 역사를 간직하고 있는 발파라이소에 더 많은 관심이 갔던 탓이다. 그리고 나는 발파라이소에서 그리 멀지 않은 이슬라 네그라^{Isla Negra} 해변에 가보고 싶었다. 이슬라 네그라에는 시인 파블로 네루다^{Pablo Neruda}가 가장 사랑했고, 오래 살았으며, 가장 많은 작품을 썼던 집이 있기 때문이었다.

나는 우연히 보게 된 영화 〈산티아고에 비가 내린다〉를 통

● 파블로 네루다, 〈발파라이소의 시계공 돈 아스테리오 알라르콘에게〉, 『충만한 힘』, 정현종 옮김, 문학동네, 2007

해 칠레 시인 파블로 네루다를 처음으로 알게 됐다. 선거로 당선된 사회주의 성향의 대통령 아옌데$^{\text{Salvador Allende}}$의 정치 실험이 피노체트$^{\text{Augusto Pinochet}}$의 쿠데타에 의해 좌절되는 과정을 생생하게 그린 이 영화는 이슬라 네그라 자택에서 사망한 네루다의 장례식에서 칠레인들이 울분을 토하는 장면과 함께 끝난다. 이 영화를 통해 나에게 형성된 네루다의 이미지는 저항시인이었다. 그 후 나는 네루다의 번역 시집들을 몇 권 찾아 읽었고 그를 주인공으로 한 소설『네루다의 우편배달부』도 읽었다. 그의 시를 읽으면서 단순한 저항시인이라는 관점에 변화가 생겼고, 특히『네루다의 우편배달부』에서 묘사하고 있는 이슬라 네그라는 매우 인상적이어서 언젠가 꼭 한 번 가 보고 싶었다.

내 눈에 처음 비친 발파라이소는 낡은 항구였다. 쾨쾨한 항구의 냄새가 물씬 했다. 발파라이소의 부두는 규모가 크지 않아 전체가 한눈에 들어올 정도이다. 선석^{berth}도 많지 않아 배가 몰리면 자리가 날 때까지 외항에서 기다려야 한다. 미라이호도 선석이 없어 입항이 늦어질까 걱정을 했던 것이다. 대부분의 항구 도시가 그렇듯 발파라이소도 부두, 부두와 연결되어 있는 큰 도시, 부두를 조망할 수 있는 고지대로 구성되어 있다. 미라이호를 떠나기 전 부두 주변은 치안이 좋지 않으니 혼자 걸어 다니지는 말라는 주의를 들었다. 배에서 함께 생활했던 칠레 정부 참관인에게 호텔 예약을 부탁했다. 호텔은 발파라이소 항구를 둘러싼 고지대에, 부두에서 걸

발파라이소의 알록달록한 집들이 고지대 언덕을 가득 메우고 있다

어갈 수 있는 거리에 위치해 있었다. 고지대로는 일정한 간격으로 설치되어 있는 케이블카를 타고 올라갈 수 있다. 네루다의 시에 나오는 '언덕을 오르는 잡초 무성한 계단'을 보지는 못했다. 고지대 위는 사람들이 사는 마을이었는데, 공원과 식당, 가게 그리고 군데군데 호텔들이 있었다. 고지대에 위치한 많은 집들이 노란색, 파란색, 분홍색, 초록색 등 단색 계열로 칠해져 있는 것이 인상적이었다. 고지대의 마을은 항구 보다는 치안이 괜찮은 편이라고 한다. 이곳은 항구와 관련된 일을 하는 사람들의 삶의 공간이다.

내가 묵은 호텔은 고풍스러운 큰 저택을 호텔로 개조한 것이었다. 로비가 있고 카운터에서 체크인을 하는 일반적인 스타일의 호텔이 아니었다. 호텔에 살고 있는 주인이 호텔을 마치 하숙집과도 같이 운영하고 있었다. 식당을 포함한 거실의 고전적인 내부 장식이나 방에 놓인 고풍스러운 침대와 가구들이 부유한 저택 같은 분위기를 자아냈다.

방을 배정받고 짐을 정리한 다음 나는 호텔 주인에게 이슬라 네그라로 가는 방법을 물었다. 호텔 주인은 아주 쾌활한 금발의 할머니였다. 주인 할머니는 매우 서툰 영어로 이슬라 네그라는 이미 늦은 오후인 오늘 가기에 너무 멀다면서 발파라이소에도 호텔에서 그렇게 멀지 않은 곳에 네루다의 집이 있으니 그곳을 먼저 가보라고 했다. 네루다는 산타아고, 발파라이소, 이슬라 네그라에 세 채의 집을 소유하고 있었다는 것이다. 지도상으로 볼 때 발파라이소의 네루다 집은 호텔에서 약 6km 정도 떨어져 있었다. 버스를 한 번은 타야 하는 거리였다. 걸어가면 1시간은 족히 걸릴 것 같았지만 나는 걸어가기로 했다. 걸어가면서 칠레인들의 삶의 모습을 보고 싶었던 것이다. 원색으로 칠해진 시멘트 집, 벽돌집, 작은 가게들을 지나 마침내 네루다의 발파라이소 집에 도착했다. 네루다의 집은 5층 건물인데 현재의 모습은 집이라기보다는 사진과 경력을 전시한 기념관 같은 느낌이 강했다. 1층에서는 자신의 시를 낭송하는 네루다의 영상이 나오고 있었고 네루다의 시집을 판매하고 있었다. 꼭대

발파라이소에 남은 파블로 네루다의 집

기 층에서 보이는 발파라이소항과 태평양은 무척이나 아름다웠다. 전해 들은 바에 따르면 산티아고의 생활에 지친 네루다가 평소 사랑하던 발파라이소에서 조용하게 시를 쓰는 데 전념하기 위해 지은 집이라고 한다.

  네루다의 집을 관람한 후 밖으로 나오니 근처에 아주 작고 허름한 빵집이 보였다. 들어가 보니 마침 '마라케타'를 팔고 있었다. 가격이 한국 돈으로 몇백 원 수준으로 매우 저렴했다. 마라케타는 생김새와 맛 모두 모닝빵과 같이 평범했다. 미라이호에서 제공했던 호텔급의 산해진미를 다 마다하고, 이 평범한 빵을 칠레인들은 그토록 갈구했던 것이다.

1시간 이상 다시 걸어서 호텔로 돌아가자니 이제는 너무 힘들어 버스를 타고 싶었다. 그러나 어디서 어떤 버스를 타야 할지 너무 막막했다. 마침 지나가던 아저씨에게 버스 타는 법을 물었는데 그는 영어를 단 한마디도 못 하는 것 같았다. 남아메리카 여행을 위해서는 생활 스페인어 몇 마디 정도는 알고 있는 것이 편리하다. 나는 지도를 꺼내 손가락으로 내가 묵고 있는 호텔의 위치를 가리키면서 버스라는 단어를 반복하는 것 외에는 설명할 방법이 없었다. 그 아저씨는 답답한 듯 조금 망설이더니 나에게 따라오라는 손짓을 했다. 아저씨는 버스 정류장에서 멈추어 섰고 버스가 올 때까지 꽤 오랜 시간 아무 대화도 없이 나와 함께 기다렸다. 마침내 버스가 오자 아저씨는 운전기사에게 뭔가 이야길 한 다음 내게 손 인사를 하고 자기 갈 길을 가버렸다. 내가 지도로 가리켰던 목적지를 운전사에게 말해준 것이 분명했다. 운전사는 나를 무사히 목적지까지 데려다주었다. 우연히 만난 칠레 아저씨와 운전사의 호의는 지금 생각해도 마음을 푸근하게 한다.

　　호텔에 돌아온 후 주인 할머니에게 이슬라 네그라로 가는 법을 좀 더 자세히 물었다. 영어에 서툴렀던 주인 할머니는 답답해하면서도 손짓 발짓을 동원해 열심히 설명을 해주었다. 예상보다 가는 길은 복잡했다. 발파라이소에서 버스를 타고 2시간 이상을 가야 했는데 버스 정류장은 시내에 있었고 정류장까지 가기 위해서는 케이블카를 타고 언덕을 내려가 꽤 오랫동안 걸어야 했던 것이다. 하지만 나는 가는 길을 확실히 이해했다고 믿었다.

다음 날 아침 이슬라 네그라로 출발하기 전 식당에서 아침을 먹는데 주인 할머니가 식사 중이던 투숙객들에게 영어를 아는 사람이 있느냐고 물었다. 내 옆 테이블에서 식사를 하던 젊은 남녀가 바로 손을 들었다. 할머니는 자신이 스페인어로 이슬라 네그라로 가는 법을 설명할 테니 나에게 영어로 통역을 해줄 것을 그들에게 부탁했다. 주인 할머니는 전날 밤 설명한 내용을 내가 이해하지 못했을까 봐 걱정하고 있었던 것이다. 할머니의 설명을 듣고 여성이 내게 전달하려는데, 나는 내가 먼저 말해볼 테니 혹시 잘못된 곳이 있으면 지적해달라고 했다. 내 설명을 다 들은 여성은 완벽하다며 고개를 끄덕였다. 몇 개의 단어와 몸짓만으로도 기본적 의사소통에 큰 문제는 없었던 것이다. 나는 이 남녀와 아침을 먹으며 좀 더 대화를 나누었다. 이들은 프랑스인으로 모국어인 프랑스어는 물론 스페인어와 영어도 유창하다고 했다. 이들은 산티아고에 있는 프랑스계 회사에서 일하는 직장 동료였고 주말에 발파라이소로 함께 놀러 온 것이었다. 주말에는 남아메리카 이곳저곳을 여행 다닌다고 했다.

할머니가 알려준 방법을 따라 이슬라 네그라에 무사히 도착했다. 사진으로만 봤던 물고기 모양의 원형 조각물과 별 모양 나무 거치대에 걸려 있는 종들이 눈에 들어오니 내가 정말 네루다의 집에 왔다는 실감이 들었다. 그런데 입구 근처에 놓인 작은 기차는 예상치 못한 발견이었다. 마침 네루다의 집 가이드 투어가 시작되고 있기에 자연스럽게 참여해 이것저것 설명을 들을 수 있었다. 가이드에 따르면 바다를 사랑했던 네루다는 바다를 항해하는 기분이 들도록 집을 설계했다고 한다. 바다를 향해 큰 창이 나 있는 네루다의 집필실은 배의 선교와 비슷해서 그 안에 있으면 마치 항해하는 것 같은 느낌이 들었다. 그는 이 집필실에서 바다 느낌이 나는 초록색 잉크로 시를 썼다 한다. 그의 시를 적지 않게 읽었지만 바다 냄새를 그다지 느끼지 못했던 것은 내 독서가 부족한 탓이었으리라.

    그는 바다와 관련된 다양한 물건들을 수집하는 취미를 갖고 있었는데 특히 다양한 조개껍데기 컬렉션이 인상적이었다. 어느 날 해변으로 흘러들어 왔다는 배의 파편을 그가 직접 갈고 다듬어 만들었다는 작은 테이블도 기억에 남는다. 네루다는 바다의 숨결을 간직한 이 테이블에 앞에 앉아 바다를 바라보며 커피를 마셨을 것이다. 집 안에 비치된 바다 관련 형형색색 컬렉션들과 바다의 여신 같은 조각은 동화적인 분위기를 자아냈다.

    네루다는 상업적으로 상당히 성공한 시인이었다고 한다. 특히 그가 20대 초반에 출판한 『스무 편의 사랑의 시와 한 편의 절망의 노래』는 남아메리카 전역은 물론 유럽에서도 베스트셀러였다는 것. 기차 운전사였던 네루다의 아버지는 아들이 시 쓰는 것을 무척 싫어했는데 아버지 몰래 가명으로 출판한 시집이 베스트셀러가 됐던 것이다. 그렇지만 집 옆에 놓여 있던 기차는 이 아버지를 추모하기 위한 것이라고 하니 아버지에 대한 애정은 깊었던 모양이다.

이슬라 네그라에 위치한 네루다의 집 앞에 설치된 조형물

배와 기차는 인생의 많은 시간을 때론 외교관으로, 때론 망명으로 세계를 방랑했던 네루다의 삶을 충분히 상징하는 것 같았다.

  암석과 모래 사장이 아름답게 조화를 이루고 있는 이슬라 네그라 해변은 참으로 아름다웠다. 나는 해변의 암석 위에 앉아 망망한 태평양을 바라봤다. 내 고향은 저 태평양 반대편에 있었다. 돌아갈 시간이 되어 해변 밖으로 걸어 나오다 얼떨결에 벌에 쏘였다. 『네루다의 우편배달부』에 묘사된 대로 벌이 무척 많았던 것이다. 다행스럽게도 손바닥을 쏘여서 그다지 고통스럽지는 않았다. 그런데 내 주변의 한 여성은 불행히도 얼굴을 쏘였다. 너무도 고통스러워 흘러나오는 눈물을 주체하지 못하면서도 미소를 잃지 않던 모습

3장_거친 파도 위의 방랑자

이 기억에 난다.

　　호텔로 돌아오니 주인 할머니가 기다렸다는 듯이 나를 반갑게 맞았다. 나와 대화할 수 있는 좋은 방법을 찾았다며 복도에 놓인 컴퓨터 앞으로 나를 데리고 갔다. 컴퓨터에는 구글 번역기가 띄워져 있었다. 할머니는 구글 번역기에 스페인어를 입력해 영어로 번역해 보여줬다. 나는 영어로 입력해 스페인어로 번역해서 대답했다. 할머니는 다음 날 일찍 산타아고에 갈 일이 있으니 자신의 차로 택시비보다 훨씬 저렴한 가격으로 공항까지 데려다주겠다고 했다. 나는 가는 길에 발파라이소 시내 구경도 시켜달라고 했다. 할머니는 흔쾌히 승낙했다.

　　다음 날 아침 발파라이소 시내를 여기 저기 돌아다녔는데 할머니는 "This is Valparaíso!"를 연발했다. 1시간도 안 되는 짧은 시간 동안 이 이외에 어떤 설명이 가능할까? 직접 보이는 것을 넘어 한 도시의 역사적 층위를 이해하기 위해서는 많은 사전 지식이 필요하니 말이다. 나중에 알게 된 것이지만 발파라이소는 '천국의 골짜기'라는 뜻이라고 한다. 처음 이 장소를 발견한 사람이 아름다운 경관에서 천국의 느낌을 받은 모양이다. 그러나 다른 여느 도시가 그러하듯, 천국보다는 고된 삶의 흔적이 새겨진 지상의 거처로서의 모습이 훨씬 두드러져 보였다.

　　발파라이소를 벗어나 산티아고로 가는 길 주변은 온통 와인 나무들이었다. 와인은 구리 광산과 더불어 칠레 경제를 떠받치는 기둥인 것이다. 같이 차를 타고 가는 길에 할머니와 칠레 와인부터 가족사 그리고 칠레 정치에 이르기까지, 많은 대화를 나눴다. 구글 번역기의 도움을 받을 수 없었지만 나는 그가 하고자 하는 말을 이해할 수 있었고 그도 내 말을 이해하는 듯했다. 할머니의 아버지는 프랑코 정권 때 독재를 피해 칠레로 이주해 온 스페인 사람이었다고 한다. 1930년대 중반 스페인 시인 로르카^{Federico García Lorca}가 프랑코 정권에 의해 살해당한 것에 충격을 받은 네루다는 스페인 사람들이 칠레로 이주하는 것을 헌신적으로 도왔는데 할머니의 아버지도 당시 이민자 중의 하나였던 것이다. 칠레에 정착 후 칠레 사람인 어머니를 만나 결혼해서 자신을 낳았다고 했다. 할머니는 아주 어렸을 때 네루다가 직접 시를 낭송하는 것을 듣기도 했다고 한다. 할머니에게 아옌데에 대해서 물었는데, 피노체트도 싫어하지만 아옌데도 그다지 긍정적으로 생각하지는 않는 것 같았다. 아옌데의 정책은 현실성이 없었다는 것이다. 미라이호에서 칠레 사람들에게 네루다에서 대해 물으니 그의 시를 좋아하지만 바람둥이 돈 후앙^{Don Juan} 같은 이미지라는 답을 들었던 것이 연상됐다. 직접 보고 느끼는 현실은 어떤 면에서는 추상적 논리보다 풍부한 법이다.

미국 놀호 승선기
: 해양 탐사, 사람과의 만남

2012년 5월 7일 새벽, 나는 런던 개트윅 공항^{Gatwick Airport}에서 버뮤다행 비행기에 몸을 실었다. 버뮤다 세인트조지스^{St. George's}에 정박하고 있는 해양 탐사선 놀호에 승선하기 위해서였다. 이 배는 미국 우즈홀 해양연구소^{Woods Hole Oceanographic Institution, WHOI}의 2,500t급 탐사선으로, 해양 과학 역사에서 중요한 탐사를 여러 차례 수행한 유서 깊은 해양 탐사선이다. 놀호는 버뮤다를 출항해 대서양 중앙 해령을 약 한 달간 탐사하고 포르투갈령 아조레스섬에 입항할 계획이었다. 나는 아조레스섬에서 하선 후 비행기를 타고 포르투갈 리스본으로 이동해 하루를 보내고, 프랑스 파리를 경유해서 귀국하는 일정이었다. 비행기와 배를 번갈아 타면서 대서양을 왕복하는 여정인 셈이다.

이번 탐사는 북극해에서 남극해까지 이어지는 기나긴 대서양 중앙 해령 중 아직 탐사가 많이 진행되지 않은 24~31°N 사이에 위치하는 케인-아틀란티스 단열대• 사이 구간을 탐사할 계획이었다. 단열대란 해양 지판이 쪼개진 곳으로서 중앙 해령은 단열대를 경계로 특성이 바뀌기 때문에 단열대 사이 구간은 중앙 해령의 기

● 단열대는 변환 단층의 일종이다

미국의 해양 탐사선 놀호

본 단위이기도 하다. 중앙 해령에서는 새로운 해양 지각이 형성되는 것이 일반적이지만 케인-아틀란티스 구간에서는 해양 지각은 형성되지 않으면서 단층만이 일어나고 있는 구간들이 있어 새로운 형태의 판 경계로 주목을 받고 있다. 탐사 총책임자는 하버드대학교의 랭뮤어 교수였고, 하버드대학교의 학생과 직원들이 주축 멤버였다. MIT 교수 한 명, 프랑스와 독일의 과학자 각각 한 명 그리고 내가 참여했다. 놀호를 관리하고 있는 우즈홀 해양연구소에서 승조원 외에 기술원 세 명을 파견하여 탐사 실무를 지도했다. 과학 탐사라는 목적에 더해, 대양 탐사 경험이 전무한 학생들을 대상으로 한 교육적 성격이 강한 탐사이기도 했던 것이다.

버뮤다에 무사히 착륙하고 공항 밖으로 나와보니 버뮤다는 구름이 비교적 짙었음에도 대기는 너무나도 청명했다. 푸르른 바다, 청명한 대기 그리고 하얀 산호 이 세 가지가 버뮤다의 첫인상이었다. 그 전까지 내 기억 속에서 '청명한 곳' 하면 하와이였지만, 즉시 버뮤다의 기억이 그 자리를 차지했다. 항구에 도착하니 우즈홀 해양연구소 마크가 선명한 암청색의 놀호가 보였고 랭뮤어 교수를 비롯한 탐사대원 몇몇이 배 옆에 모여 맥주를 마시며 담소를 나누고 있었다. 랭뮤어 교수와 반갑게 인사를 나누고 같이 배로 들어가 방 배정을 받았다. 일단 짐을 놓고 잠시 숨을 돌렸다. 놀호는 내가 도착하고 이틀 뒤, 아침 일찍 출항할 예정이었다. 다음 날 오전에는 대원들이 다 모여 장비 세팅 작업을 함께 했다. 오후에는 버스를 타고 버뮤다의 수도인 해밀턴으로 향했다. 푸른 바다색이 하얀 산호와 어우러지면 매우 신비한 색감을 자아낸다. 서태평양의 산호섬들을 방문한 적이 있지만 숨이 턱턱 막힐 정도로 습한 공기 때문에 그 신비감이 반감된다. 버뮤다의 맑고 건조한 공기는 신비한 색감을 더 북돋우어주는 것 같다. 주황색 벽에 하얀색 지붕의 집들도 주변 환경과 너무도 잘 어우러졌다. 마치 동화의 나라에라도 온 듯한 느낌이 들었다. 이 하얀색 지붕에는 빗물을 모으는 기능이 있다고 한다. 섬이라는 환경에 수반되는 물 부족을 해결하기 위해서이다.

나는 새로운 도시에 방문했을 때 그 도시의 상징물을 담은 스노볼을 구입하는 취미를 갖고 있다. 파리의 경우 에펠탑, 뉴욕의 경우 자유의 여신상일 텐데 버뮤다의 청명한 날씨는 어떤 상징물로 표현할 수 있을까? 버뮤다에도 다양한 스노볼이 있었지만 해적 상징물이 가장 눈에 띄어 이걸로 구입했다. 버뮤다도 해적 소굴이었나 하는 생각이 들었다. 좀 더 조사를 해보니 해적들의 약탈 대상이었던 스페인 무역선의 항로와 거리가 있었기 때문에 해적들이 있긴 했지만 주된 근거지는 아니었다고 한다. 해밀턴 시내를 걷다가 항구에 정박해 있는 수많은 요트를 구경하기도 하다가 바다를 보기 위해 해변으로 향했다. 가장 가까운 해변은 엘보 공원이었다. 엘보 해변은 너무나도 아름다운 산호모래 해변이었다. 엘보 해변에서

마치 동화의 나라에 온 듯한 버뮤다의 거리

바닷물에 발을 적시고 걷기도 하다가 저녁이 되어 다시 놀호로 돌아갔다.

그날 저녁 출항 전 전체 회식이 있었다. 처음으로 제대로 상견례를 하는 자리였다. 미국의 배인 놀호에서는 출항부터 하선할 때까지 음주가 철저히 금지되어 있어, 탐사 전 맥주라도 한 잔 하기 위해서는 이 자리가 마지막 기회였다. 몇 가지 가벼운 이야기들이 오갔고, 자연스레 버뮤다 삼각지대도 화제에 올랐다. 랭뮤어 교수는 "우린 현재 버뮤다 삼각지대 밖에 있고 절대 그 해역을 지나지 않으니 걱정할 필요 없어요"라며 웃었다. 버뮤다 삼각지대는 플로리다·푸에르토리코·버뮤다를 잇는 삼각형 내의 해역이고 따라서 꼭짓점인 버뮤다섬 자체는 버뮤다 삼각지대 해역에 포함되지 않는다. 그리고 놀호는 출항해서 버뮤다섬 동쪽으로 이동하니 이 해역을 지나지 않는다는 것을 염두에 둔 농담이었다. 사실 악명만큼 버뮤다 삼각지대에서 해상 사고가 빈번한 건 아니다. 위험도를 나타내는 중요한 지표 중 하나가 국제 해난 보험사들의 보험료율일 텐데, 정말 사고가 잦았으면 당연히 이 해역의 보험료율이 다른 해역보다 높았을 것이다. 하지만 버뮤다 삼각지대를 통과하는 선박에 대한 보험료율이 특별히 높았던 예가 없었다고 하니, 이는 이 해역도 다른 해역과 다를 바 없다는 가장 강력한 증거일 것이다. 나는 루이스 스티븐슨^{Louis Stevenson}의 『보물섬』을 추억하며 럼주를 한 잔 마셨다.

5월 9일 오전, 놀호는 순조롭게 출항했다. 대부분의 대원들이 밖으로 나와 점점 멀어지는 버뮤다섬을 바라보기도 하고 바다를 보기도 하고 사진도 찍으며 말없이 배 여기저기를 거닐었다. 해양 탐사가 처음인 학생들은 기대와 불안감을 함께 느끼고 있었을 것이다. 나 또한 대서양 해양 탐사는 처음이었다. 대서양 중앙 해령은 처음 발견된 해령이고 해저 확장이 처음으로 확인된 곳이기도 해서 역사적인 흥미도 있었다. 생각해보니 대서양 중앙 해령의 구간 중의 하나인 아이슬란드를 방문한 적이 있어서 처음이라고 할 수는 없었겠지만 해양 탐사로 접근하는 것은 좀 다른 차원이었다. 대서양 해저는 유럽과 아메리카 대륙의 분리의 역사를 담고 있다. 보스턴에서 연구 연가를 보낼 때 해안가를 산책하다가 우연히 만난 사람에게 그곳 사람들은 아주 오래 전부터, 그 지역 해안가를 구성하는 돌들이 대서양을 사이에 두고 마주보고 있는 유럽 해안의 것들과 유사하다는 것을 알고 있었다는 이야기를 들었다. 이러한 유사성을 근거로 알프레드 베게너가 대륙 이동을 주장했고, 2차 대전 후에는 대서양 중앙 해령에서 해저 확장이 확인됨으로써 판구조론까지 발전해나갔던 것이다.

출항 후 날씨가 계속 좋았다. 그때까지 바다에서 경험했던 최고의 날씨였다. 서태평양 바다는 잔잔하지만 날씨는 습한 반면, 이곳은 잔잔하면서도 건조하기에 한결 느낌이 좋았다. 옛날에 마젤란이 해협을 통과한 후 처음 태평양을 만났을 때, 대서양을 건널 때에 비해 바다가 잔잔해서 '평화로운 바다'라고 했다는 얘기가 전해진다. 그런데 이때의 대서양은 내가 경험했던 태평양보다 훨씬 해황이 좋았다. 이 얘기를 갑판을 거닐다가 만난 선장에게 했더니, 원래 대서양은 만만치 않지만 이번 탐사가 시기적으로 날씨가 좋은 타이밍에 진행되고 있으니 계속 해황이 좋을 거라고 말했다. 듣던 중 반가운 소식이었다.

이동 항해 중 탐사 준비가 계속되었다. 랭뮤어 교수가 록 코어 설치 및 운영, 드레지 운영, 시료가 올라온 후의 처리법이나 기재의 사용법 등에 대해 매일 하나씩 설명해갔다. 시료 소실을 줄이기 위해 촘촘한 드레지 그물을 짜는 일도 계속됐다. 승조원들과 함께 하는 모의 탐사도 좋은 해황 덕분에 순조로웠다. 본격적인 탐사가 시작되자 3교대 근무가 타이트하게 돌아갔다. 주된 탐사는 드레지와 록 코어를 이용한 시료 채취였다. 그런데 방법은 이전에 경험했던 탐사들과는 달리 좀 더 정교했다. 드레지 위에 초음파 발신기를 장착해서 수신을 통해 드레지 위치를 비교적 정확하게 컨트롤했고 안전 대책들도 정교하게 마련되어 있었다. 당시 남극 중앙 해령 3항차를 준비하고 있었기 때문에 좋은 참고가 됐다. 매일 반복되는 드레지, 록 코어, 시료 전처리로 근무 시간은 바쁘게 보냈지만 그 외의 시간에는 비교적 자유롭게 시간들을 보냈다. 사실 8시간의 근무를 빼면 크루즈 선을 타는 것이나 다름없었다. 배가 작기 때문에 돌아다닐 곳이 많지 않고 문화시설도 부족하지만 그래도 탁 트인 바다를 마음껏 볼 수 있으니 그걸로 충분한 것 아닐까? 다들 쉬는 시간에는 사진도 찍고 운동도 하고 책도 보고 영화도 보고 게임도 즐겼다.

하버드대학교 학부생들은 전공을 정하지 않고 입학해서 2학년 때 전공을 결정하는데, 대다수가 경제학이나 심리학을 지망하지만 매해 20명 정도는 꾸준히 지구과학을 선택한다고 한다. 탐사에 참여한 학부생들도 한 명을 제외하곤 지구과학을 선택한 학생들이었고, 연구실에서 아르바이트 등의 일을 해본 경험이 있었다. 물리학 전공에 지구과학을 부전공으로 한다는 4학년 여학생은 탐사 기간 중 읽기 위해 책을 20권이나 들고 왔다고 내게 말했다. 그 옆에서 듣던 남학생이 그 책 절반 이상은 자기 짐에 넣었다고 투덜대길래 웃음이 나왔다. 그런데 그 남학생의 전공은 지구과학도 물리학도 아닌 비교문학이었다. 아버지는 프랑스인, 어머니는 미국인이며 고등학교까지 프랑스에서 다녔다고 한다. 그래서인지 그의 영어에선 강한 프랑스어 억양이 느껴졌다.

어느 날 그 친구가 항해 중 책을 읽고 있기에 어떤 책을 읽고 있느냐고 물었더니, 에드먼드 윌슨^{Edmund Wilson}이라는 답이 돌아왔다. 나도 오래전 『악셀의 성』이라는 책으로 접했고, 『핀란드 역으로』라는 책도 한국에서 출간되어 국내에도 잘 알려진 작가이다. 이 학생이 비교문학 전공이면서 해양 탐사에 참가한 것은 찰스 랭뮤어 교수와의 인연 때문이라고 했다. 그의 〈How to build a habitable planet?〉이라는 강의를 수강하고 흥미를 느낀 모양이었다. 이 강의는 랭뮤어 교수가 학부에서 가르치는 강의로, 지구를 중심으로 빅뱅에서 인간까지 다양한 이슈를 종합적으로 다루는 강의이다. 그 외에 프랑스 철학에 대한 이야기를 나누기도 했다. 몹시 유쾌한 학생이었다. 지구과학을 전공하지는 않지만 다른 학생들과 전혀 구별되지 않을 정도로 열심히 탐사에 참여했다. 이 학생과 이야기하고 있다 보니 문득 "지구과학이란 학문은 이과와 문과 어느 쪽으로 분류될까"라는 생각이 들었다. 지구과학의 탐구 대상인 지구는 자연환경이기도 하지만 인간 삶의 조건이기도 하다. 이 둘을 분리할 수 있을까? 지구과학의 문제를 천착하면 인간을 만나게 되고, 인간의 삶에 천착하면 결국 지구와 만나게 될 수밖에 없지 않을까?

아조레스섬은 탐사 지역에서 하루 남짓이면 도착할 수 있을 만큼 가까웠기 때문에 탐사는 입항 바로 전날까지도 타이트하게 돌아갔다. 랭뮤어 교수 연구의 출발점이 대서양 중앙 해령 현무암이었기 때문에 마지막까지 조금이라도 더 많은 시료를 얻고자 했다. 해양 탐사는 많은 비용과 자원을 활용하는 일이기에 마지막까지 효율을 높이고자 하는 랭뮤어 교수의 노력은 존경할 만했다. 아조레스는 맨틀의 거대한 상승작용에 의해 만들어진 거대한 화산체로서 대서양 중앙 해령에 큰 영향을 미친다. 아조레스섬에 가까워질수록 현무암의 특성이 변해가는 걸 관찰하는 것도 흥미로웠다. 이 탐사는 지금까지 내 경험에서 중앙 해령 시료 채취에 있어서는 최고의

록 코어 작업을 준비하는 랭뮤어 교수와 학생들

효율을 보여준 탐사였다. 탐사 준비가 잘되어 있었고 팀워크가 좋았다. 학생들에게도 좋은 경험이었을 거라고 생각한다.

마침내 모든 시료 채취가 끝나고 아조레스섬으로 이동 항해를 시작했을 때 엄청난 돌고래떼가 나타났고 모두들 배의 앞 갑판에 모여 돌고래를 구경했다. 밤이 되자 멀리서 아조레스섬의 불빛이 보이기 시작했다. 6월 11일 오전 아조레스에 입항했다. 기나긴 탐사였다. 원래 무인도였던 아조레스섬은 포르투갈에서 1427년에 발견했다고 한다. 콜럼버스의 항해가 있었던 1492년보다 65년 전의 일이니 이 섬에서 조금만 더 서쪽으로 항해했으면 포르투갈이 아메리카 대륙에 먼저 도달했을지도 모를 일이다. 그 이후 포르투갈에서 꾸준히 이주가 이루어졌고 아메리카 대륙과의 교류가 활성화되면서 중간 경유지로서 각광을 받았다고 한다. 입항 후 아조레스에서 하루의 시간이 있었다. 당시 아조레스의 경제 상황은 좋지 않았고 그래서인지 조용하고 쓸쓸한 느낌이 들었다. 자연경관이 수려한 화산섬으로 소문났지만 멀리 관광을 나갈 만큼 시간적 여유

옛 탐사 동료, 알바로 핀투가 안내해준 코메르시우 광장

가 없었다. 그날 저녁 멋진 식당에서 전체 회식을 했고 모두들 오랫동안 마시지 못했던 와인과 맥주를 들이켰다. 회식이 끝나고도 못내들 아쉬웠는지 구멍가게 앞 의자에 앉아 밤늦게까지 맥주를 마셨다. 다들 술에 취해 건들거리며 먼 길을 걸어 놀호로 돌아오던 기억이 생생하다.

다음 날 탐사대 모두 뿔뿔이 흩어지고 6월 13일 나는 리스본으로 날아가 10년 전 프랭클린호의 룸메이트 알바로 핀투를 만났다. 한국을 떠나기 전 알바로에게 메일을 보내 리스본에서 만날 수 있는지 여부를 물었고 탐사 기간 중 답장을 받아 약속을 잡을 수 있었다. 알바로는 파푸아뉴기니에서 헤어진 바로 그해 한국을 방문했고 같이 서울 관광을 한 적이 있었다. 그 이후 포르투갈이 월드컵에서 선전할 때 메일을 주고받긴 했지만 만날 기회는 없었다. 호텔 체크인을 하고 로비에서 그를 기다렸다. 로비에 나타난 알바로를 봤을 때 세월의 흐름을 직감할 수 있었다. 마지막으로 만난 후 10년이 흘렀던 것이다.

그는 나를 코메르시우 광장으로 데려갔다. 코메르시우 광장은 대서양으로 흘러나가는 테주^{Tejo}강 어귀에 위치한 대규모 광장이다. 사각형 모양의 대규모 광장이 궁정 스타일의 건물로 둘러싸여 있는 모습은 장관이었다. 광장을 거닐면서 리스본에서 항해 지식을 습득했던 콜럼버스에 대한 이야기도, 리스본 대지진으로 파괴된 도시의 재건에 탁월한 리더십을 보여준 폼발 후작에 대한 이야기도,

이 광장의 오래된 카페를 드나들며 작품을 썼던 작가 페르난두 페소아에 대한 이야기도, 그리고 당시 경제난에 빠져 있던 포르투갈의 뜨거운 이슈였던 연금에 대해서도 이야기를 나누었다. 그리고 테주강 하구가 훤히 보이는 언덕의 포르투갈 식당에서 점심을 먹었다. 이 언덕에서 리스본을 드나드는 모든 배를 볼 수 있다고 한다. 리스본은 천혜의 항구였던 것이다. 리스본에서 왜 대항해 시대가 열렸는지 이해할 수 있었다. 저녁엔 알바로의 가족과 같이 식사를 하고 그 유명한 포르투갈의 200년 전통의 빵집에서 에그 타르트를 먹었다. 길었던 대서양 탐사도, 탐사를 함께한 새로운 만남도, 알바로와의 반갑고도 즐거웠던 짧은 재회도 끝났다. 다음 날 아침, 파리를 경유해 집으로 돌아가기 위해서 비행기에 몸을 실었다.

프랑스 라탈랑테호 승선기
: 선상 파티로의 초대

호주와 남극 사이의 남극해 해저에는 호주-남극 부정합이라는 독특한 지역이 존재한다. 이 지역은 인도양 한복판에서 시작해 호주와 남극 대륙 사이를 가르는 남동인도양 중앙 해령의 한 구간인데 일반적인 중앙 해령 구간들과 매우 다른 독특한 특성들을 갖고 있다. 간단한 예를 몇 가지 들면 이 구간의 수심은 다른 중앙 해령 구간들에 비해 비정상적이라고 할 만큼 깊으며 지형 또한 여느 중앙 해령 구간과 달리 매우 불규칙적이다. 이러한 '비정상적' 특징들은 과학자들에게 그 아래에 '뭔가 있다'라는 강력한 암시를 주기에 충분했다. 따라서 그 '뭔가'를 찾기 위한 연구가 진행되었고, 그 결과 이 구간을 경계로 서로 다른 기원의 두 가지 유형의 맨틀이 만나고 있음이 밝혀졌다.

이 두 가지란 호주-남극 부정합 동쪽에 분포하는 태평양형 맨틀과 서쪽에 분포하는 인도양형 맨틀을 말한다. 암석에는 동위원소비라는 특성이 있어, 마치 생물의 DNA와도 같이 암석의 기원과 역사에 대한 코드를 담고 있는데, 이 두 가지 맨틀은 동위원소비가 서로 다르다. 이는 맨틀 상부에 두 개의 다른 기원의 맨틀이 서로 섞이지 않은 채 독립적으로 대류하고 있다는 것을 암시하는, 맨틀 대류 이해에 매우 중요한 정보이다. 그러나 이 모델에는 아직 불

분명한 점이 많다. 가장 큰 문제는 역시 데이터 부족이다. 이 모델이 만들어질 당시에도 데이터는 매우 부족했고 아직까지도 데이터가 충분하다고 볼 수 없는데, 남극권 해역은 남극의 여름인 12월에서 2월까지의 제한된 기간에만 탐사가 가능해 데이터 획득이 어렵기 때문이다. 데이터가 더 많이 축적되고 연구가 더 진행되면 이 모델은 대폭 개선되거나 새로운 모델로 대치되어야 할지도 모른다. 현재까지 아라온호 탐사로 이 지역을 탐사해서 자료를 조금씩 모아가며 연구를 진행해온 것도 이런 이유 때문인데, 큰 결실도 있었지만 앞으로도 더 많은 탐사가 필요하며 풀어야 할 문제들도 산적해 있다.

남극권 중앙 해령 연구는 한 나라에서 감당하기엔 규모가 너무 크고, 다양한 전문 분야를 가진 국제적인 과학자들과의 협력이 필요하기 때문에 국제 공동 연구가 필수적인 지역이다. 나는 미국·프랑스의 연구자들과 공동 연구를 수행해왔는데 특히 프랑스의 경우 남극권 중앙 해령 탐사를 장기간 수행해왔기 때문에 탐사 분야에서 협력할 부분이 많았다. 어느 날 프랑스 해양 탐사선 라탈랑테호가 2015년 1월 한 달간 호주-남극 부정합 동편의 중앙 해령과 그 주변 해역의 해저산과 단층들을 탐사하는 일정이 잡혔다는 소식을 알게 되었다. 책임자는 툴루즈대학교에서 일하고 있는 앤 브리야 박사로, 오래전부터 남극권 중앙 해령 연구를 협력해온 동료였다. 이 지역은 아라온호로 탐사했던 호주-남극 중앙 해령의 바로 서편이기 때문에 협력하면 좋은 성과를 낼 가능성이 높았다. 이 해역에

프랑스의 해양 탐사선 라탈랑테호

탐사대원들과 함께 맞이한 선상의 새해 파티

3장_거친 파도 위의 방랑자

분포하는 수많은 해저산들에서 중앙 해령 중심축에서는 파악할 수 없는 맨틀에 대한 정보를 얻을 수 있을지 모른다는 생각이 들었다. 나는 같이 일하고 있는 학생과 함께 라탈랑테호 탐사에 참여하기로 했다. 탐사 대상 지역도 중요했지만 프랑스식 탐사를 체험해볼 수 있는 기회란 생각도 들었다. 개인적으로는 프랑스 음식에 대한 기대도 있었다. 여러 나라의 탐사에 참여해본 사람들 대부분이 프랑스 배의 음식이 최고라고 칭송했기 때문이다. 국제 협력으로 진행되는 해양 탐사는 문화 체험의 기회이기도 하다.

라탈랑테호를 타기 위해서는 태즈메이니아섬의 호바트로 가야 했다. 시드니를 경유해 호바트에 무사히 도착했다. 지인이 소개해준 현지 교민께서 친절하게 차를 몰고 공항으로 마중을 나와주셔서 라탈랑테호로 편하게 이동할 수 있었다. 라탈랑테 탐사대는 모두 외출 중이었지만 당직 중인 승조원의 도움으로 나에게 배정되어 있는 선실을 무사히 찾아갈 수 있었다. 짐을 대충 부려놓고 같이 간 학생과 걸어서 시내로 이동했다. 호바트의 환상적인 날씨에 호화 요트들이 항구에 줄줄이 정박해 있는 모습은 장관이었다. 항구 주변 식당가에서 스테이크 샌드위치로 점심 식사를 했다. 호바트 도착 다음 날은 2014년 12월 31일이었다. 출항은 2015년 1월 1일 오전으로 예정되어 있었다. 출항 전날 가진 탐사대 회식이 2014년의 송년회가 되었다. 회식 후 펍에서 가볍게 맥주를 한 잔씩 마시고 라탈랑테로 돌아왔을 땐 늦은 저녁이었고 새해를 축하하는 폭죽이 여기저기서 터지기 시작했다. 라탈랑테호 선상에서 관람하는 폭죽 행사는 황홀했다.

2015년 1월 1일 오전 라탈랑테호는 순조롭게 출항했다. 탐사 지역까지는 3일이 채 걸리지 않았고 탐사는 바로 시작됐다. 라탈랑테 탐사 항목은 여느 탐사와 마찬가지로 지형 조사, 자력 탐사, 열수 탐사, 암석 시료 채취로 구성되어 있다. 첫 탐사 아이템은 지형 조사와 자력 탐사였다. 일단 지형 자료가 있어야 드레지와 록 코어를 활용하는 암석 시료 채취가 가능하기 때문에 통상적인 순서를 따른 것이기도 했지만 탐사 초기에 해황이 좋지 않아 시료 채취 작업이 힘들었던 탓도 있다. 탐사 시작 후 이틀 동안은 가만히 앉아 있기도 힘들 정도로 배가 흔들리기도 했고 반나절 정도 잠잠한가 했다가 다시 대형 파도들이 넘실거리기도 했다. 탐사 기간이 남극해에서 가장 해황이 좋은 1월이긴 했지만 적도 태평양이나 적도 대서양에 비할 순 없기 때문에 계획 변경과 피항을 각오하지 않으면 안 된다. 수석 연구원은 여러 가지 경우에 대비한 플랜을 갖고 있어야 하며 해황에 따라 탐사 아이템들을 어떻게 배열할 것인지 탐사 기간 내내 고민해야 한다. 프랑스의 경우 국가가 전체적으로 제출된 여러 연구 계획을 평가해서 해양 탐사선들의 효율적인 경로를 잡고 해역별로 배 사용 시간을 할당한다. 탐사선 사용료를 연구자에게 청구하지 않는다는 점이 특징인데, 연구자는 주어진 시간 내에서 상황을 고려해 배를 최대한 효율적으로 운영하면 되는 것이다. 현장에서 융통성 있게 탐사를 진행하는 데 유리한 점이 있다.

     탐사 시작 후 며칠 동안은 해저산 지형 조사와 자력 탐사가 이어졌다. 이 지역에 고밀도로 분포하고 있는 해저산들 대부분이 지형 조사가 전혀 되어 있지 않았다. 이 해저산들에는 아직 이름이 없어서 소통에 불편한 점들이 많았고, 가능하면 이번 탐사 기간 동안 명명 작업을 하기로 했다. 해저산의 명명은 최초 발견하거나 지형 조사를 수행한 탐사대에서 할 수 있기 때문이다. 태평양에는 수많은 해저산들이 있는데 재미있는 이름을 가진 것들이 많다. 예를 들어 '음악가 해저산들'이란 이름을 가진 일련의 해저산들이 있는

넘실거리는 대형 파도가 탐사에 일말의 불안감을 안겨주었다

데 각 해저산마다 멘델스존^{Mendelssohn}, 차이코프스키^{Tchaikovsky}, 거슈윈^{Gershwin}, 베르디^{Verdi}, 베토벤^{Beethoven} 등등 유명한 작곡가들의 이름이 붙어 있다. 수학자들의 이름이 붙은 해저산들도 있으며, 물론 지질학자들의 이름이 붙은 해저산들도 있다. 이러한 명명은 2차 대전 후 다양한 대양 탐사를 이끌었던 해양 지질학자 윌리엄 메나드^{William Menard}의 작품이다. 그는 평생 미국 스크립스 해양연구소에서 일했는데 해양 지질학에 큰 족적을 남긴 과학자였다. 해저산에 붙어있는 이런 이름들에는 그 직전까지 전쟁으로 얼룩졌던 바다에 평화가 깃들기를 바랐던 메나드의 간절한 염원이 담겨 있는지도 모른다. 수석 연구원인 앤 브리야 박사는 고심 끝에 해저들에 사라져 버린 호주 애버리지니, 즉 원주민들 부족 이름들을 붙히기로 했다고 말했다. 호바트항이 있는 테즈매이니아의 경우 대부분의 원주민들이 살해되었고 오직 일곱 명의 여자만 살아남았다고 하며, 해저산에라도 부족의 이름을 남겨 인종 청소의 비극적 역사를 기억했으면 좋겠다고 했다. 나도 그 취지에 충분히 공감을 했다. 나는 마침 탐사 기간에 읽을 생각으로 브루스 채트윈이 쓴 애버리지니의 노래에 담긴 대지 인식을 추적하는 여행기인 『송라인』이란 책을 가져왔다. 같은 저자의 『파타고니아』를 재미있게 읽었었기 때문에 자연스러운 선택이었다. 근대 문명과는 다른 호주 원주민들의 인식은 어떠한 것일까? 참으로 흥미로운 주제이다.

해저산과 중앙 해령 시료 채취는 출항 후 6일 정도 지난 후

프랑스식 록 코어 '헬 보이'를 내리는 모습

부터 본격적으로 이루어졌다. 드레지들은 성공적으로 진행됐고 수많은 암석들이 갑판으로 올라와 처리하고 정리하는 데 많은 시간을 써야 했다. 프랑스식 록 코어인 '헬 보이'가 흥미로웠는데 록 코어의 길이를 줄여서 거친 해황에서도 안전하게 다룰 수 있도록 한 것이 큰 장점이었다. 출항 후 일주일 정도 시간이 흘렀고 바다도 잔잔했고 탐사는 순조롭게 진행됐는데 예기치 못했던 충격파가 라탈랑테호를 덮쳤다. 파리에서 풍자 잡지 《샤를리 엡도Charlie Hebdo》 총격 테러 사건이 터진 것이다. 《샤를리 엡도》에서 이슬람 신성 모독을 하는 만평을 게재했다는 이유로 이슬람 근본주의자 두 명이 파리에 있는 잡지 본사로 쳐들어가, 안에 있던 만화가 등 12명에게 총격을 가해 살해했던 것이다. 이 충격적인 소식으로 배 분위기는 일시에 침통해졌다. 프랑스 전역에 특별 애도 기간이 선포되었고 라탈랑테호도 예외일 수 없었다. 남극해에 떠 있는 탐사선도 소속된 사회에서 자유로울 수 없는 것이다. 몇 사람과 조심스럽게 대화를 나누어 보니 12년 동안 《샤를리 엡도》를 구독한 사람도 있었고, 잘 보진 않지만 살해당한 만화가의 그림은 잘 안다는 사람도 있었다. 《샤를리 엡도》라는 잡지의 영향력은 프랑스 사회에서 꽤 큰 것 같았다. 풍자만화를 그렸다는 이유로 살해를 당했다는 것에 다들 깊은 분노를 느끼고 있었다. 소수 근본주의자가 문제라는 점에는 모두 동의하고 있었지만 유럽 내 종족주의와 종교 갈등에 대한 깊은 불안이 절실히 느껴졌다.

  강한 파도에도 테러 소식에도 탐사는 진행해야 하는 법이다. 그래도 해황은 전반적으로 좋은 편이었고 탐사도 비교적 순조로웠다. 중앙 해령 수층 탐사를 통해 새로운 열수 분출구도 확인했다. 프랑스의 열수 탐사 기술은 최고 수준이었다. 고비는 한 번 더 있었다. 1월 22일, 탐사 지역에 엄청난 바람과 파도가 들이닥친 것이다. 배가 움직이면 사람이 서 있기도 힘든 상황이 될 수 있기 때문에 배를 멈추고 해황이 좀 나아질 때까지 대기했다. 배가 움직이지 않으니 아무리 파도가 들이쳐도 그럭저럭 견딜 만했다. 이런 상황에선 다른 해역으로 배를 옮겨서 작업을 하는 방법도 있겠지만 라탈랑테호는 위치를 고수하는 선택을 했다. "나라면 어떤 선택을 했을까" 하고 자문해보았다. 탐사 목적과 남겨진 시간에 따라 선택은 얼마든지 다양할 수 있다.

해양 탐사의 핵심이 과학적 탐사 그 자체라는 건 두말할 필요가 없을 것이다. 하지만 탐사가 전부인 것은 아니다. 배라는 폐쇄된 공간에서는 다양한 대화와 교류가 생활의 활력소가 될 뿐 아니라 서로에 대한 이해의 폭을 넓혀주기도 한다. 과학도 해양 탐사도 결국 사람이 하는 일이니 서로를 이해하려는 끊임없는 노력이 필요한 것이고 식사 같은 사소한 일상을 같이하는 데서부터 출발한다고 볼 수도 있는 것이다. 그런 의미에서 라탈랑테호의 식사 시간은 좀 특별했다. 기대했던 대로 음식에 대한 문화 체험이기도 했고 식사 시간에 오가는 대화가 탐사에 큰 활력소가 되었기 때문이다. 일단 식당에 들어가면 셰프가 늘 옅은 미소를 짓고 있어 기분이 좋아진다. 메인 요리는 셰프가 주방을 나와 직접 서빙을 해주고 사람들의 만족도를 살핀다. 대부분의 탐사선에선 셰프가 밖으로 나와 서빙을 하지는 않는데 좀 독특했다. 식당에 들어가면 비어 있는 테이블 어디서나 옆에 앉으라는 초청을 받는다. 끼리끼리 모이거나 침묵 속에서 먹기만 하는 분위기와는 거리가 멀었으며 식사 시간엔 늘 활발한 대화가 오갔다.

어느 날 선장과 같은 테이블에서 식사를 하게 되었다. 탐사선의 선장들이 대개 그렇듯 희끗희끗한 구레나룻을 기른 라탈랑테호 선장도 기품이 있고 인간적인 매력이 있었다. 선장이 말하는 프랑스어는 영화 속 배우의 대사같이 멋있었다. 탐사가 끝난 후의 휴가 계획 따위를 물으며 이야기를 나누던 중, 선장의 고향이 대서양 한가운데 있는 섬이라는 얘기를 들었다. 혹시나 하고 머리에 스치는 이름이 있어, 혹시 "아조레스 제도가 아니냐"라고 물었더니, 바로 그곳이라며 반색을 하였다. 알고보니 선장은 프랑스인이 아니라 포르투갈인이었던 것이다. 프랑스 배의 선장이니 당연히 프랑스인일 거라 생각한 것은 내 편견이었다. 프랑스 사람들이 들어도 그의 프랑스어는 완벽하다고 하니, 내가 착각한 것도 무리는 아니었을 것이다. 우연한 계기로 3년 전 놀호 항해 때 방문했던 포르투갈과 아조레스를 추억할 수 있었다. 아무래도 대양 한복판에 위치한 섬이다 보니 해양 관련 일에 종사하는 사람들이 많다고 한다.

어느 날엔 승조원 중에서 수련 과정으로 7개월째 배를 타고 있다는 견습 항해사와 같은 테이블에 앉아서 이야기를 나누기도 했다. 그의 여자친구가 한국을 좋아해서 여행을 몇 개월씩 다니기도 했고, 그 또한 한국 영화를 즐겨 본다고 했다. 식사하는 동안 음식에 대한 이야기도 많이 나눌 수 있었는데, 프랑스인들이 음식에 대한 이야기를 하는 걸 좋아하기 때문일 수도 있고 외국인인 나에 대한 배려일 수도 있을 것이다. 라탈랑테호에서는 아침, 점심, 저녁 중 점심이 제일 푸짐했다. 반면 아침은 빵과 우유 정도로 매우 간단했는데, 아침은 영국식 '베이컨 앤드 에그'가 프랑스식보다 더 낫다고들 한다. 저녁이 푸짐할 거란 선입견과는 달리 적어도 라탈랑테호에서는 저녁이 점심보다 간소했다. 프랑스에서도 비만이 사회적 문제이기에 저녁이 간소화되는 경향이 있다고들 한다. 점심은 전채 요리, 두 개의 메인 요리, 그리고 디저트로 구성된 코스 요리였다. 메인 요리에는 고기가 포함되는데 사슴고기, 오리고기, 양고기, 소고기, 닭고기 등으로 육종이 매일 바뀐다. 저녁은 대체로 생선 요리나 파스타가 나왔다. 전체적으로 치즈나 버터를 많이 쓴다는 느낌을 받았다. 장식이 많은 편이지만 또 다른 한편으론 아기자기도 하다. 아무튼 손이 많이 가는 요리들이란 걸 느낄 수 있다.

프랑스 요리 이름은 너무 어려워 대부분 듣자마자 바로 잊어버렸다. 같이 배를 탔던 미국인도 기억 못 하겠다는 걸 보면 외국인들에겐 어려운 이름임이 분명한 것 같다. 어느 날 점심에 소시지 비슷한 것을 돌돌 말아서 얇게 썰어놓은 독특한 전채 요리가 나와서 이름을 물어봤는데 프랑스의 대표적인 음식인 '무엇'이라는 말을 세 번이나 들었음에도 결국 잊어버렸다. 한국 음식은 대체로 식재료와 요리법을 음식의 이름으로 삼는데 프랑스 등 유럽은 음식의 유래와 관련된 이름을 주로 붙이는 것 같다는 인상도 받았다. 예를 들어 점심에 메인으로 나왔던 아쉬 파르망티에^{Hachis Parmentier}는 다진 고기를 카레로 버무려 으깬 감자와 같이 내는 프랑스에서 흔한 가정식인데, 앙투안 파르망티에Antoine-Augustin Parmentier에서 그 이름이 유래했다고 한다. 감자가 남아메리카에서 유럽으로 처음 들어왔을 때는 돼지 사료용이지 사람 먹는 음식은 아니란 인식이 일반적이었지만, 그가 감자를 보급하기 위해 노력한 덕분에 일상적인 재료가 되었다는 것이다.

  그 유명한 푸아그라도 나왔다. 사슴고기 스테이크와 함께였다. 푸아그라는 프랑스에서도 특별한 날에 주로 먹는다고 한다. 라탈랑테호에서도 푸아그라가 나왔던 날은 출항 당일인 1월 1일, 즉 매우 특별한 날이었던 셈이다. 푸아그라는 프랑스 남서부 툴루즈 지방의 대표적 음식이라고 한다. 라탈랑테호에서 나온 푸아그라는 훌륭하다고 볼 순 없지만 먹을 만한 정도라는 평이었다. 개인적으로는 솔직히 푸아그라가 프랑스를 대표하는 음식으로 왜 이렇게 유명해졌는지 잘 모르겠다. 툴루즈의 푸아그라를 시작으로 각 지방 음식이 골고루 나왔는데 특히 프랑스 동부 알자스-로렌 지방의 음식이 기억에 남는다. 소시지, 삶은 돼지고기, 절인 양배추가 나왔는데 다른 프랑스 음식들과 달리 독일 음식에 가까운 듯 보였기 때문이다. 게다가 알자스-로렌 지방의 음식은 와인이 아닌 맥주와 함께 나왔으니 더욱더 독일식으로 보였다. 알자스-로렌 지방은 알퐁스 도데Alphonse Daudet의 유명한 단편 소설 〈마지막 수업〉의 무대이기도 하다. 〈마지막 수업〉은 19세기 후반 프로이센과 프랑스 사이에서 벌어진 전쟁에서 프랑스가 패한 후 프로이센으로 넘어간 이 지방에서 프랑스어를 더 이상 사용하지 못하는 학생의 설움을 그리고 있지만, 사실 이 지역은 그 이전에도 오랫동안 독일령이었기 때문에 독일어 사용 인구가 훨씬 많았다고 한다. 그 지방 음식이 프랑스보다는 독일 음식에 가까운 건 당연한 것이었던 셈이다. 이 지방은 제2차 세계 대전 후 프랑스로 병합되긴 하지만 완전히 프랑스도 아니고 완전히 독일도 아닌 그 지방 고유의 문화가 존속되고 있다고 한다.

쿠스쿠스 couscous 같은 북아프리카 음식도 나왔다. 라탈랑테호의 쿠스쿠스는 수북이 쌓인 좁쌀 크기의 찐 밀가루와 토마토소스로 무친 삶은 오징어를 한 접시에 담은 음식이었다. 북아프리카엔 쌀이 없기 때문에 찐 밀로 쌀밥과 유사한 효과를 낸 것이란 설명을 들었다. 찐 밀을 손으로 비벼서 쌀 같은 모양의 가루로 만든다고 한다. 북아프리카 음식이 나오니 알제리 등 북아프리카 출신 프랑스인들에 대한 이야기가 자연스럽게 나왔는데, 이 사람들을 프랑스에선 '검은 발'이라는 의미의 피에 누아르 Pied-Noir라고 부른다고 한다. 같이 대화를 나누던 분은 그 이유를 모르겠다고 했지만 나중에 찾아보니 맨발로 다니던 북아프리카인들과 달리 그곳에 살던 프랑스인들은 검은 구두를 신고 다녔기 때문에 붙은 이름이라고 한다. 〈이방인〉과 〈페스트〉의 작가 알베르 카뮈 Albert Camus가 유명한 피에 누아르이다. 프랑스에선 식민지에서 태어난 동포를 본국에서 태어난 동포와 구별하는 유래를 알 수 없는 전통이 있다고 한다.

프랑스에서 운영하는 배답게 와인이 늘 비치되어 있어 원하면 식사 때마다 마실 수 있다. 일요일에는 비교적 좋은 와인이 나왔다. 주말의 와인 중 절반은 남아공산이었다는 것도 흥미로웠다. 프랑스 사람은 와인을 물처럼 마신다는 이야기도 들었지만 와인은 프랑스인에게도 술임에 분명하다. 즉, 와인이 나온다는 것은 프랑스 배에선 음주를 허용한다는 것을 의미한다. 배에서는 맥주 한 모금도 마실 수 없게 되어 있는 미국·영국·호주의 탐사선과는 큰 차이이다. 프랑스 배에서는 물론 맥주도 마실 수 있다. 독일인들은 맥주 없이는 살수 없다고 하니 독일 배도 맥주를 금할 수 없다는 것은 자명하다. 선박의 운영에선 영국식 전통을 많이 따른다는 일본 배에서도 의외로 술을 마실 수 있다. 대한민국은 어떨까? 과연 대다수 한국인이 소주 없이 긴 항해를 견딜 수 있을까? 당연히 음주를 허용한다. 어느 나라든 음주의 허용에는 당연하게도 조건이 따른다. 근무 시간 외에 마셔야 하고 근무에 영향을 주어선 안 된다는 것이다.

탐사선의 프랑스인들은 와인을 자주 마시진 않았다. 주말에 좋은 와인이 나왔을 때 약간 마시는 정도였다. 근무도 서야 하고 일도 해야 하니 피하는 것 같았다. 어느 날 프랑스인들이 와인을 매일 마신다는 소문이 있는데 사실이냐고 물었더니 의견이 꽤 분분했는데 옛날엔 매일 마신다고 해도 딱히 틀렸다고 할 순 없었지만 이제는 매일 마신다고 볼 순 없다는 것이 다수의 의견이었다. 건강 문제 때문에 전반적인 와인 소비량은 줄고 있다고 한다. 하지만 전형적 프랑스 사람은 여전히 식사 후 늘 와인과 치즈를 조금씩 먹는다고 한다. 아무튼 프랑스에서 와인 소비량이 엄청난 것은 엄연한 사실이며 값싼 와인은 프랑스 내에서 대부분 소비되어버리고 주로 비싼 와인이 수출되기 때문에 프랑스 와인은 고급이고 비싸다는 인식이 생긴 것 같다고들 했다.

    프랑스 사람들이 정말 매일 먹는 것은 와인이 아닌 바게트였다. 삼시 세끼 바게트 빵을 빠트리지 않는다. 바게트를 요리들이 나오는 사이에도 먹고 메인 음식을 먹으면서도 곁들인다. 감자든 고기든 가금류든, 메인 요리가 무엇이든 간에 바게트는 조금이라도 먹는다. 라탈랑테에서 나오는 바게트는 매일매일 새로이 만들어진 것이라 매우 신선해서 만족도들이 높았다. 우리 기준으로 하면 반찬에 해당하는 것이 메인 요리고 밥에 해당하는 것이 바게트인데 밥보다 반찬의 양이 더 많은 것이라고 해야 할까? 같이 배를 타고 있는 미국, 호주, 뉴질랜드 사람들이 이것이 바로 프랑스 식사의 특징이라고 말해준다. 자기들도 빵을 거의 매일 먹지만 바게트는 자주 먹지 않는다고 한다. 모두들 자기 나라의 빵을 그리워했다. 특히 호주 사람은 라탈랑테 음식들이 자신이 일상적으로 먹는 음식과 상당한 차이가 있어 적응이 힘들다고 내게 말했다. 음식 문화에 있어 더 큰 차이가 있을 나를 걱정해서 해준 말이었지만 그의 예상과 달리 나는 프랑스 음식에 대한 만족도가 아주 높았다. 알자스-로

세계의 다양한 음식을 맛볼 수 있는 것도 탐사의 즐거움 중 하나이다

렌 출신의 프랑스 학생은 자기는 고기를 싫어한다며 음식을 잘 먹지 않았는데 알자스-로렌 지방 음식인 소시지가 나오자 만족해하며 많이 먹었다. 그 친구는 와인보다는 맥주를 훨씬 좋아했다. 다른 프랑스인들이 말하길 그 친구의 프랑스어에는 독일 악센트가 꽤 강하다고 한다. 독일어에도 불편함이 없어서 독일 쪽에서 직장을 잡고 싶다고 했다. 나는 서양인이라면 여러 유럽 국가들의 음식들을 무리 없이 잘 먹을 것이라고 단순히 생각했었는데 편견이었던 셈이다. 한중일 음식의 차이만 생각해도 이는 당연한 것인데 생각이 짧았다. 배에서 들은 이야기이지만 이탈리아인은 프랑스식 파스타를

절대 먹지 않는다고 한다.

라탈랑테호의 식사는 시간의 흐름을 느끼게도 해주었다. 경험했던 요리들이 다시 나오기 시작하자 이제 탐사가 중반에 이르렀음을 느낄 수 있었다. 탐사가 한 달 이상 진행되다 보니 중간 정도부터는 음식이 반복될 수밖에 없는 것이다. 입항을 일주일 남기고는 채소가 떨어졌다. 배에서는 채소를 오래 보관할 수 없기에 나타나는 현상이다. 채소가 떨어지니 탐사가 이제 후반이라는 게 실감나게 느껴졌다. 며칠이 더 지나자 삶은 사과에 햄과 치즈를 버무린 것을 얹은 새롭고도 독특한 음식이 애피타이저로 나왔다. 프랑스 요리라기보다는 남은 재료를 활용해 만들어낸 셰프의 특별 요리라고 해야 한다고들 했다. 이제 탐사가 끝나가고 있음을 의미한다. 입항 전날엔 점심으로 캥거루고기가 나왔다. 호주가 아주 가까워진 것이다.

탐사가 마무리 단계에 이르자 프랑스 동료들은 내게 한 달 내내 이질적인 음식을 용감하게 잘 먹어줘서 고맙고 당신은 프랑스 주요 지방들의 대표 요리를 대부분 시식해보았으니 프랑스 요리를 좀 안다고 인정해주겠다며 농담을 던졌다. 한 달의 체험만으로 프랑스 음식에 대해 알 수는 없을 것이다. 나중에 알게 된 것이지만 프랑스 음식이란 것도 고정되어 있는 것은 아니었다. 아무튼 매일의 식사가 즐거웠고 배를 타고 있는 동안 한국 음식이 특별히 그립거나 하진 않았다. 그러나 한국에 돌아가면 그동안 먹지 못했던 한국 음식들이 더 강하게 끌릴 것이란 걸 잘 알고 있었다. 시료 채취는 이동 항해 시작 직전까지도 진행됐고 이동 항해는 이틀 반뿐이었다. 이 기간 동안 한국으로 가져가야 할 시료들을 정리해야 했고 프랑스 동료들의 도움으로 연구에 필요한 시료들을 무사히 챙길 수 있었다. 호바트항에 입항하자 한 달 동안 정들었던 탐사대원들과 헤어질 시간이 되었다. 처음 만났을 때 서먹서먹하다가도 오랜 기간 배에서 같이 생활하다 보면 어느새 정이 들고 작별할 때는 아쉬운 감정이 짙게 드는 법이다. 배에서 만난 친절한 호주 동료의 안내로 태즈메이니아를 체험할 수 있었던 것도 행운이었다. 그 친구는 여기저기 무심히 서 있는 검트리^{Gum tree}가 호주의 상징이라고 했다. 나중에 찾아보니 검트리는 바로 유칼립투스였고, 그 꽃말은 추억이었다.

막간: 항해의 닻을 잠시 내리다

지진과 악천후의 난장판 속에 진행됐던 첫 번째 탐사, 단 4일의 탐사를 위해 40일간 지구를 일주해야 했던 두 번째 탐사 이후 9년이라는 시간이 흘렀다. 그동안 세 번의 탐사가 더 진행됐으며, 이를 통해 몇 가지 중요한 과학적 발견을 해내기도 했다. KR1과 KR2 지형에 빙하기-간빙기 주기가 기록되어 있다는 증거를 발견했고, 그 결과가 2015년 《사이언스》에 실렸다. 록 코어 시료를 연구하여 남극 대륙과 뉴질랜드 사이에서 어느 지역에서도 보고되지 않은 신규 맨틀인 '질란디아-남극 맨틀'이 분포하고 있다는 것을 확인했고, 이는 2019년 《네이처 지구과학》에 실렸다. 그 외에도 몇 가지 중요한 발견들이 과학 저널에 발표되었고 현재도 꾸준히 연구를 진행하고 있다.

세 번째 탐사에 나섰던 것은 40일간의 세계 일주 후 약 1년 만인 2013년 초였다. 이전에 있었던 두 번의 탐사를 통해 확인된 열수 분출구의 위치를 더 정확히 파악하고, 더 나아가 열수 시료, 열수 광석, 가능하다면 열수 생물을 채취하는 것이 탐사의 목적이었다. 이 또한 8일간의 짧은 탐사 일정이었다. 정점 도착 후 수행한 첫 작업은 매퍼를 통해 파악된 열수 분출 가능지역에서 CTD를 끌어 보는 것이었다. 매퍼의 설계자인 에드워드 베이커 박사가 직접 아라온호에 승선해 탐사를 도왔다. 탐사팀은 수차례의 CTD 작업을 통해 마침내 도깨비처럼 출몰하는 열수 분출구의 위치를 정확하게 잡아내는 데 성공했고, 열수의 영향을 받은 해수를 직접 채취할 수 있었다.

이때 이 분야의 최고 전문가였던 베이커 박사의 조언이 큰 도움이 되었다. 당시 70세가 넘었던 그가 일하는 자세에서 진정한 전문가의 모습을 볼 수 있었다. 그는 수많은 열수 탐사에 참여했지만 호주-남극 중앙 해령 탐사가 가장 인상적인 탐사 중의 하나이며 자신을 남극으로 데려와주어 감사하다고 내게 말했다. 세 번째 탐사 이후 열수 분출구의 존재와 위치는 논란의 여지 없이 확실해졌다. 나는 이 열수 분출구를 '무진 열수구 지대'로 명명했다. 김승옥의 단편 소설 〈무진기행〉에서 딴 이름이다. 무진의 안개를 연상시키는 열수의 이미지와 무진의 안개 마냥 불확실한 탐사를 떠나던 당시의 심정을 생각하면 이보다 알맞은 이름이 또 있을까!

열수 분출구의 위치는 확실히 파악됐으나 잠수정이 없었기 때문에 무진 열수 분출구 주변에서 살아가고 있을 열수 생물을 관찰하고 채집할 방법이 없었다. 가능한 것은 오직 해저면에 드레지를 내려서 끌어보는 방법뿐이었다. 수심 2,000m에서 직경 1m도 채 안 되는 드레지를 끌어, 거기 열수 생물이 걸려 오기를 기대한다는 것은 사실 기대하기 어려운 일이었다. 말하자면 요행이다. 그럼에도 나는 탐사 준비 단계부터 내심 드레지에 열수 생물이 담겨 오리라는 기대감을 갖고 있었다. 그런 기대 때문에 열수 생물 전문가들을 아라온호에 승선시켰던 것이다. 몇 번의 실패 끝에 암석들 틈에

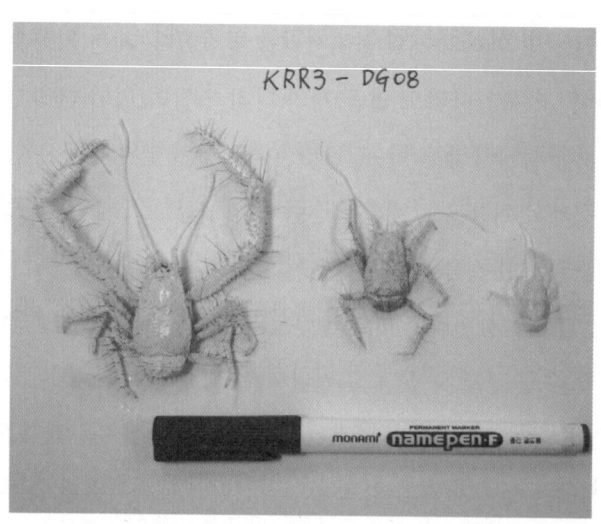

무진 열수구 지대에서 발견한 신종 생명체 키와 게(위)와
일곱 다리 불가사리(아래)

숨어 있는 몇 마리의 게와 불가사리를 발견했다. 게는 키와속^{kiwa}의 신종이었고 불가사리도 일곱 개의 다리가 달려 있어 다리가 다섯 개인 보통 불가사리들과는 달랐다. 이 두 종의 열수 생물은 남극 중앙 해령에서 처음으로 채취된 신종 생명체였다. 열수 생물 연구에 있어 중요한 한 걸음을 내딛게 된 것이다.

열수 생물이라고 하면 대부분의 사람이 아무런 감흥을 느끼지 못할 수도 있을 것 같다. 그러나 사실 생각해보면 심해에 생물이 산다는 것은 놀라운 일이다. 적어도 19세기 중반까지는 과학계에서 심해저에는 생물이 거의 없으리란 의견이 지배적이었다. 생명체가 살아가기 위해서는 먹을 것이 필요한데, 수천 m 심해 바닥에 사는 생물들에게까지 돌아갈 몫의 먹이가 거의 없을 것이라고 생각했기 때문이다. 생태계의 구성 원리를 생각해보면 납득이 가는 추론이다. 육지의 식물은 햇빛을 이용한 광합성을 통해 살아간다. 초식 동물이 식물을 먹고, 육식 동물이 초식 동물과 다른 육식 동물을 잡아먹음으로써 생태계가 형성된다. 바다의 경우도 비슷한데, 광합성을 통해 생존하는 식물성 플랑크톤이 바다 위를 떠다니고 일부 해양 생물이 이 플랑크톤을 먹는다. 그리고 이 생물을 다른 생물이 먹음으로써 해양 생태계가 꼬리에 꼬리를 물고 형성되는 것이다.

그런데 햇빛은, 지역에 따라 편차를 보이기는 하지만 그래도 깊어봐야 100m 이상을 투과할 수 없다. 따라서 식물성 플랑크톤은 이보다 더 깊은 곳에서 살아남지 못한다. 이보다 깊은 곳에 사는 생물은 능동적으로 표층의 플랑크톤을 먹거나 다른 해양 생물을 잡아먹을 수 있어야 생존할 수 있다. 생물이 생존하기 위해서는 능동적으로 다른 생물을 잡아먹지는 못하더라도, 최소한 죽어서 떨어지는 사체라도 주워 먹을 수 있는 환경이 필요하다. 표층에서 멀어질수록 먹이 구하기가 점점 어려워질 것은 자명하고 따라서 수천 m 깊이의 심해 환경은 생존에 매우 불리할 수밖에 없다. 따라서 과학자들이 생각하기에 심해저는, 빛도 없고 생명체도 귀하고 퇴적물만이 두껍게 쌓여 있는 사막 같은 환경일 수밖에 없었던 것이다.

이러한 추측은 1977년 미국의 유인 잠수정 앨빈호가 수심 2,000m가 넘는 동태평양 갈라파고스 중앙 해령 열수 분출구 주변에 서식하는 수많은 생물들을 발견함으로써 깨지게 된다. 이 생물들은 그때까지 알고 있던 해양 생물들과는 전혀 다른 특성을 보였고, 종류도 다양했다. 그런데 이 생물들은 어떻게 열악한 심해 환경 속에서 생존해온 것일까? 그 열쇠는 바로 중앙 해령이라는 환경에 있다. 중앙 해령은 해양 지판이 갈라지는 곳인데, 이 과정에서 맨틀이 상승하고, 그 일부가 녹아 만들어진 마그마가 중앙 해령을 통해 분출된다. 그리고 중앙 해령의 깨진 틈으로 침투한 바닷물이 마그마에서 나오는 뜨거운 열로 인해 끓어올라, 여기저기에서 열수가 뿜어져 나온다.

그러면 열수 분출구 주변에 왜 수많은 생명체들이 서식할 수 있는 것일까? 열수 분출구 주변에 심해 생물들을 위한 먹이가 풍부하기 때문이다. 열수는 중앙 해령에서 막 생성된 뜨거운 해양 지각을 순환하면서 많은 광물질들을 녹여내는데, 과학자들은 열수에 포함되어 있는 다량의 황(S)화합물이 고온성 미생물들의 에너지원이 되고 있음을 밝혀냈다. 이 고온성 미생물을 먹이로 하는 생물이 열수 분출구 주변에 모이고, 또 이 생물을 먹는 다른 생물들이 모여드는 것이다. 육상 생태계와 해양 표층 생태계가 태양 에너지를 중심으로 형성된 것이라면, 심해의 열수 생태계는 지구 내부 에너지를 중심으로 한 특수 생태계인 셈이다. 심해저라는 지구 최대의 사막, 중앙 해령은 그 한가운데 샘솟는 오아시스이다.

첫 열수 분출구와 생명체의 발견 이후 약 40여 년 동안 수많은 탐사를 통해 새로운 열수 분출구들과 생명체들이 발견되었다. 이 과정에서 태평양, 대서양, 인도양 중앙 해령에 서식하는 열수 생물들의 종류가 각기 다르다는 흥미로운 사실 또한 알 수 있었다. 특히 같은 태평양 내에서도 동태평양과 서태평양에 서식하는 열수 생물의 종류가 각기 다르다는 것은 특이한 현상이다. 비슷한 열수 환경임에도 해령의 위치에 따라 서식하는 열수 생물들의 종류가 달라진 원인은 아직 밝혀져 있지 않다. 이 문제가 풀리지 않고 있는 가장 중요한 이유는 전체 중앙 해령의 3분의 1을 차지하고 있으며 중앙 해령을 연결하는 고리인 남극권 중앙 해령 탐사가 너무나도 미진하기 때문이다. 남극권 중앙 해령은 전 지구적 열수 생태계 규명을 위해 남아 있는 마지막 퍼즐인 셈이다. KR1에서 드레지에 걸려 올라온 키와 게와 일곱 다리 불가사리의 의미가 각별했던 것은 바로 이 때문이다. 아직 초기 연구 단계이긴 하지만 이 두 열수 생물은 남극권만의 독자적인 열수 생태계가 있을 가능성을 보여주었다. 이 발견을 계기로 남극권 열수 생태계 연구가 본격적으로 진행되고 열수 생태계 마지막 퍼즐을 맞추는 꿈을 향해 큰 걸음을 내디딘 것이다.

나는 2017년 초, 주로 학생들로 구성된 팀을 이끌고 네 번째로 호주-남극 중앙 해령 탐사를 떠났다. 이 탐사에서는 KR2 서쪽에서 긴 변환 단층을 사이에 두고 연결된 KR3와 KR4로 그 대상 영역을 확대했다. 이 구간들 역시 단 한 줄의 지형 조사 자료도 단 한 개의 시료도 보고된 바 없던 지역이었다. 먼저 크라이스트처치에서 아라온호에 승선하여 장보고 기지로 이동했다. 그리고 기지 보급 업무를 마친 후 다시 크라이스처치로 돌아오는 길에 KR1과 KR2를 지나면서 부족한 지형 데이터를 보충하고 KR3와 KR4에서 본격적인 탐사를 진행하는 일정이었다. 많은 우여곡절을 겪긴 했지만 미답의 두 구간에서 시료 채취와 지형도 작성에 성공했다. 이 두 구간을 탐사함으로써 호주-남극 중앙 해령에 속하는 긴 확장 구간들에 대한 기초 탐사는 일단 마무리되었다.

특기할 사항은 KR1을 지나면서 방수 케이스에 넣은 고프로GoPro 카메라를 해저에 내려 무진 열수 분출구 지역의 영상을 촬영하는 데 성공했다는 사실이다. 아직 시험 단계였기 때문에 고작 몇 분짜리 짧은 영상밖에 얻을 수 없었지만, 저비용으로 선명하게

남극해의 거친 풍랑을 이겨내고 기초 탐사를 수행한 연구원들 ⓒ극지연구소 극지미디어

심해저 영상을 촬영할 수 있는 기술을 확보했다는 것은 중요한 성취였다. 촬영 시간이 짧았음에도 불구하고 영상에는 선명한 해저면과 유영하는 생명체들이 담겨 있었다. 키와 게와 일곱 다리 불가사리 외에 새로운 생명체를 확인한 것이다. 열수 생물 전문가들의 의견에 따르면 어느 지역에서도 보고되지 않은 특이한 형태라고 한다. 이 영상 촬영 방법을 더 발전시킨다면 풍부한 해저면 영상을 얻을 수 있을 것으로 전망한다. 우리는 남극 중앙 해령 열수 생태계 규명이라는 큰 소망을 향해, 아주 느리지만 점점 접근하고 있다.

2019년 12월 진행된 다섯 번째 탐사에서는 KR1 동쪽에 위치한 확장-균열대 탐사를 시도했다. 남극 중앙 해령의 전모를 파악하기 위해서는 확장-균열대로 탐사 영역을 확대하는 건 필연이었다. 확장-균열대는 이전에 탐사했던 호주-남극 중앙 해령 구간들과는 매우 다르다. 엽궐련cigar과 같은 형태를 하고 있는 지역은 장축의 길이가 약 1,000km, 단축의 길이가 약 200km에 달하는 엄청난 규모이며 내부는 여러 개의 짧은 중앙 해령 확장 축들과 변환 단층들이 얽혀 있는 복잡한 구조이다. 아라온호 탐사 이전까지 내부의 데이터는 거의 없다고 봐도 무방할 정도의 상황이었다. 그때까지 탐사했던 KR1과 KR2, KR3와 KR4의 경우, 지형적으로는 전형적인 중앙 해령 지형이기 때문에 탐사 계획을 짜기에 수월한 편이었다. 그러나 확장-균열대는 매우 복잡한 형태를 하고 있어, 이전과는 다른 탐사 방법이 필요했다.

  탐사팀에게 주어진 시간은 아라온호의 장보고 기지 보급 업무 이후 돌아오는 길에 주어진 일주일뿐이었다. 하지만 지형 조사만 하더라도 한 달 이상의 긴 시간이 필요할 것 같았다. 제한된 시간 안에 전체를 탐사하는 것은 불가능했고 내부 특정 지역을 선정해 탐사하는 수밖에 없었다. 나는 어디서부터 어디까지, 어떤 방식으로 탐사해야 효율을 극대화할 수 있을지 계속 고민해야 했다. 이 거대한 영역의 내부가 어떤 구조로 되어 있는지 잘 모르는 상황에서 막무가내로 우선순위를 판단할 수는 없었던 것이다. 역시, 자연이 내어주는 길을 따르는 것이 현명할 것 같았다. 현장 탐사 기간 중 가장 해황이 좋은 지역과 방향을 따라 탐사를 진행하기로 한 것이다. 경험상 확장-균열대가 펼쳐져 있는 거대한 영역 전체가 다 해황이 나쁘지는 않으리라고 예측했기 때문이다. 예상대로 해황이 괜찮은 곳들이 있었고, 이 정보를 바탕으로 합리적인 탐사 영역과 방향 그리고 방법을 정할 수 있었다. 탐사가 점차 진행되면서 드러나는 이 수수께끼 같은 지역의 모습은 지금까지 중앙 해령, 변환 단층, 섭입 작용 등 판구조론에 대해 내가 갖고 있던 생각들을 새롭게

남극 대륙 설원의 한복판에 선 저자와 아라온호

해볼 것을 요청하고 있었다. 마치 맨틀 지구화학과 판구조론 관련 연구를 다시 해보라고 말을 건네는 것 같았다.

인간의 발길이 닿지 않아 블랙홀인 채로 남아 있던 호주-남극 중앙 해령과 그 옆의 확장-균열대를 대상으로 9년에 걸쳐 총 5회의 탐사를 진행했다. 이를 통해 앞으로의 큰 연구에 대해 대체적인 윤곽을 잡을 수 있었던 것에 보람을 느낀다. 사실 5회의 탐사라고는 해도 실제 탐사 기간은 총 38일에 지나지 않는다. 이 짧은 시간에도 불구하고 지금 정도나마 연구의 윤곽을 잡을 수 있었던 것은, 그만큼 탐사팀과 승조원들이 헌신적으로, 또 효율적으로 일했기 때문이다. 각각의 항차에 소요됐던 7일, 4일, 8일, 12일 그리고 7일이라는 탐사 기간은 짧지만 무척이나 농밀한 시간이었다.

호주-남극 중앙 해령에서 얻은 자료는 남극 대륙과 뉴질랜드 사이에 현재까지 알려지지 않았던 새로운 기원의 질란디아-남극 맨틀이 분포하고 있음을 보여주고 있다. 우선 이 맨틀의 분포 영역을 규명하는 작업을 진행하고 있다. 이 맨틀은 현재 물에 많은 부분이 잠겨 있는 질란디아 대륙과 남극 대륙을 쪼갠 거대한 맨틀 플룸과 관련된 것으로 보인다. 이 맨틀 플룸은 왜 다른 곳에서 분출한 플룸과 다른 특성을 갖고 있는가? 전체 맨틀의 순환과 진화와는 어떤 관련이 있는가? 장기적으로 풀어 나가야 할 과제이다. 호주-남극 중앙 해령은 연구되지 않은 거의 마지막 중앙 해령 구간이기 때문에, 중앙 해령에 내재하는 법칙들을 재점검하는 계기를 마련할 수 있을 것이다.

2019년 말 첫 탐사를 시작한 확장-균열대 1차 탐사 결과는 이 지역 해저 지형이 지금까지 알려진 어떤 해저 지형과도 다르다는 것을 보여주었다. 개인적으로 판구조론의 발전에 새로운 기여를 할 수 있을 것으로 생각하고 있다. 질란디아-남극 맨틀의 경계가 확장-균열대 어딘가에 존재할 것이기 때문에 이 이유 때문이라도 이 지역 탐사와 연구는 중요하다.

이 지역에는 매우 중요한 생물학적 이슈가 걸려 있다. 현재 저위도 대부분 중앙 해령 지역의 열수 생물과 생태계의 정보는 이미 알려져 있다. 그러나 남극권 열수 생물과 생태계에 관한 정보는 거의 없는 상태이며, 아라온호 탐사가 몇 개의 신종 열수 생물을 채취하고 영상을 획득함으로써 느린 발걸음으로 접근하고 있는 상황이다. 남극권 열수 생태계의 규명이라는 마지막 퍼즐을 맞춤으로써, 전 지구적 열수 생태계 연구는 새로운 전기를 맞게 될 것이다. 이를 위해서는 더 많은 탐사 시도와 유인 및 무인 잠수정 탐사가 필수임은 두말할 나위도 없다. 첨단 장비를 활용한 탐사는 해양 탐사 기술 발전에도 새로운 전기를 마련해줄 것이다. 해양 연구든 남극 연구든 대한민국은 늘 후발 주자였다. 남극 중앙 해령에 걸려 있는 중요한 과학적 이슈들을 해결함으로써 대한민국은 이 분야에서도 선도적인 위치를 차지할 수 있을 것이다.

4장

바다에서 지구를 읽다

바닷물은 어떻게 움직일까

'바다' 하면 도시에 사는 많은 사람들은 드넓은 모래사장과 밀려오는 파도, 그리고 대양 한복판의 탁 트인 수평선을 상상할 것이다. 이런 맥락에서 바다는 도시 사람들에게 해방과 자유를 상징하는 정서적 안식처이다. 한편 어업에 종사하는 사람들이나 항해를 하는 사람들에게 바다는 생존을 위한 투쟁의 장이다. 인류는 바다에서 나오는 막대한 수산물의 혜택을 받고, 또 바다를 통해 대규모 교역과 이동을 하고 있으니 바다는 경제적으로 매우 중요하다. 그러나 지구 표면의 70%를 덮고 있는 바다의 역할은 이러한 정서적이거나 경제적인 측면에 그치지 않는다. 바다는 우리 삶의 기본 조건인 기후의 항상성 유지에 결정적 역할을 하기 때문이다.

바다는 대기와의 상호 작용을 통해 대기 중 기체들의 농도가 일정하게 유지될 수 있도록 완충 작용을 한다. 바닷물은 쉽게 뜨거워지거나 차가워지지 않기 때문에 지구의 온도가 일정하게 유지되는 데도 큰 기여를 한다. 바다는 해류를 통해 태양에서 지구로 공급된 에너지가 지구 전체에 골고루 퍼지도록 하는 데도 큰 역할을 한다. 바다의 이러한 작용들은 지구 기후가 현재 모습을 유지하는 데 결정적 역할을 하고 있다.

바다와 기후는 여러 가지 면에서 서로 연결되어 있는데 이 글에서는 해류에 초점을 맞추고자 한다. 콜럼버스가 유럽에서 대서양을 건너 아메리카 대륙으로 갈 수 있었던 것은 바람과 해류를 잘 탔기 때문이다. 폴리네시안Polynesian들이 아시아 대륙에서 태평양의 폴리네시아 제도까지 항해해 갈 수 있었던 것도 바람과 해류를 잘 이용했기 때문이다. 해류는 무질서하게 흐르는 것이 아니라 일정한 규칙성을 갖고 움직이기 때문에, 항해할 때 해류를 잘 이용하면 원하는 목적지에 좀 더 수월하게 도달할 수 있다. 해류의 방향은 바람의 영향을 받는 것으로 알려져 있지만 흥미롭게도 해류와 바람의 방향은 서로 일치하지 않는다.

이 사실을 처음 발견한 사람은 노르웨이의 해양동물학자이자 극지 탐험가였던 프리드쇼프 난센Fridtjof Nansen이다. 그는 아문센·스콧·섀클턴과 같은 극지 탐험가였을 뿐만 아니라, 제1차 세계대전 중 난민을 보호하는 활동을 통해 노벨 평화상을 받은 평화 운동가였으며 해양학에 중요한 기여를 한 해양학자이기도 했다. 난센은 프람호를 타고 북극해 횡단을 위한 표류를 하는 과정에서 빙하들이 떠내려가는 방향이 바람의 방향에 대해 일관되게 오른편으로 약 20~45° 정도 어긋나 있음을 발견했다. 빙하가 떠가는 방향과 해류의 방향이 일치한다는 사실을 전제로 하면 바람과 해류의 방향은 서로 어긋나 있는 셈이다. 그 후 난센은 연구실로 돌아와 지구의 자전自轉과 해수의 점성 때문에 이런 현상이 일어났을 것이라는 가설을 세웠다. 스웨덴의 해양학자 에크만Vagn Walfrid Ekman이 이 가설을 지지하는 수학적 모델을 만듦으로써 표층 해류와 바람의 관계에 대한 이론이 정립되었다.

표층 해류의 패턴을 결정하는 주요한 요인은 바람과 지구의 자전 그리고 대륙의 분포 등 지형적 요소이다. 해류의 패턴은 지역적으로 매우 복잡하지만 전 지구적인 규모로 볼 때 태평양과 대서양을 포함하는 대양의 북반구와 남반구의 중위도 지역에 각각 시계 방향과 반시계 방향으로 돌고 있는 거대한 환류가 형성되어 있다는 사실이 특징적이다. 북반구 중위도 환류 중 서태평양의 구로시오 해류나 북대서양의 멕시코 만류 등 대양의 서편을 흐르는 해류는 속도가 상대적으로 빠른데, 이것은 지구가 반시계 방향으로 자전하면서 해수가 서편으로 쏠리기 때문이다. 이 환류들에서 적도에 가깝게 흐르는 부분을 적도류라고 하는데 정작 적도에서는 이 해류들과는 반대 방향으로 반적도류가 흐르고 있다. 고위도의 경우 북반구는 중위도 환류와는 반대 방향으로 도는 소규모 환류가 있고 남반구의 경우 남극 대륙을 서에서 동으로 돌고 있는 남극 순환류가 있다.

대양의 깊이는 평균 4,000m 정도이고 깊은 곳은 1만 m 이상이다. 위에서 요약한 해류 패턴이 깊은 바다까지 계속 이어져 있을까? 답은 물론 '아니요'이다. 바람의 영향은 표층수^{表層水}에 해당하는 수심 100~200m에 국한된다. 바다에서는 바람의 영향을 받지 않는 심층수^{深層水}가 차지하고 있는 비율이 압도적이다. 심층수는 표층수와 물리·화학적 특성도 다르고 흐르는 패턴과 메커니즘 역시 다

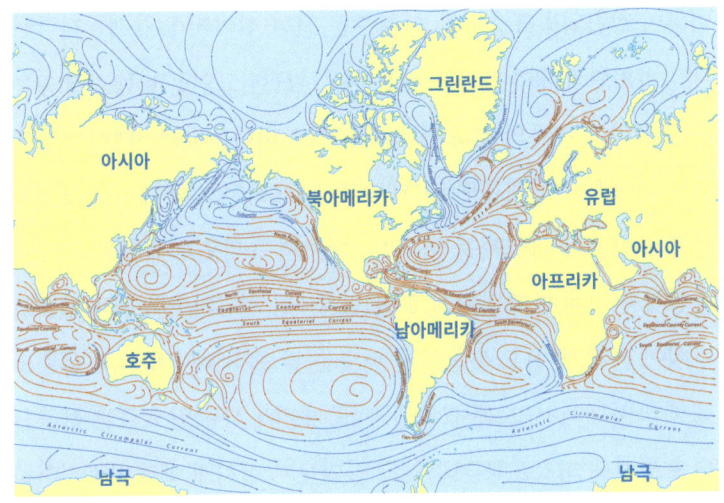

표층 해류의 패턴

르다. 심층수는 표층수에 비해 훨씬 차갑다. 옛날 냉장 시설이 없던 시절 대양을 항해하던 배들에서는 깊은 바닷물을 길어 음식이나 맥주를 시원하게 하는 데 사용하기도 했다. 심층수는 표층수에 비해 염분의 함량이 높다. 표층수를 졸인 것보다 심층수를 졸이면 더 많은 소금이 나온다는 이야기이다. 정리하자면 심층수는 표층수에 비해 온도는 낮고 염분의 농도는 높으며, 이것은 같은 부피의 표층수에 비해 심층수가 더 무겁다는 것을 의미한다. 가벼운 표층수 아래에 무거운 심층수가 놓임으로써 바다는 층을 이루게 된다.

- 해수는 표층수와 중층수 그리고 심층수로 나뉘지만, 여기서는 논의의 편의를 위해 표층수 이외의 부분을 모두 심층수로 지칭하기로 한다

그렇다면 표층수와 심층수는 전혀 섞이지 않을까? 제한적이긴 하지만 표층수와 심층수는 서로 섞인다. 중요한 점은 표층수의 침강과 심층수의 상승이 국지적으로 발생한다는 사실이다. 표층수가 심층으로 대규모로 가라앉는 대표적인 지역이 북대서양과 남극해이다. 양극에서는 해수가 낮은 온도 때문에 얼어붙는데 이 과정에서 얼음에 포함되지 못한 염분 때문에 주변 해수의 염농도는 증가한다. 염농도가 높아진 해수는 밀도가 증가해 결국 심층으로 가라앉는다. 규모는 작지만, 지중해에서 대서양으로 흘러나오는 표층수도 심층으로 가라앉고 있다는 사실이 밝혀져 있다. 대륙에 갇혀 있어 증발이 활발한 지중해의 물이 상대적으로 더 짜기 때문이다. 심층수의 흐름은 해수의 온도와 염분의 농도 변화에 의한 밀도 차에 의해 발생하기 때문에 학계에서는 이를 열염순환熱鹽循環, thermohaline circulation이라고 한다.

한편 심층수가 표층으로 올라오는 대표적인 지역은 동태평양이다. 이 지역에서 심층수가 상승할 수 있는 것은 강한 바람으로 인해 표층수가 제거되고 있기 때문이다. 동태평양에서 솟아오르는 차가운 심층수는 하와이와 캘리포니아의 건조하고 맑은 기후를 만들어낸다. 심층수에는 해양 생물들의 먹이가 되는 영양염이 풍부하기 때문에 심층수가 솟아오르는 곳에는 큰 어장이 형성되어 있다. 이상 기후를 가져오는 것으로 알려진 엘니뇨는 동태평양에서 심층수가 잘 솟구쳐 올라오지 않는 현상을 말한다.

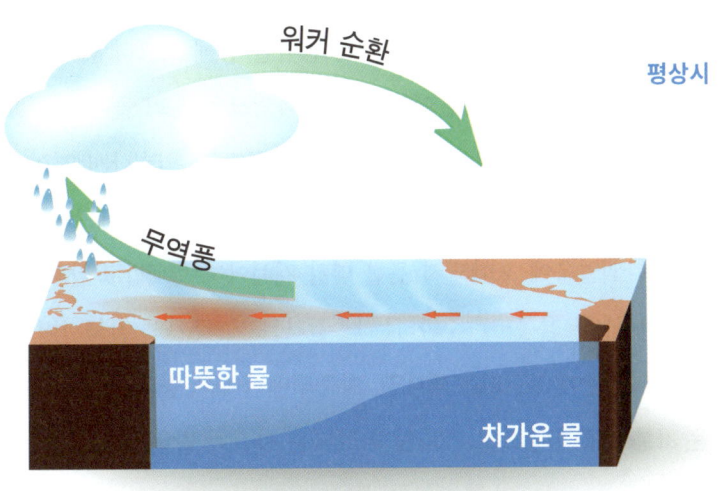

엘니뇨 현상이 나타날 때와 평상시의 차이

가라앉는 물과 솟구치는 물은 어떻게 연결될까? 북대서양에서 가라앉은 물은 대서양 심층에서 남극을 향해 흐르다 남극에서 가라앉은 물과 함께 태평양과 인도양 바닥으로 흘러 들어가고 동태평양과 인도양에서 표층으로 상승해 서쪽으로 흘러 다시 대서양에 다다른 다음 이제는 북쪽으로 흘러 원래 있었던 곳으로 회귀한다. 바다의 이러한 거대한 흐름을 대양 컨베이어 벨트라고 한다. 이 컨베이어 벨트를 한 번 순환하는 데 걸리는 시간은 약 1,000년이다. 표층과 심층이 연결되는 거대한 해수의 순환이 지구 기후를 결정하는 기본 조건이다.

바다물은 왜 짠가

　강화도에 살고 있는 함민복 시인이 쓴 〈눈물은 왜 짠가〉라는 글이 있다. 형편이 어려워 고향 이모 집에 어머니를 부탁하고 떠나려는 아들을 어머니가 붙잡는다. 건강 잘 챙기라며 식당에서 고깃국이라도 한 그릇 같이 먹고 헤어지자는 것이다. 중이염^{中耳炎} 때문에 어머니가 고깃국을 잘 먹지 못한다는 걸 알고 있는 아들의 마음은 더욱 서럽다. 어머니는 국을 한술 뜨고는 소금을 너무 많이 넣어 짜다면서 식당 주인에게 국물을 더 얻어 아들의 뚝배기에 부어 준다. 아들은 참으려던 눈물을 몰래 흘리며 "눈물은 왜 짠가?" 하고 속으로 중얼거린다. 이 글에서 눈물과 고깃국의 짠맛은 어머니의 깊은 사랑을 상징한다. '짜다'라는 말은 보통 혀로 느껴지는 소금의 맛이겠지만 인색하다는 의미로도 곧잘 사용된다. 그러나 시인은 자신의 글 속에서 이러한 일반적인 의미를 넘어, "짜다"라는 단어에 새로운 의미를 부여한 셈이다. 이 글의 제목인 "바닷물은 왜 짠가?"라는 질문에도 수많은 개인적이고 주관적이고 정서적인 느낌들이 따라붙을 수 있을 것이다.

　자연과학에서는 이렇게 정서적이고 주관적인 느낌을 최대한 배제하려고 한다. "바닷물이 왜 짠가"라는 질문을 통해 과학자들은 '짜다'라는 공통 감각을 불러일으키는 물질인 소금, 즉 화학식 NaCl로 표현되는 물질이 왜 바닷물에서 우리가 짜다고 느낄 정도로 높은 농도를 나타내게 됐는지 그 원인을 밝히고자 한다. 더 나아가 바닷물에 NaCl 외에 어떤 성분들이 녹아 있으며 왜 어떤 성분은 많고 어떤 성분은 적은지에 대한 일반적인 설명을 찾고자 한다. 그러나 사람들은 대개 사물들을 객관적 법칙보다 정서적인 끈으로 연결시키는 것을 선호한다. 그리고 설화적 설명으로 과학적 설명을 대체하기도 한다. 사물을 지배하는 객관적 법칙의 세계를 이해하기 위해서는 많은 시간과 노력이 필요할 뿐 아니라 이 과정에서 때로는 불편한 진실이 드러날 수도 있기 때문이다. 정서적이고 설화적인 이해와 과학적인 이해를 조화시키는 것이 현대 사회의 중요한 과제 중 하나인지도 모르겠다.

바닷물이 짠 이유를 설명하는 가장 유명한 설화는 요술 맷돌 이야기이다. 옛날에 어떤 임금이 보물을 내놓으라 하면 멈추라는 주문을 할 때까지 계속 보물을 내놓는 요술 맷돌을 갖고 있었다. 어느 날 이 요술 맷돌을 훔치는 데 성공한 도둑이 바다 너머 먼 곳으로 도피하기 위해 배를 타고 바다로 나갔다. 바다 한복판에서 이젠 안전하다고 느낀 도둑은 시험 삼아 맷돌에게 당시 무척 진귀했던 소금을 내놓으라 말한다. 맷돌에서 소금이 쏟아져 나오자 도둑은 부자가 됐다고 기뻐하지만 안타깝게도 그는 맷돌을 멈추는 주문을 알지 못했다. 결국 배에 소금이 너무 많이 쌓여 이 무게 때문에 배도 도둑도 맷돌도 모두 바다 밑으로 가라앉아버리고 만다. 그 후 바닷속으로 가라앉은 요술 맷돌에서 소금이 멈추지 않고 계속 쏟아져 나와 바닷물이 짜졌다는 이야기이다.

    이 설화는 물론 꾸며낸 이야기이지만 약간의 진실은 담고 있다고 봐도 무방할 것 같다. 현대 과학에서도 바닷물에 녹아 있는 소금의 기원을 요술 맷돌과 같이 바다 밖에서 찾고 있기 때문이다. 차이가 있다면 현대 해양학에서는 요술 맷돌이 단 하나라고 생각하지 않으며, 고체 상태의 소금이 그대로 바닷물로 녹아 들어간 것이라 생각하지도 않는다는 점이다. 바닷물에는 소금의 구성 성분인 소듐(Na, 나트륨)과 염소(Cl)가 서로 분리된 이온 상태로 존재하고 있다. 바닷물을 졸이면 소듐과 염소가 결합해 소금($NaCl$)의 형태로 침전하는 것이다. 바닷물에는 소듐과 염소 외에도 포타슘(K, 칼륨), 칼슘(Ca), 마그네슘(Mg) 그리고 황산(SO_4)도 다량 포함되어 있다. 해양학에서는 이 여섯 성분을 바닷물의 주성분이라고 하며 이들을 총칭해서 염분이라고 한다.

    염분 중 염소가 55%, 소듐이 30%이기 때문에 예상대로 소금($NaCl$)이 가장 많다는 것을 확인할 수 있고, 그다음으로 황산이 7.7%, 마그네슘이 3.7%, 칼슘과 포타슘이 각각 1% 정도를 차지하고 있다. 해양학이 밝혀낸 흥미로운 사실 중의 하나는 염분의 농도는 바다에서의 위치에 따라 다르지만 위에서 수치로 제시한 염분을 구성하는 주성분들 간의 상대적 비율은 어디서나 일정하다는 것이다. 소위 말해 '해수의 염분비 일정의 법칙'이다. 지구가 장기간의 진화 과정을 통해 어느 정도 평형을 이룬 상태임을 짐작하게 하는 대목이다.

해양학에서는 이 주성분들이 저마다 다른 곳으로부터 다양한 경로를 통해 바다로 공급되었고 바다에서 다른 과정을 겪고 있다고 추론한다. 우선 소듐, 마그네슘, 포타슘, 칼슘은 강물을 통해 바다로 공급된 것으로 추측하고 있다. 소듐을 비롯한 이 원소들이 대륙을 이루고 있는 화강암의 주요 구성 성분이기 때문이다. 화강암이 풍화되면 이 원소들이 강물로 녹아들어 강물과 함께 바다로 흘러들어 가는 것이다. 그런데 강물 중 소듐과 포타슘의 비율은 바다와 대체로 비슷하지만 이산화탄소(CO_2)는 35%, 칼슘은 20% 포함되어 있어 바닷물과 다르다. 즉, 강물을 졸인다고 해서 바닷물과 같아지지는 않는다는 이야기이다. 강물을 통해 공급된 이산화탄소와 칼슘이 바다에서 상대적으로 농도가 낮아지게 된 것은 바다에 서식하는 플랑크톤들이 이 성분들을 이용하기 때문이다. 반면 플랑크톤이 거의 사용하지 않는 소듐은 계속 높은 농도를 유지하게 된다.

소듐 외에 소금을 구성하는 다른 주요 성분인 염소는 어디에서 온 것일까? 지구과학에서는 염소가 화산 활동을 통해 지구 맨틀로부터 뿜어져 나왔다고 추론한다. 화산에서 뿜어져 나오는 기체에는 맨틀에서 기원한 다량의 염소와 황산이 포함되어 있기 때문이다. 그런데 현재 관찰할 수 있는 화산 활동만으로 바닷물에 존재하는 막대한 양의 염소를 설명하기엔 부족하다. 그래서 과학자들은 지구 생성 초기에는 현재보다 더 격렬한 화산 활동이 있었고 맨틀

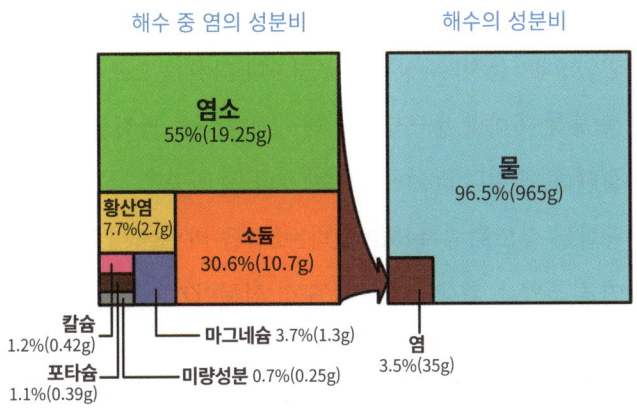

1kg의 해수와 거기에 들어 있는 염의 성분비

로부터 더 많은 양의 염소가 수증기와 함께 지표로 분출했다고 추측한다. 바닷물의 소금은 화산 분출을 통해 공급된 염소와 강물로부터 운반된 지각 풍화 물질이 결합하여 만들어진 셈이다.

요술 맷돌 이야기에는 다른 맹점도 존재한다. 맷돌에서 끊임없이 소금이 쏟아져 나오고 있다면 바닷물은 시간이 흐를수록 계속 더 짜져야 할 것이다. 그러나 해양학에서 관찰한 결과에 의하면 바닷물은 오랜 기간 염분의 농도를 비교적 일정하게 유지하고 있다. 강물과 화산을 통해 바다로 유입되는 염분의 양과 바다에서 이 염분들이 제거되는 양이 균형을 이루고 있기 때문이다. 이는 전 지구적인 물의 순환 과정과 관련되어 있다.

지구는 물의 행성이라고 하는데, 이 말은 지구가 생명체가 살 수 있는 행성임을 뜻하기도 한다. 물의 존재 여부가 생명체의 생존을 위한 중요한 조건들 중의 하나이기 때문이다. 지구의 이웃 행성인 화성에 물이 존재하는지 여부에 대한 논란은 아직 진행 중이지만 화성에 물이 있다고 한들 소량에 불과할 것이다. 금성의 경우 물이 존재하는 것은 확실하지만 고온 때문에 대부분 수증기 상태로 대기 중에 분포한다. 화성이나 금성에서 생명체가 아직까지 확인되지 않는 것은 이런 이유 때문일 것이다. 지구는 다양한 기후 변화를 겪어오긴 했지만 평균적으로 물이 액체 상태로 존재할 수 있는 0℃에서 100℃ 사이의 온도를 유지해왔고 그 덕분에 다양한 생명체가 살아갈 수 있는 터전이 될 수 있었던 것이다.

물은 바다에도 강에도 호수에도 구름에도 그리고 떨어지는 빗물로도 존재한다. 잘 보이지는 않지만 물은 지하수로도 토양 사이에도 대기 중에도 분포한다. 물론 생명체에도 다량의 물이 포함되어 있다. 그런데 지구에서 물이 가장 많이 저장되어 있는 곳은 어디일까? 대개 바다를 생각하겠지만 사실은 지구 내부의 맨틀이다. 아직 논란이 많지만 맨틀에는 바다보다 3배 이상의 물이 분포하고 있을 가능성이 높다고 한다. 맨틀의 물은 지구 내부의 순환에서 윤활제 등 중요한 역할을 하지만 생명체와 직접 관련을 맺고 있는 것은 역시 지표 근처에 분포하는 물일 것이다. 지표 근처에서 물이 가장 많이 저장되어 있는 곳은 당연하게도 바다이다. 바다에 있는 물의 양은 지표 근처 물 중 약 97.3%에 달한다. 그다음은 극지에 분포하는 빙하로 2.1%에 해당한다. 바다와 빙하 상태로 존재하는 물의 양만 합해도 99.4%에 달하는 셈이니 지표 근처의 물은 대부분 바다와 극지에 존재한다고 해도 크게 틀린 말은 아닐 것이다. 바다, 극지 빙하 다음으로 많은 양의 물이 저장되어 있는 곳은 어디일까? 그곳은 바로 지하로서 지하수의 형태로 존재하고 있다. 그 양이 0.6%에 달한다고 하니 지하수까지만 와도 거의 100%에 도달했다

지표 근처에서의 물의 순환

고 볼 수 있다. 이렇게 보면 우리에게 친숙한 강이나 호수에 존재하는 물의 양은 정말 미미하다고 할 수밖에 없다. 그러나 강과 호수가 우리 삶에 미치는 영향은 막대하다.

  이렇게 다양한 저장소에 존재하는 물은 고정되어 있지 않고 그 사이를 끊임없이 순환한다. 강물과 지하수는 계속 바다로 흘러 들어가고 바다는 계속 증발해서 수증기를 만들고 이 수증기는 비가 되어 떨어진다. 육상으로 떨어진 빗물은 다시 강물과 지하수가 되어 바다로 흘러 들어간다. 이것이 지표 근처에서 일어나는 물의 순환이다. 전 지구적 물의 순환을 이해하기 위해서는 맨틀과 화산 활동까지 포괄해야 하겠지만 아직 많은 부분이 미지의 영역으로 남아 있다. 여기서는 일단 지표 근처에서 일어나는 물의 순환을 좀 더 구체적으로 살펴보고 아울러 바닷물은 짠데 왜 강물은 짜지 않은지, 그 이유를 설명해보고자 한다.

  강물은 기본적으로 빗물이 모여서 이루어진 것이다. 따라서 "왜 빗물은 짜지 않을까"라는 질문에서 출발하는 것이 합리적일 것이다. 빗물은 대부분 바다물이 증발한 수증기가 모여서 형성한 구름이 다시 물방울로 응결하여 지상으로 떨어진 것이다. 빗물을 분석해보면 염분의 조성이 바닷물과 대체로 유사하다는 것을 확인할 수 있다. 그러나 빗물이 짜지 않은 것은 바닷물이 증발할 때 소금 성분은 극히 일부만이 섞여 들어간 탓에 그 농도가 낮아졌기 때문이다. 소금물을 끓여서 올라온 수증기를 모아 물을 만들었을 때 그물이 짜지 않은 것과 비슷한 이유이다. 그렇다면 빗물이 모여서 이루어진 강물은 빗물과 조성이 완전히 같을까? 여기서 고려해야 할 중요한 변수가 바로 시간이다.

바다에서 증발한 수증기가 구름을 형성하고 비가 되어 다시 떨어지는 데까지 걸리는 시간은 대략 7~8일 정도로 알려져 있다. 빗물의 조성이 바닷물과 현격히 다르지 않은 것은 이 짧은 체류 시간의 영향이 클 것이다. 그런데 떨어진 빗물이 강물로 모여들어 다시 바다로 흘러 들어가는 데는, 지역에 따라 큰 편차가 있겠지만 최대 2~6개월 정도의 시간이 소요된다. 지하수의 경우는 표층에서 가까울 경우 100~200년, 심층의 경우 1,000년 정도 체류하는 것으로 알려져 있다. 땅으로 스민 빗물이 흙을 통과해 강물로 모여들고 다시 바다로 흘러가는 2~6개월의 체류 기간 동안 원래의 조성에 변화가 생기리라는 것은 쉽게 추측해볼 수 있을 것이다. 사실 이 과정에서 암석의 풍화를 통해 흘러나온 규소, 소듐, 포타슘, 칼슘 등의 성분이 녹아 들어가고 강물은 원래의 빗물에 비해 이러한 성분들의 함량이 더 높아지게 된다. 그러나 이 정도의 체류 기간은 강물의 조성이 원래의 빗물과 완전히 달라지게 할 만큼 충분한 것은 아니다. 물에 흙을 6개월간 담가둔 후 흙을 걸러냈을 때 물의 조성이 얼마나 달라질까? 6개월 만에 강물의 소듐 농도가 바닷물 수준으로 높아질 가능성은 거의 없다고 봐야 할 것이다.

바다는 강에 비해 규모가 절대적으로 크기 때문에 그 체류 기간이 비교할 수 없을 만큼 길 것임은 자명하다. 그런데 바닷물이 완전히 섞이는 데는 어느 정도의 시간이 필요할까? 북대서양에서 가라앉은 해수가 다시 제자리로 돌아오는 데 걸리는 시간은 약 1,000년 정도로 알려져 있는데 바닷물이 한 번 완전히 섞이는 시간도 이와 유사하다. 바다에 공급된 성분들 중 바닷물이 완전히 섞이는 1,000년보다 긴 기간 동안 증발이나 침강을 통해 제거되지 않고 살아남는 성분들이 바닷물의 기본 조성을 형성하게 된다. 바닷물에 녹아 있는 6가지 대표 성분, 즉 소듐과 염소, 포타슘, 칼슘, 마그네슘 그리고 황산은 1,000년 정도가 아니라 수백만 년에서 수천만 년 동안 제거되지 않는 성분들이다. 이 성분들이 전체 바다에서 거의 일정한 비율을 나타내는 것은 바다에서 수백만 년 혹은 수천만 년 동안 버티면서 잘 섞였기 때문이다.

이상이 지표상의 물의 저장소들을 중심으로 생각해본 물의 순환 과정이다. 그런데 이러한 순환만으로 바다의 성분들이 모두 설명될 수 있는 것일까? 해양학자들은 앞에서 제시된 모델을 바탕으로 관측과 정량적인 계산을 수행함으로써 많은 부분이 설명될 수 있다는 것을 확인했다. 그러나 설명되지 않는 부분들 역시 존재한다는 사실이 확인되었다. 예를 들어 마그네슘의 경우 바닷물은 예상보다 낮은 값을 나타내고 있는 것이다. 이러한 변칙 사례들은 앞에서 제시한 것 외에 다른 변수들이 존재할 가능성을 암시한다. 그 중 대표적인 것이 바로 중앙 해령에서의 해저 열수 작용이다. 바닷물이 중앙 해령 주변 지각을 뚫고 들어가 조성이 변화되어 다시 분출하는데 이 과정에서 바다의 조성도 영향을 받는다.

망망대해에서 어떻게 위치를 알 수 있을까

대양 한복판에 있으면 마치 나 자신이 커다란 원반의 중앙에 놓여 있고 위로는 둥그런 천장이 덮고 있는 것 같은 느낌을 받게 된다. 우주는 무한에 가깝지만 인간의 감각적 인식에는 한계가 있기 때문에 일정 거리 이상에 놓인 것들은 거리감이 사라지고 모두 같은 거리에 있는 것으로 인지되기 때문일 것이다. 그래서인지 바다에 떠 있는 느낌은 의외로 아늑하다. 짙은 푸른색을 띤 바다는 쉴 새 없이 백색의 거품을 만들어내며 출렁이지만 어느 방향을 봐도 대개 비슷하다. 이에 비하면 하늘은 훨씬 다채롭다. 구름은 온갖 형상을 띠다가 해가 저무는 저녁이면 화려한 색으로 물들고, 밤이 되면 쏟아지기라도 하는 것처럼 수많은 별들이 나타난다. 관심만 있다면 북반구에서는 안드로메다은하를, 남반구에서는 마젤란이 처음으로 기록했다는 마젤란은하도 볼 수 있다.

"별이 빛나는 창공을 보고, 갈 수가 있고 또 가야만 하는 길의 지도를 읽을 수 있던 시대는 얼마나 행복했던가? 그리고 별빛이 그 길을 훤히 밝혀주던 시대는 얼마나 행복했던가?"●

● 루카치 죄르지, 『소설의 이론』, 반성완 옮김, 심설당, 1998

헝가리의 철학자 루카치 죄르지[Lukács György]는 그의 유명한 저술『소설의 이론』을 이렇게 시작한다. 섬 하나 보이지 않는 망망대해에서는 바다도 어느 방향으로 봐도 비슷하고 구름도 수시로 변하기 때문에 어디가 어딘지 막막할 수밖에 없다. 다행히 GPS[Global Positioning System] 시스템이 잘 갖추어져 있는 우리 시대에 창공을 보고 지도를 읽을 필요는 없다. 인간이 띄운 '인공별' 인공위성이 뿌려주는 정보로 위치를 손쉽고도 정확하게 파악할 수 있기 때문이다. 극지연구소가 보유하고 있는 쇄빙선 아라온호도 대부분의 현대 선박들과 마찬가지로 GPS 시스템과 자동항법장치를 갖추고 있어 가기를 원하는 곳의 좌표만 입력해두면 그 지점을 향해 스스로 항해한다. 우리는 해도도 완성되어 있고, 기계 장치가 갈 수도 있고 가야만 하는 길을 손쉽게 데려다주는 시대에 살고 있는 것이다. 물론 그렇다고 해서 우리 시대가, 루카치가 말한 의미에서 행복하다 할 수는 없겠지만 말이다.

인공위성도 없고 자동항법장치도 없던 시절, 창공에 빛나는 별을 보고 직관적으로 자신의 위치를 알 수 있던 시대는 과연 존재했던 것일까? 폴리네시안들은 유럽인들이 태평양을 발견하기도 전에 이미 태평양 곳곳을 누비고 다녔다. 그들은 어떻게 자신의 위치를 파악했을까? 별을 보고 직관적으로 위치를 파악했던 것일까? 그러나 육안 관찰을 통해 해상에서 자신의 위치를 파악하는 것은 현실적으로 불가능하다. 폴리네시안이나 고대인이라고 해서 근대인이 갖지 못한 특수한 인식능력과 직관력을 갖고 있으리라 가정해야 할 어떠한 근거도 없기 때문에 그런 시대는 존재하지 않았다고 보는 것이 합리적이다. 루카치의 문장은 현대 사회의 상실감을, 존재하지 않았던 어떤 상상적 세계와의 비교를 통해 강조한 일종의 메타포 metaphor로 읽어야 할 것이다.

콜럼버스가 신대륙을 발견한 이후 대양으로 항해를 나섰던 유럽인들에게, 바다 위에서 배의 위치를 파악하는 것은 수많은 사람의 목숨과 막대한 재산이 걸린 절실한 문제였다. 하지만 이를 위해서는 엄청난 고난도의 관측과 계산이 필요했다. 유럽에서는 그리스 시대부터 지구가 구형이라는 것과 대략의 크기까지 알려져 있었다. 월식이 달에 나타난 지구의 그림자라는 것도 알고 있었다. 그리고 '구형'의 지구에서 위치 기술에는 위도와 경도를 사용하는 것이 합리적이라는 것도 이미 알았다. 동아시아 사회가 18세기까지 "하늘은 둥글고 땅은 사각형이다 天圓地方"라는 관념에 갇혀 있었던 것과는 달랐던 것이다.

위도는 적도에 평행한 동심원들이고 경도는 남북극을 다른 각도로 지나는 큰 원들인데, 위치는 위도와 경도가 만나는 점으로 표현된다. 적도에 평행한 위도는 태양의 높낮이나 별의 관측을 통해 비교적 쉽게 계산할 수 있지만 경도는 그렇지 않다는 것이 문제의 핵심이었다. 경도는 어림짐작에 의존할 수밖에 없었기 때문에 대형 선박 사고가 일어나는 경우가 잦았던 것이다. 경도 문제 해결이 대양 무역의 위험 요소를 줄이는 데 절실한 문제였기 때문에 각국에서는 많은 상금을 걸고 이 문제를 해결할 묘수를 찾았다. 특히 당시 해상 무역을 주도하던 영국 의회가 내걸었던 상금은 막대했다. 그 유명한 갈릴레이도 경도 문제에 도전했고 뉴턴도 이 문제를 고민했으나 해상에서 경도를 알아낼 수 있는 획기적인 방법을 발견해내진 못했다. 경도 문제에의 도전은 대체로 두 가지 방향으로 추진되었다. 하나는 천체 관측에서 경도를 추론하는 것이었는데 그중 달의 위치를 측정하는 것과 이에 대한 방대한 데이터베이스를 구축하는 것이 가장 유력해 보였다. 그러나 이 방법은 많은 문제를 안고 있었고 안전을 보장할 만한 효율성과 정확성을 끝내 달성해내지 못했다.

다른 하나는 천체에 의존하지 않는 순수한 기술적 방법이었는데 바로 두 지점 간의 시간 차를 이용하는 것이었다. 예를 들어 서울의 시간과 런던의 시간을 알면 두 도시의 시간 차를 이용해 경도차를 계산할 수 있다. 선박이 위치한 곳의 시간은 태양의 위치로 알 수 있기 때문에 비교할 수 있는 기준점의 시간만 알면 된다. 기준점의 시간은 출항 전 항구에서 시간을 맞춘 시계를 배에 실으면 알 수 있다. 결국 이 방법은 오랜 항해에 견딜 수 있는 정확한 시계를 만들어낸다는 기술적 목표로 귀결되는데, 이것은 그 당시 기술 수준으로는 기의 불가능했다. 이 시계는 배의 진동에도, 날씨에도, 온도와 습도 변화에도 거의 영향을 받지 않아야 하기 때문이다. 그러나 난공불락으로 보였던 온갖 기술적 난관을 극복하고 정확한 해

존 해리슨이 만든 해상 시계

상 시계를 만들어내는 데 성공한 사람이 있었으니, 그가 바로 영국의 시계 기술자 존 해리슨$^{John\ Harrison}$이었다. 그가 만든 시계는 81일간의 시험 항해 기간 동안 단 5초의 오차만이 발생했다고 하니, 정말로 놀라운 기술이다. 그는 경도 문제 해결을 위한 시계 제작에 일생을 바쳤고 우여곡절 끝에 말년인 1776년이 되어서야 막대한 상금을 받아낼 수 있었다. 제임스 쿡의 정확한 측량 활동도 해리슨이 디자인한 시계 때문에 가능할 수 있었던 것이었다.

남극은 왜 차갑고 고독한 대륙이 되었을까

영국 왕립학회의 후원으로 금성의 개기일식 관찰을 위해 남태평양을 항해하던 영국의 제임스 쿡 선장은 첫 번째 임무를 완수한 후, 다음 임무가 담긴 봉투를 열었다. 봉투에는 남쪽으로 계속 항해해 '미지의 남방 대륙'을 찾으라는 임무가 담겨 있었다. 당시 유럽인들은 아메리카 대륙을 발견한 후 드넓은 태평양 남쪽에 또 다른 대륙이 있을 것이라 상상했다. 유라시아 대륙과 북아메리카 대륙 같은 거대한 대륙이 존재하는 북반구와 균형을 맞추기 위해서는, 남쪽에도 그에 맞먹는 크기의 대륙이 있어야 한다고 생각한 것이다. 유럽인들은 그 대륙이 오래전부터 동경해오던 따뜻한 남방 대륙일 것이라 상상했다. 쿡 선장은 이 남방 대륙을 찾아 레졸루션호와 어드벤처호, 두 척의 배를 지휘하여 탐사를 떠났다. 1772년부터 1775년에 걸쳐 유빙이 떠다니는 67°S까지 남태평양을 샅샅이 조사했지만 끝내 남방 대륙을 발견하지 못했다. 쿡은 남방 대륙을 발견하지는 못했지만 남태평양에 대한 상세한 보고서를 남겨 남극해에 대한 수많은 어업과 탐험을 촉발했다. 제임스 쿡이 도달했던 한계를 넘어 남극 대륙을 최초로 발견한 것은 1820년 러시아의 탐험기 파비인 벨링스하우젠(Dellingshausen)이 이끈 보스토크호와 미르호 탐사팀이었다. 러시아 탐사팀은 유빙이 떠다니는 거친 해역을 뚫고 마침내 새로운 대륙을 발견했다. 그러나 그곳은 빙하로 완전히 뒤

덮여 인간이 살 수 없는 혹독한 환경이었다. 따듯한 남방 대륙이 아닌 혹독한 남극 대륙을 발견한 것이다.

　　　남극 대륙에 대한 최초의 과학적 접근은 영국의 제임스 클라크 로스 경 Sir James Clark Ross이 지휘했던 19세기 중엽 에러버스호와 테러호 탐사이다. 당시 영국 왕립학회에서는 항해에 도움을 주기 위해 지구 자기장을 체계석으로 조사하고 있었고 북극해에서 자기장의 북극을 발견한 제임스 클라크 로스에게 자기장의 남극도 찾으라는 임무를 맡겼다. 1839년 영국을 떠나 지구 자기장을 따라 계속 항해하던 두 척의 배는 남극 대륙에 도달했고 나중에 지휘자의 이름을 따 로스해 Ross Sea라는 이름이 붙게 될 남극 대륙의 가장 큰 내해를 지나 마침내 거대한 빙벽에 도달했다. 거기서 그들은 놀랍게도 연기를 뿜는 화산을 발견했는데 이 활화산을 그들이 승선하고 있던 배의 이름을 따 에러버스산이라 명명했다.

　　　배를 타고 남극 대륙 연안을 배회하던 인류가 본격적인 대륙 내부 탐험에 나선 것은 20세기 초반부터였다. 로버트 스콧 Robert Scott의 탐사대는 경쟁자 로알 아문센 Roald Amundsen 팀에게 남극점 정복의 선수를 빼앗기고 귀환 길에 비극적 최후를 맞았지만, 남극 대륙의 진화를 이해하는 데 중요한 정보를 제공하는 15kg의 표본을 가져왔다. 여기에는 고생대의 식물화석 글로소프테리스 Glossopteris가 포함되어 있었는데 이 화석은 남극 대륙이 곤드와나 Gondwana라고 불리는 거대한 대륙의 일부였다는 유력한 증거 중의 하나였다. 곤드와나는 남극 대륙은 물론 아프리카, 인도, 호주, 뉴질랜드, 남아메리카가 모두 뭉쳐 있던 과거의 대륙이다. 인류 생활권에서 가장 멀리 떨어져 있어 가장 늦게 발견된 남극 대륙은 현재 두꺼운 빙하로 덮여 있고 수시로 눈 폭풍이 몰아치는 극한의 환경이다. 그러나 스콧이 가져온 식물 화석이 말해주는 것은 과거에는 식물이 살 수 있을 만큼 온화했던 시절도 있었다는 사실이다. 이 식물 화석은 남극 대륙은 원래 거대한 대륙의 한 부분이었다는 것도 암시한다. 앞서 언급했듯 제임스 클라크 로스는 이 차가운 대륙에 화산 활동이 있음을 발견했다. 두꺼운 빙하, 온난했던 과거, 남극이 속했던 거대한 대륙 그리고 화산 활동, 이들 사이에 어떤 관련성이 있을까?

    우선 현재의 남극 대륙이 두꺼운 빙하로 덮여 있는 혹독한 환경인 이유에 대해 생각해보자. 먼저 남극 대륙이 남극점을 포함하는 고위도에 위치하고 있다는 사실을 고려할 필요가 있다. 위도가 높기 때문에 일조량이 상대적으로 적어 평균 온도가 낮아질 수 있기 때문이다. 그러나 이것만으로는 두꺼운 빙하와 낮은 온도를 설명할 수 없다. 기후와 날씨가 바다에 영향을 받듯 남극 대륙의 혹독한 환경 역시 주변 해류와 밀접한 관련이 있다. 지도를 보면 남극 대륙의 주변으로 태평양과 인도양, 대서양이 연결되어 있다는 걸 확인할 수 있다. 저위노에서는 태평양과 인도양, 대서양과 태평양이 거대한 대륙을 경계로 가로막혀 있는데 오직 남극 대륙 주변에서만 이 대양들이 서로 연결되어 있는 것이다. 이 연결된 통로를 통

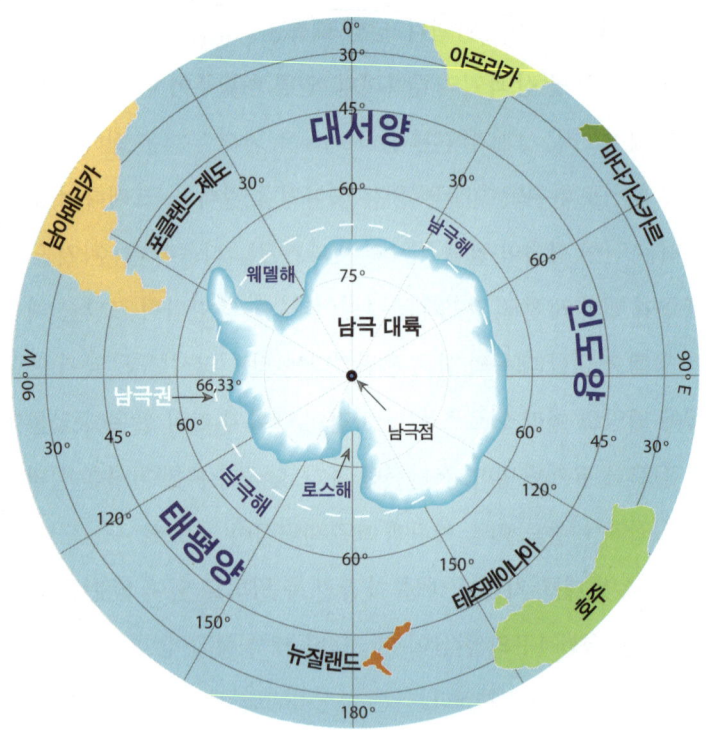

남극 대륙은 주변을 감싸며 연결되어 있는 태평양과 인도양, 대서양을 흐르는 남극 순환류의 영향을 받고 있다

해 남극 순환류가 남극 대륙을 중심으로 빠르게 회전하고 있다. 이 남극 순환류는 마치 무더위를 막아주는 얼음주머니같이, 적도 지방의 따뜻한 해류가 남극 대륙까지 흘러 들어오는 것을 차단하고 남극 대륙의 온도를 떨어뜨리는 데 중요한 역할을 하고 있다. 남극대륙을 온통 덮고 있는 빙하도 햇빛을 반사해 남극 대륙의 온도를 떨

어뜨리는 방향으로 작용한다. 남극 대륙을 서남극과 동남극으로 가르는 남극 횡단 산맥도 기류의 흐름에 영향을 주어 남극 대륙의 기온을 떨어뜨리는 데 기여한다.

  남극 대륙의 혹독한 환경은 이처럼 현재 남극 대륙이 놓인 여러 조건이 상승 작용을 일으켜 빚어낸 결과다. 따라서 과거 남극 대륙이 현재와 달리 온화한 상태인 시절이 있었다면 그때는 지금과 조건이 달랐다는 걸 의미한다. 그렇다면 이 조건들은 과거에 어떻게 달랐고 어떤 이유로 현재와 같이 변화된 것일까? 판구조론이 이 물음에 유력한 설명을 제공해 준다. 판구조론은 지구를 설명하는 종합적 이론으로서, 지구의 외각이 딱딱한 판으로 구성되어 있고 해양 및 대륙 지각의 생성, 대륙의 충돌과 균열, 화산 활동과 지진 등 다양한 지구의 현상이 이 지판들의 이동과 상호작용을 통해 설명된다는 말로 요약된다.

  남극 환경의 변화가 어떻게 지판들의 이동과 상호작용을 통해 설명될 수 있을까? 앞서 말했듯 남극 대륙은 한때 남반구에 위치했던 곤드와나라는 거대한 대륙의 일부였다. 식물 화석이라는 증거 외에 남극 대륙과 주변 대륙의 지형만 살펴봐도 곤드와나 대륙의 존재를 가늠해볼 수 있다. 예를 들어 남극 대륙의 서북쪽과 호주의 남쪽 해안선을 비교해보면 퍼즐과도 같이 잘 들어맞는다. 남아메리카 대륙, 아프리카, 인도, 호주, 남극 대륙도 해안선에 따라 잘 들어맞는다. 이렇게 퍼즐을 맞추어 나가면 곤드와나 대륙을 구성할 수 있다. 그런데 식물 화석 분포나 해안선 일치 등의 증거만으로 이 대륙들이 하나로 뭉쳐 있었다고 주장하기에는 근거가 너무 빈약한 것 아닐까? 20세기 초반에 알프레드 베게너^{Alfred Lothar Wegener}도 해안선의 일치 화석 분포의 연속성 등을 근거로 대륙 이동설을 주장하다가 동시대 과학자들에게 무시당하지 않았던가?

판구조론의 과학적 승거는 내양의 바닥, 즉 해양 지각에서 찾을 수 있다. 해양 지각은 중앙 해령이라는 곳에서 형성되는데, 이 중앙 해령은 전 지구를 야구공의 실밥 같은 형태로 두 바퀴 휘감고 있는 지구 최대의 활화산 산맥이다. 중앙 해령에선 지각 아래 맨틀에서 녹아 나온 뜨거운 용암이 지속적으로 분출하고 있으며 해양 지각은 이 용암이 굳어져서 만들어진 것이다. 이 해양지각은 중앙 해령에서 멀어질수록 나이를 먹어간다. 중앙 해령에서 막 분출된 용암이 굳어져 만들어진 해양 지각의 나이를 0살이라고 하면, 중앙 해령에서 가장 멀리 떨어져 있는 대륙 주변 해양 지각의 나이는 오래된 서태평양의 경우 2억 살에 가깝다.

해양 지각이 이와 같은 연령 분포를 나타낸다는 사실을 알 수 있었던 것은 그 전에 지구 자기장 변화에 대한 연구가 축적되어 있었기 때문이다. 나침반의 바늘은 남북을 가리키는데, 이는 지구가 하나의 거대한 자석이기 때문에 나타나는 현상이다. 그런데 지구라는 자석은 자력의 세기뿐 아니라 N극과 S극의 위치도 고정되어 있지 않고 시간이 지남에 따라 변한다. 지구의 N극과 S극은 위치가 수시로 변할 뿐 아니라 N극과 S극이 서로 뒤집어지는 역전 현상도 주기적으로 나타나는데, 해양 지각에 이러한 역전 현상의 역사가 기록되어 있었던 것이다. 해양 지각에 지자기 역전 현상이 기록될 수 있었던 것은 중앙 해령에서 분출된 용암이 식어가면서 그 속에 함유되어 있던 자철석 조각(자석 가루)들이 당시의 지구 자기장의 방향으로 배열되기 때문이다. 이것은 마치 자기 테이프에 음악이나 영상이 기록되는 원리와 유사하다. 해양 지각에 기록된 지구 자기 역전 현상은 해저 확장과 대륙 이동의 가장 강력한 증거가 되었다. 지구 자기장 변화의 역사는 이미 알고 있었기 때문에 해양 지각에 기록되어 있는 지구 자기장의 세기와 방향을 측정하면 해양 지각의 위치별 나이를 알 수가 있고, 이를 통해 해저가 어떻게 확장하고 대륙이 어떻게 이동해 갔는지를 추적할 수 있게 된 것이다. 해양지각은 지판 이동의 역사를 담은 자기 테이프인 셈이다.

남극 대륙은 중앙 해령으로 둘러싸여 있는데, 전체 중앙 해령의 약 3분의 1에 해당할 정도로 대규모이다. 남극 대륙이 중앙해령으로 둘러싸여 있다는 것은 곧 해양지각으로 둘러싸여 있다는 의미이다. 남극 주변 해양 지각이라는 자기 테이프를 거꾸로 돌려 보면 남극 주변 대륙 이동의 역사를 추적할 수 있는 셈이다. 이 자기 테이프에 따르면 쥐라기 말까지도 남극 대륙은 곤드와나의 한 구성원이었음을 알 수 있다. 그런데 1억 2,000만 년 전, 쥐라기 말부터 남극 대륙의 서쪽에서 남아메리카 대륙, 아프리카 그리고 인도가 떨어져 나가기 시작한다. 남아메리카 대륙과 아프리카도 분리되고 멀어져가면서 대서양을 형성하고, 인도는 북진하면서 인도양을 형성한다. 남극 대륙은 이때도 여전히 남극점에 위치하고 있었다. 대서양과 인도양이 기본 형태를 갖추게 되는 8,000만 년 전, 즉 백악기 말부터 남극 대륙의 동쪽에서는 뉴질랜드가 떨어져 나가기 시작한다. 이때 남극 내륙과 호주의 균열도 시작된다. 뉴질랜드가 빠른 속도로 분리되는 것에 비해, 호주는 천천히 남극으로부터 떨어져 나가다가 4,000만 년 전, 즉 신생대 초기가 되면서 좀 더 빠른 속도로 분리된다.

    2,000만 년 전에 이르면 최남단 태즈메이니아가 남극 대륙에서 떨어짐으로써 호주는 남극 대륙과 완전히 분리된다. 비슷한 시기에 남아메리카 대륙의 최남단도 남극 대륙과 완전히 분리되고 남극 대륙은 바다로만 둘러싸인 고립된 섬 같은 상황이 된다. 바다로만 둘러싸이게 된 남극 대륙 주변에는 이제 남극 순환류가 흐르며 따뜻한 해류들의 접근이 차단된다. 다른 대륙들은 북진하면서 점점 더 멀어지고 홀로 남은 남극 대륙은 점점 더 차가워져 쌓인 눈들도 녹지 않아 결국 두꺼운 빙하로 뒤덮이게 된다. 하얀 빙하로 뒤덮인 남극 대륙은 햇빛을 더 많이 반사해 온도가 더 떨어진다. 이와 같은 과정을 통해 오늘날 우리가 보고 있는 남극 대륙은 차디찬 얼음의 대륙이 되고 만 것이다. 남극 대륙의 두꺼운 빙하와 혹독한 날씨는 다른 대륙들을 다 떠나보내고 홀로 남겨진 남극 대륙의 고독

남극은 1억 2,000만 년의 세월을 거쳐 지금과 같은 고독한 형태로 자리를 잡았다

 탓일까? 혹독해진 남극 대륙에서는 이제 대부분의 식물과 동물이 살 수 없게 되고 지방층이 두터워 혹독한 추위를 견딜 수 있고 수영에 능숙해 바다에서 먹이를 취할 수 있는 펭귄 같은 생물들만이 생존할 수 있게 된 것이다.

 남극 대륙 고립의 역사는 남극 대륙 주변에 쌓인 퇴적물 연구를 통해 좀 더 구체적으로 확인할 수 있다. 남극 주변 바다 아래 쌓이는 퇴적층에는 해류와 해수의 온도 변화에 따른 생물군의 변화, 남극 대륙에 빙하가 쌓이면서 나타나게 되는 빙하 퇴적물 공급의 역사가 기록되어 있기 때문이다. 1977년 남극 대륙 주변에서 대규모의 해저 지각 시추가 진행되었다. 그리고 시기에 따른 생물군의 변화나 퇴적상의 변화, 빙하 퇴적물의 출현 시기 등이 면밀히 연구되었다. 그 결과 곤드와나의 분열과 지판들의 운동, 그리고 그로 인해 남극 대륙이 고립되어가면서 나타나는 남극 환경 변화의 역사가 퇴적층에서 구체적으로 확인되었다.

곤드와나 대륙의 균열이 시작된 이유는 무엇일까? 많은 과학자들은 초대륙의 균열이 맨틀 플룸mantle plume이라고 불리는, 지구 하부 맨틀에서부터 올라오는 맨틀의 강력한 상승과 관련 있다고 생각한다. 맨틀 플룸이 상승해서 대륙의 하부를 때리고 균열을 일으키고 대규모의 화산 폭발이 발생한다는 것이다. 남극 대륙과 인도, 아프리카와 남아메리카 대륙의 갈라진 경계에는 이러한 대규모 화산 활동의 흔적이 관찰된다. 제임스 클라크 로스 탐사팀이 목격한 에러버스의 화산 활동은 대륙의 균열을 초래한, 강력한 맨틀 플룸의 잔존 효과일 가능성이 높다. 보이지 않는 지구 내부 맨틀의 거대한 흐름이 곤드와나 대륙의 아랫부분을 강타하면서 균열을 일으키고 이에 수반되어 지판이 상호 작용하는 힘의 패턴에 변화가 생기고 깨어진 대륙의 조각들 대부분이 북쪽을 향해 이동해버리면서 남극에는 남극 대륙만 덩그러니 남게 된 것이다. 이처럼 보이지 않는 거대한 맨틀의 흐름이 지구환경 변화의 기폭제가 되었고, 우리는 그 효과를 남극에서 극명하게 보고 있는 것이다.

북극은 왜 얼어붙은 바다가 되었을까

　많은 사람들이 지구 온난화의 징후가 가장 심하게 나타나는 지역으로 북극해를 거론한다. 지구 온난화 때문에 해빙의 양이 줄어들어 북극곰들이 멸종 위기에 처해 있다는 경고는, 지구 온난화의 위험성을 전하는 상징적인 메시지이다. 물론 이것은 환경론자들의 주장이며, 지구 온난화를 심각하게 받아들이지 않는 사람들 역시 많이 있다. 예를 들어 북극해의 해빙이 사라지면 오랜 숙원인 북극해를 횡단하는 북서 항로가 활성화될 것이라 기대하는 사람들도 있다. 그리고 북극해에 부존되어 있을 것으로 예상되는 막대한 자원을 개발할 수 있는 길이 열림으로써 경제 활성화의 계기가 될 것이라 주장하는 사람들도 있다. 이들에게 있어서 북극곰 멸종 위기

북극은 육지가 아니라 얼어붙은 바다와 해빙이다

는 환경 보호론자들의 과장일 뿐이다.

　　나는 지구 온난화는 인류가 직면한 중요한 문제 중의 하나이며, 속도를 늦추기 위해 노력해야 한다는 입장이다. 지구의 온도가 지속적으로 상승하고 있는 것은 엄연한 사실이며, 이 현상이 인간의 활동과 관련이 있다는 가능성을 부정할 수 없기 때문이다. 그러나 고민이 부족한 맹목석 환경 보호론자들에 대한 비판적인 시각도 가지고 있다. 환경을 보호하든, 자원을 개발하든 간에 지구에 대한 깊은 이해가 선행해야 하는 것 아닐까? 우리는 그간 북극해의 얼음이 녹는 것을 걱정해왔는데, 이번에는 시각을 좀 달리해서 "애초에 북극해는 왜 얼어붙었을까?"라는 질문을 던져보고자 한다.

　　많은 사람들이 남극이나 북극은 추운 곳이니 늘 얼음으로 덮여 있었을 것이라 막연히 생각한다. 그런데 과연 그럴까? 북극과 남극이 얼어붙은 것은 비교적 최근의 일이다. 물론 어디까지나 45억 년이라는 거대한 지질학적 스케일로 봤을 때의 이야기이다. 남극의 경우 두꺼운 얼음으로 덮인 것은 약 3,400만 년 전부터이고, 북극의 경우는 대략 300만 년 전부터 얼어붙기 시작했다. 남극과 북극이 순차적으로 얼어붙은 것에는 연관성이 있다.

　　지구의 역사를 볼 때 육지였던 곳이 바다가 된 경우도 있고 바다였던 곳이 육지가 된 경우도 있다. 북극은 육지였다가 바다가 된 곳 중의 하나이다. 현재 지표상에 존재하는 모든 대륙은 판게아Pangäa라는 거대한 대륙의 일부였다. 북반구의 판게아는 로라시아^Laurasia, 남반구의 판게아는 곤드와나로 명명되어 있다. 현재 북극해 지역은 로라시아 대륙의 일부였던 것이다. 판게아 대륙 균열이 시작된 것은 약 1억 7,500만 년 전, 쥐라기^Jura紀의 일이다. 이때부터 유라시아 대륙과 아메리카 대륙이 갈라지고 대서양이 형성되기 시작했으며, 대서양이 넓어지면서 북극해 또한 형성되기 시작했다. 북극에 위치하던 로라시아 대륙의 일부분이 대서양이 넓어짐에 따라 갈라지고 여기에 해수가 밀려 들어와 지금의 북극해가 된 것이다. 대서양이 넓어지는 속도는 한가운데 위치한 대서양 중앙 해령^Mid-Atlantic Ridge의 확장 속도에 비례하는데, 북극 쪽으로 갈수록 확장 속도가 느려지기 때문에 북극해의 형성은 대서양에 비해 현저히 느린 편이다. 이렇게 형성된 북극해는, 지금으로부터 약 300만 년 전이 되어서야 얼어붙기 시작했다. 북극해의 결빙은 약 300만 년 전에 일어난 태평양과 대서양 간의 교류가 차단되는 사건과 관련되어 있다.

판게아가 갈라지면서 대서양은 점점 넓어져갔지만, 그 전까지 유일하고도 압도적으로 넓은 바다였던 판탈라사^Panthalassa는 점점 축소되어갔다. 바로 오늘날의 태평양이다. 그런데 500만 년 전까지만 해도 태평양과 대서양은 적도 부근에서 서로 통하는 바다였다. 현재 남아메리카와 북아메리카의 경계인 적도 부근이 뚫려 있어, 대서양의 물은 태평양으로 태평양의 물은 대서양으로 흘러들어갔던 것이다. 그런데 북쪽으로 이동해 가던 남아메리카 대륙이 파나마 운하 부근에서 북아메리카 대륙과 충돌하면서 350만 년전 쯤에는 완전한 차단벽이 생겼다. 두 바다의 물이 더 이상 서로 통하지 않게 된 것이다. 이렇게 두 바다 사이를 가르는 대륙의 벽은 태평양과 대서양 바닷물의 성질과 흐르는 패턴에 큰 변화를 가져왔다. 지구 표면은 약 70%가 바다이기 때문에 지구의 기후는 결국 바다의 조건에 가장 큰 영향을 받는다. 따라시 해류에서 시작된 변화는 기후 변화까지 이어지게 된다. 그 대표적 결과 중의 하나가 바로 북극해의 결빙이었던 것이다.

그런데 태평양과 대서양의 물이 서로 차단되고 해류의 패턴이 변한 게 어떻게 영향을 미쳤기에 북극해가 얼어붙었을까? 여기서 대서양 해류의 패턴이 어떻게 변화하는지를 구체적으로 생각해 볼 필요가 있다. 태평양과 대서양 사이에 벽이 생기게 되면, 대서양의 적도 부근에서 태평양을 향해 흘러가던 바닷물은 이 벽에 가로막혀 북아메리카 대륙 동쪽 해안을 타고 북극해를 향해 흘러들어간다(멕시코 만류). 그런데 적도 지방의 바닷물은 햇빛을 많이 받기 때문에 온도가 상대적으로 높다. 또 수분이 많이 증발되기 때문에 상대적으로 더 짜다. 해양학에서는 이것을 염농도가 높다고 표현한다. 따뜻하고 염농도가 높은 적도의 바닷물이 상대적으로 차가운 북극으로 이동하면서 북극해의 대기 중에는 많은 수분이 공급된다. 이 수분이 눈 또는 비가 되어 내리면서 북극해의 바닷물은 묽어지게 된다. 늘어난 비와 눈으로 인해 북극권인 시베리아에서 북극해

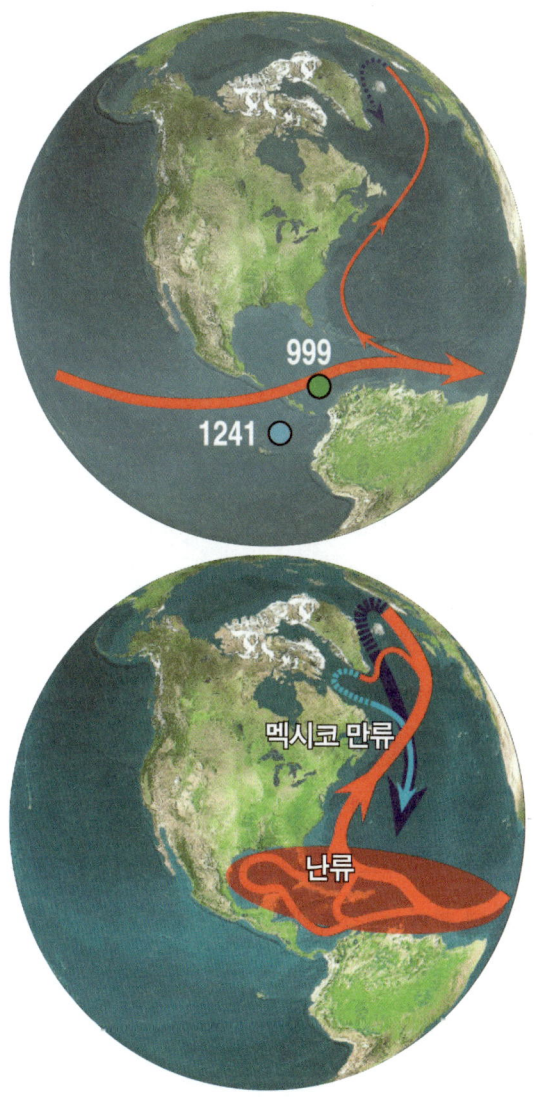

플리오세 이전(위)과 현재(아래)의 파나마 운하 부근 ©DFG

로 흘러 들어가는 강물의 양도 증가하면서 북극해 바닷물은 더 묽어진다. 바닷물이 묽어지면 얼어붙기 쉬운 상태가 된다. 바닷물이 얼어붙기 시작하면 햇빛을 더 잘 반사하기 때문에 온도는 더욱 떨어져 얼어붙는 속도는 가속된다. 현대 지구과학에서는 북극해 해빙이 형성된 메커니즘을 이렇게 설명한다.

적도에서 북극해로 흘러 들어긴 비닷물은 어떻게 될까? 이 바닷물은 온도가 낮아지면서 무거워져서 북극의 심해로 가라앉게 된다. 이 물은 대서양 해저면을 타고 남쪽으로 흘러서 남극 대륙을 한 바퀴 돈 다음 다시 태평양으로 흘러들어간다. 이 해류의 순환에 소요되는 전체 시간은 약 1,000년에서 1,500년 정도라고 한다. 대서양에서 태평양으로 직접 흘러 들어가던 물이 대서양과 태평양 사이에 생긴 벽으로 인해 이와 같이 긴 여정을 거치게 된 것이다. 이러한 해류의 패턴이야말로 현재 지구의 기후 조건을 결정하는 가장 중요한 변수임은 물론이다. 영화 〈투모로우 The Day After Tomorrow〉는 지구 온난화에 의해 전 지구적 해류의 순환이 깨졌을 때 나타날 수 있는 가장 극단적인 시나리오 중 하나이다. 이 영화가 보여주는 상황을 곧이곧대로 믿어서는 안 되겠지만, 인류의 활동이 자연이 만들어낸 조건을 급작스럽게 변화시킬 때 나타날 수 있는 위험성에 대해서는 깊게 고민해볼 필요가 있다.

북극곰과 남극 펭귄
: 북극해 바닷길을 찾아서

남극 출장을 간다고 하면 가장 많이 듣게 되는 이야기가 "펭귄을 직접 봤냐", "펭귄 사진을 찍어 와서 꼭 보여달라"라는 말이다. 대부분 사람들은 '남극'이라고 하면 즉시 펭귄을 떠올린다. 그러면 북극의 상징은 무엇일까? 펭귄만큼 인기가 있는 건 아니지만 많은 사람들이 새하얀 북극곰을 떠올릴 것이다. 그런데 남극에도 곰이 있을까? 혹은 북극에도 펭귄이 살고 있을까? 이렇게 물어보면 대부분은 고개를 갸우뚱한다. 있을 것도 같고, 없을 것도 같기 때문

북극곰과 펭귄은 서로 만날 수 있을까

이다. 답을 말하면 남극에는 곰이 없고 북극에는 펭귄이 없다. 펭귄은 남극 대륙을 비롯한 남반구의 고위도 지방에서 주로 서식하는 생물이다. 남극 대륙에는 곰이 없으니 남극의 펭귄, 북극의 곰은 대체적으로 양극 지방에 대해 대표성을 갖고 있는 셈이다. 그런데 북극에는 왜 펭귄이 살지 않고 남극에는 왜 곰이 살지 않는 것일까? 당연히 떠오르는 질문이시만 사실 답하기가 쉽지는 않다.

일단은 이러한 차이가 나타나게 된 것은 두 동물의 생태는 물론 남반구와 북반구의 대륙 분포 특성과도 관련 있다는 사실을 언급하고자 한다. 남극과 북극은 대륙과 바다의 분포에 큰 차이가 있다. 간단히 말하면 남극은 땅이고 북극은 바다이다. 북극은 유라시아 대륙과 북아메리카 대륙이 둘러싼 얼어붙은 바다인 반면, 남극은 바다로 둘러싸여 다른 대륙으로부터 격리된 대륙인 것이다. 북극곰들은 연결된 대륙을 이동하면서 북극의 환경에 적응한 동물이다. 한편 수영은 잘하지만 날지는 못하는 새인 펭귄은 주변 대륙과 고립된 남극권의 혹한 환경에서 적응하고 생존한 동물이다.

북극곰들이 북극권의 연결된 대륙을 통해 이동할 수 있었듯, 인류의 이동도 가능했을 것임은 자명하다. 북아메리카 대륙에 많은 인류가 살았던 것은 북극권을 통해 유라시아 대륙에 살던 인류가 이주했기 때문이라는 추측이 유력하다. 북극권은 많은 사람들이 살고 있는 유라시아 및 북미 대륙과 가깝기 때문에 더 많은 인류의 접근이 허용되었던 것이다. 남극 대륙이 오랜 기간 동안 오로지 상상의 대상이었던 것과는 사뭇 다르다.

현재는 동양인들이 유럽을 동경하는 경향이 우세한 편이지만 역사적으로 봤을 때는 서유럽인들이 동양과의 교류를 갈망했던 시기가 꽤 길었다. 서유럽인들은 동양과의 무역을 통해 진기한 물품을 구하고 이를 통해 막대한 이익을 얻을 수 있었기 때문이다. 그런데 오스만투르크에 의해 동로마 제국이 무너지고 육상의 통로가 봉쇄되자 서유럽인들은 바다를 통해 동양으로 가는 길을 찾기 시작했다. 유럽에서 동쪽으로 항해하면 간단하겠지만 대륙으로 가로막혀 있기 때문에 아프리카 대륙의 남쪽 끝을 돌아가는 것 외에는 방법이 없었다. 이것은 19세기 중후반 지중해와 홍해를 잇는 수에즈 운하가 개통되기 이전의 상황이다. 근대 사회에서 이 바닷길을 개척하는 데 선봉에 섰던 것이 바로 포르투갈이었다. 포르투갈의 바스쿠 다가마 Vasco da Gama 가 처음으로 아프리카 최남단 희망봉을 돌아 인도와 아시아로 가는 항로를 개척했던 것이다. 포르투갈은 이 항로를 개척함으로써 근대 초기 동서 해상 무역을 독점하게 된다.

"동양으로 가기 위해서는 동쪽으로 가야만 한다." 이 '당연한' 발상을 깨고 나선 사람이 바로 크리스토퍼 콜럼버스였다. 그는 지구는 구형이기 때문에 동쪽이 아닌 서쪽으로 가도 동양에 갈 수 있을 것이라고 생각했디. 이러한 발상이 가능했던 것은 그가 상상하던 지구의 크기가 실제보다 훨씬 작았기 때문이다. 만약 콜럼버스가 그리스의 에라토스테네스 Eratosthenes 가 계산했던 지구의 둘레를 알았다면 이 무모한 항해를 기획하지는 않았을 것이다. 그러나 잘못된 지식에 근거한 무모한 기획과 실천은 뜻밖의 결과를 낳았다. 콜럼버스는 유럽인으로서는 역사적으로 처음으로 아메리카 대륙에 상륙하게 된 것이다. 콜럼버스의 아메리카 도착은 바스쿠 다가마의 동방 항로 개척보다도 빨랐다. 자신이 당도한 곳이 인도라고 믿었던 콜럼버스는 사신이 동빙으로 가는 항로를 처음으로 개척했다고 주장했다. 이탈리아의 탐험가 아메리고 베스푸치^{Amerigo Vespucci}가 콜럼버스가 당도한 곳이 인도가 아니라 당시까지 유럽에 공식적으로 알려지지 않았던 대륙임을 확인한 것은 콜럼버스 사후의 일이었다. 마젤란이 남아메리카 대륙의 끝단을 넘어 태평양 횡단에 성공함으로써 지구의 크기가 당시에 알려진 것보다 훨씬 크다는 것을 체험을 통해 알게 된 것 역시 그 후의 이야기이다. 콜럼버스와 같이 지구의 크기가 작다고 믿었던 마젤란 탐사대는 가도 가도 끝이 없는 것 같은 태평양의 망망대해에서 좌절감에 빠졌다.

  유럽인들에 의한 동서 항로 개척의 역사는 비교적 널리 알려져 있지만 북극 항로(북서 항로) 개척의 역사는 잘 알려져 있지 않다. 북서 항로는 동서 항로에 비해 거리상으로는 짧지만 해빙을 뚫고 항해해야 하는 어려움 때문에 현재까지도 개척은 진행형이다. 그런데 유럽인들은 일찍부터 북극해 해빙에도 뱃길이 있을 것이라 믿었다. 동서 항로 개척이 활기를 띨 때부터 북서 항로 개척에 관심이 있었던 영국은 19세기 초반 나폴레옹 전쟁에서 승리를 거둔 후 남아돌게 된 해군력을 북서 항로 개척에 투입하기 시작했다. 동양과 아메리카와의 대규모 무역을 위해서는 육상의 길이 아닌 해상 항로가 필요했던 것이다.

이 시대에 출간된 메리 셸리$^{Mary\ Shelley}$의 소설 『프랑켄슈타인^{Frankenstein}』에도 등장인물들이 북극을 방황하는 장면이 등장한다. 주인공 프랑켄슈타인 박사가 자신이 만든 괴물을 쫓아 북극까지 가는 것이다. 영국의 제임스 클라크 로스가 에러버스호와 테러호를 이끌고 남극 대륙으로 접근에 성공했던 것도 이러한 시대적 배경과 관련이 있었다. 영국은 북극과의 비교를 위해 남극 탐사도 지원했던 것이다. 로스는 북서 항로 개척도 제안받았으나 거절했다. 대신 로스의 남극 탐사 당시 호주 태즈메이니아의 총독이었으며 트라팔가 해전 참전 용사이기도 했던 존 프랭클린$^{John\ Franklin}$이 남극 탐사에 활용됐던 에러버스호와 테러호를 이끌고 1845년 북서 항로 개척에 도전한다.

프랭클린 탐사대는 국민적 기대를 안고 탐사에 나섰지만 오랜 기간 감감 무소식이었다. 영국 해군은 프랭클린 탐사대에 투자된 것보다 더 많은 예산을 투자해 탐사대의 행방을 좇았다. 프랭클린이 죽지 않았으리라 믿었던 그의 부인도 사비를 투자해 대규모의 수색대를 조직해 탐사대의 행빙을 추적했나. 탐사대의 비극적 최후를 확인한 것은 그들이 떠난 지 10년 후의 일이었다. 그들의 최후는 인육을 먹어야 할 정도로 비참했던 것으로 알려져 있다. 영국 극지 탐사 방법이 확립된 것은 아이러니하게도 프랭클린 탐사대의 추적 활동을 통해서였다고 한다. 남극점 정복 후 귀환하는 과정에서 사망했던 로버트 스콧 탐사대 이상의 비극적 탐험의 역사를 북극 역시 갖고 있는 셈이다.

북극점 도전의 역사와 그 이면

북극점과 남극점은 수학적으로만 보면 지구상의 무한한 점 중의 하나에 불과할지도 모른다. 삼각뿔이나 육면체같이 각이 있는 입체들은 모서리가 극에 해당한다고 볼 수 있지만 지구 같은 구형의 경우는 어디나 똑같기 때문에 극을 정하기 위해서는 다른 기준이 필요하다. 그렇다면 지구의 극점은 왜 극점이 된 것이고 어떤 기준으로 정해진 것일까? 많은 경우 그냥 극지는 극지일 것이라 생각했기 때문에 선뜻 답하기가 어려울 것이다. 우리는 나침반을 이용해서 방향을 알 수 있다. 그런데 자침이 가리키는 대로 북으로 북으로, 남으로 남으로 계속 가면 각각 북극점과 남극점에 도달할 수 있는 것일까? 나침반이 가리키는 북쪽은 지구를 거대한 자석으로 보았을 때 이 자석의 극점일 뿐 보통 극점이라고 칭하는 지리적인 극점과는 위치가 다르다.

지리적인 극점은 지구의 자전축이 통과하는 지표상의 두 지점이다. 다시 말해 지구는 남극점과 북극점을 연결하는 축을 중심으로 자전하는 것이다. 이 자전축은 지구가 태양 주위를 공전하고 있는 면에 수직하는 것이 아니라 23.5° 기울어져 있다. 지구가 태양을 공전하는 면을 기준으로 보면 북극과 남극은 기하학적으로 지구의 가장 위와 아래도 아닌 셈이다. 자전축이 만나는 지리적 극점이 극점일 수 있는 것은 지구상의 다른 점들의 환경을 규정하는 기준이 되기 때문이다. 인간 삶의 패턴을 규정하는 가장 중요한 요소인 시간의 궁극적 기준 중의 하나가 바로 지리상의 극점들이다. 시간의 기준인 경도는 지리상의 양 극점에서 모두 만나며 양 극점의 위도는 각각 +90°, -90°이다. 극점에 간다고 하면 자기장의 극점을 가는 것도, 태양을 기준으로 한 지구의 가장 위와 아래를 가는 것도 아닌, 자전축이 통과하는 지표상의 지점인 지리적 극점에 가는 것을 의미한다.

지리적 극점에 서게 된다면 어떤 느낌이 들까? 많은 경우 사방이 온통 얼음이고 눈폭풍이 몰아치고 있는 상황을 상상하게 될지도 모른다. 이런 혹독한 환경을 고려하지 않는다고 해도 그 점에 서게 되면 일상의 경험을 초월하는 느낌을 갖게 될 것이 분명하다. 왜냐하면 극점은 밤도 낮도 없으며 시간의 기준도 다르기 때문이다. 예를 들어 우리는 서울에 살면서 밤과 낮의 시간이 다른 뉴욕의 시간에 맞추어 살수는 없다. 그러나 극점에서 우리는 어떤 시간이든 선택할 수 있다. 모든 경도선이 만나기 때문이다. 그런데 현재 양 극점에는 무엇이 있을까? 거기에 탐험가들이 꽂았던 깃발들이 아직 나부끼고 있는지 여부는 모르겠지만, 북극점은 결국 해빙 위의 한 점에 불과하다. 반면 남극점에는 최초의 도달자들의 이름을 딴 아문센-스콧 기지가 세워져 있고 연구 인력이 상주하고 있다.

인류는 지구가 둥글고 자전하고 있다는 것을 정확하게 알게 된 후부터 극점에 가고자 하는 소망을 갖게 되었다. 일상적인 경

남극점에 위치한 아문센-스콧 기지

험을 초월하는 위치에 서보고자 하는 열망 때문일까? 많은 사람들이 극점에 도달하기 위해 도전을 했고 더러는 성공을 더러는 처참한 실패와 고통을 맛보았다. 남극점을 처음 정복한 사람이 누구냐고 물으면 대부분 아문센을 기억할 것이다. 조금 더 관심이 있는 사람이라면 아문센과 스콧의 경쟁을, 더 관심이 있는 사람이라면 어니스트 섀클턴 Ernest Henry Shackleton 도 기억할 것이다. 그런데 북극점을 처음 정복한 사람에 대해서는 모르는 경우가 더 많을 것 같다. 왜 이런 차이가 있을까? 아문센, 스콧, 섀클턴의 영웅담에 비견할 만한 북극점 정복의 영웅담이 없는 탓일까? 북반구에 사는 인류가 압도적으로 많은 상황에서 북극이 좀 더 가깝게 느껴져 머나먼 남극에 비해 낭만성이 떨어지는 까닭일까? 그러나 북극점 정복에 얽힌 이야기가 남극에 비해 덜 풍족한 것도 덜 위대한 것도 아니라는 것이 내 생각이다.

    북극점 도전의 역사는 남극점 도진보다 길며 북극 탐사의 경험이 남극 탐사에 매우 중요한 참고가 되었다. 특히 북극의 추운 환경에서 적응한 이누이트족Inuit의 생활방식에 대한 연구가 북극 탐사는 물론 남극 탐사에서도 중요한 참고자료였다. 북극해 탐사에서 가장 중요한 기여를 한 인물로는 노르웨이의 프리드쇼프 난센을 꼽아야 할 것이다. 난센은 시베리아 부근 바다에서 난파한 배의 잔해가 건너편인 그린란드까지 흘러들어 왔다는 정보를 접하고, 시베리아부터 그린란드까지 흐르는 해류가 있으며 이로 미루어 북극 지역이 바다일 것이라고 추측했다. 이 해류를 타면 북극해 횡단은 물론 북극점에 도달할 수 있을 것이라 믿었던 그는 해빙을 타고 넘어갈 수 있도록 선수 부분이 특수 제작된 프람호를 건조해 시베리아에서 그린란드까지 북극점을 거쳐 북극해를 횡단하는 탐험에 나선다. 난센의 예상대로 해류를 타고 표류해 85°N 부근까지 접근할 수 있었으나 그보다 북쪽은 완전히 해빙으로 덮여 있어 배로 더 이상 접근하는 것은 불가능했다. 난센의 탐험대는 해빙 위를 걸어 북극점에 도달하고자 했으나 식량 부족으로 결국은 실패하고 만다. 그러나

난센은 유빙으로 가득한 북극해를 헤쳐나가기 위해
프람호의 선체를 둥글게 만들었다

난센은 북극해 탐험 과정에서 북극해의 해류와 동물을 연구해 큰 업적을 남겼다. 아문센도 난센의 후원을 받아 성장할 수 있었고 아문센의 남극점 정복에도 난센의 프람호를 사용했다. 아문센은 남극점 도달 전에 이미 북극해 횡단을 최초로 성공하여 북극해 탐사에서도 큰 족적을 남겼던 인물이다.

북극점 최초 정복의 영광은 미국의 탐험가 로버트 피어리[Robert Peary]와 매슈 헨슨[Matthew Henson]에게 돌아갔다. 그러나 이것은 상처 많은 영광이었다. 북극점 정복 소식이 알려지자마자 프레데릭 쿡[Fredric Cook]이라는 인물이 자신이 1년 전에 먼저 북극점에 도달했다고 주장함으로써 격렬한 논쟁에 휩싸였기 때문이다. 결국 의회 투표까지 이어져 피어리가 북극점에 최초로 도달한 인물로 인정되긴 했지만, 부실한 측량 때문에 피어리 탐사대가 정말 북극점에 도달했는지 여부에 대한 의문이 꾸준히 제기되었다. 아문센이 자신의 꿈이었던 북극점 정복 계획을 수정해서 남극점 정복에 도전한 것도 피어리가 북극점을 선점한 탓이었다. 아문센이 남극점에서 정확한 측량을 하고 뒤를 이어 곧바로 남극점에 도달할 것으로 예상됐던 스콧에게 편지까지 남긴 것은 피어리 탐사대가 겪었던 것과 같은 논란을 차단하기 위함이었다.

피어리는 북극점 정복에 평생을 바쳤고 여러 차례 실패 끝에 마지막 도전에서 결국 목적을 달성해낸 의지의 인물이다. 그러나 자신을 도왔던 이누이트족 사람들을 학대했으며 자신과 함께 북극 탐사에 결정적 기여를 한 흑인 탐험가 헨슨을 차별했던 인종주의자로서의 면모가 알려지면서 대중의 뇌리에서 잊혀갔다. 요즘은 피어리보다 헨슨을 더 높이 평가하는 분위기인 것 같다. 북극점 정복의 역사가 남극점 정복에 비해 덜 알려지게 된 것은 이러한 어두운 측면이 있기 때문인지도 모른다.

남극점을 둘러싼 성공과 비극, 위대한 실패

문: 남극점을 최초로 정복한 사람은?

답: 노르웨이의 로알 아문센

문: 아문센과 남극점 정복 경쟁을 하다 첫 남극점 정복의 영예를 놓치고 간발의 차이로 두 번째로 남극점에 도달했지만 끝내 무사히 귀환하지 못해 남극에서 비극적인 최후를 맞은 사람은?

답: 영국의 로버트 팰컨 스콧

문: 남극점을 가보지도 못했지만 아문센이나 스콧 이상의 영웅 대접을 받는 사람은?

답: 영국의 어니스트 섀클턴

    남극에 간다고 하면 많은 사람들이 아직도 혹독한 환경에서 목숨을 건 모험을 떠올린다. 남극 대륙에서 나타나는 영하 수십 ℃까지 내려가는 강력한 추위와 강풍, 수시로 급변하는 날씨, 장대한 빙하와 깊이를 알기 힘든 크레바스^{Crevasse}●, 대부분이 밤인 기나긴 겨울은 생명체가 생존하기에는 매우 혹독한 환경이기 때문이다. 따

● 빙하나 눈 골짜기 표면에 형성된 깊은 균열

라서 많은 사람들이 남극에서 살아가는 생명체를 경이의 시선으로 보며, 남극을 탐사한다는 것은 매우 위험한 모험일 것이라 생각한다. 그러나 20세기 중반 이후 남극 여행은 여러 상황에 대한 대처법을 미리 숙지하기만 한다면 그렇게 위험하지 않다. 과학 탐사든 관광이든 간에 이를 보조하기 위한 기반 시설이 잘 갖추어져 있기 때문이다.

1988년 이후 남극 킹조지섬에서 세종 과학 기지를 운영해오던 한국은 2013년 남극 대륙에서도 장보고 기지의 운영을 시작했다. 이로써 남극권에 두 개 이상의 상주 기지를 운영하고 있는 열 번째 국가가 된 것이다. 한국은 세종 과학 기지 건설 이후 매년 남극 탐사대를 파견하고 있는데, 왕래가 자유롭지 않다는 점을 제외하면 적어도 기지 내에서의 생활은 일반 사회에서 이루어지는 생활과 큰 차이를 느끼기 힘들 정도이다. 20세기부터 진행된 과학 기술의 비약적인 발전에 의해, 인류는 남극의 혹독한 환경마저도 어느 정도 길들일 수 있게 된 것이다.

그러나 기계의 도움을 받기 힘들었던 19세기 말에서 20세기 초반까지 남극 대륙에서는 사람들이 으레 상상하는 것처럼 목숨을 건 대모험이 잇달아 강행되었다. 이를 흔히 남극 탐험의 영웅시대라고 부른다. 이 시기는 목숨을 건 도전과 성취 그리고 혹독한 상황을 극복하고자 하는 지혜가 만발했던 시기였다. 셀 수 없이 많은 사람들이 남극 탐험의 역사에 이름을 남기고 있지만 대표적인 세 명

아문센과 스콧, 섀클턴 세 사람을 각각 기념하여 나온 우표

의 영웅을 꼽으라고 한다면 아문센, 스콧 그리고 섀클턴을 들 수밖에 없을 것이다.

오래전 "세상은 1등만을 기억한다"라는 광고 카피가 유행한 적이 있었다. 그러니 적어도 남극 탐험의 역사에서는 남극점을 최초로 정복한, 즉 1등을 차지한 아문센만을 기억하지 않는다. 아문센에게 밀려 2등을 차지한 스콧도 만만찮은 비중으로 거론된다. 예를 들어 남극점에는 현재 미국이 운영하는 과학 기지가 위치하고 있는데 그 기지의 이름은 아문센 기지가 아니라 아문센-스콧 기지이다. 또한 남극점에 가고자 했으나 끝내 도달하지 못했던 섀클턴마저 1, 2등 못지않게, 아니 더 큰 비중으로 거론되고 평가되곤 한다. 사실 남극 대륙은 매우 거대하고 인류가 성취한 업적도 다양하기 때문에 남극점 정복이라는 단순한 행위만을 중심으로 위계질서를 매길 수 없기 때문이다. 남극 대륙 탐험만이 그러겠는가? 세상에서 인간이 이루어낸 다양한 일들은 단순한 기준으로 순위를 매기기에는 너무 복잡하지 않을까? 앞서 말한 광고 카피는 사실이 아닐뿐더러, 현실을 호도하는 불순함마저 갖추고 있다.

흔히들 아문센과 스콧을 남극점 정복을 두고 동일한 조건에서 진검 승부를 펼친 라이벌이라고 여긴다. 그러나 실상은 그렇게 단순하지 않다. 여기에는 제국의 논리, 진리를 추구하는 욕구, 나라별 문화의 특성, 개인적 성향과 의지를 비롯한 다양한 우연적 요소가 복합적으로 어우러져 있다. 일단 이야기는 스콧에서부터 풀어나가는 것이 자연스러울 것 같다. 로버트 팰콘 스콧, 그는 20세기 초 아직은 "해가 지지 않는 나라"이나 그 힘이 서서히 기울고 있던 대영제국British Empire의 해군 장교였다. 그는 인류 최초로 남극점에 도달하고 남극에 대한 체계적이고 과학적인 연구를 위한 기초를 마련해야 한다는, 늙은 제국의 바람을 양 어깨에 무겁게 지고 있었다.

20세기 초 인류에게 아직 그 정체를 허용하고 있지 않았던 남극점 정복은 지구의 많은 영역을 지배하고 있던 대영제국의 과제 중 하나였다. 남극 탐사는 각 나라별로, 또 사적으로 다채롭게 진행되었지만 그중에서도 영국의 그림자는 특히나 짙게 드리워져 있었다. 영국의 대탐험가 제임스 쿡은 세계 일주를 하면서 남극 대륙에 매우 가깝게 접근한 바 있으며, 제임스 클라크 로스가 이끌었던 탐사대는 지자기의 극점을 찾기 위해 남극을 향해 항해해 최초로 남극 내해의 해안선을 발견하는 데 성공한다. 그리고 1841년, 남극 대륙 주변에 영국 깃발을 꽂고 영국의 영토임을 선언했다. 그 후 각국이 식민지 개척에 경쟁적으로 나서던 19세기 후반부터 국가별로 다양한 남극 탐사가 진행되고 영국도 이에 뒤질세라 대규모 남극 탐사단을 구성하는데, 이를 이끈 것이 바로 로버트 스콧이었다.

남극 대륙 탐사에 각국이 경쟁적으로 나선 것은 식민지 쟁탈전과 무관하다고 볼 수는 없지만, 지구 역사를 규명하기 위한 지질학적 연구가 상당히 축적돼 있었던 것과 다윈의 진화론의 영향도 매우 컸다. 다양한 대륙에서 화석과 암석이 연구됨으로써 그들 간의 상호 연관성이 연구되었다. 그리고 지금은 따듯한 지방도 과거에는 빙하로 덮여 있었던 기간이 있었음이 밝혀지면서, 남극 대륙 역시 과거에는 온난한 환경이었을 가능성이 대두되었다. 인류가 살고 있는 공간과는 완전히 다른 별세계로 인식되었던 남극이, 이제 인간 삶의 공간과 연속선상에 놓이게 된 것이다. 남극 대륙은 다른 대륙들의 과거일 수도 미래일 수도 있다. 즉, 오롯이 미지의 대상이었던 남극이 과학적 탐구의 영역으로 들어오게 된 것이다.

　　남극 내륙으로의 본격적 진출은 1901~1904년의 기간 동안 두 번의 겨울을 남극에서 보낸 영국 탐사대를 통해 이루어졌다. 영국의 왕립 지리학회가 후원한 이 탐사대의 주목적은 남극에 대한 과학적 조사였으며 로버트 스콧이 대장을 맡았고, 다수의 과학자들과 박물학자가 참여했나. 1902년 스콧, 데이비드 윌슨, 어니스트 섀클턴 3인이 선봉으로 남극 내륙 깊숙이 진입을 시도했으나 준비 부족과 혹독한 날씨 탓에 82°S에서 머물렀다. 그러나 귀국 후 스콧은 국민적 영웅이 되었다.

　　1908년 2차 탐사가 수행됐다. 탐사 대장은 어니스트 섀클턴이었고, 민간 부분의 지원으로 어선을 개조한 님로드호를 타고 탐사를 수행했다. 1차 탐사에서 괴혈병으로 낙오하여 수모를 겪었던 섀클턴은 88°S까지 진출했다. 그러나 남극점을 불과 156km 앞두고 보급품 부족으로 후퇴하고 만다. 섀클턴은 스콧을 능가하는 국민적 영웅이 됐다. 스콧이 의식한 라이벌은 아문센이 아닌 섀클턴이었다.

　　1910년 3차 탐사는 왕립 지리학회가 후원했으며 탐사선은 테라노바호, 대장은 로버트 스콧이었다. 1·2차 탐사를 능가하는 대규모의 과학자가 참여했다. 영국은 스콧 탐사대를 통해 과학적 탐사는 물론 세계 최초의 남극점 정복이라는 제국의 위업을 달성하고자 했다. 스콧을 필두로 윌슨, 에반스, 오츠, 바워스로 구성된 5인의 공격조가 맥머도만에서 11월 1일 남극점을 향해 출발한다. 그러나 스콧과 영국인들이 생각하지 못한 복병이 있었다. 바로 노르웨이의 저명한 극지 탐험가 로알 아문센이었다. 아문센은 자신의 원래 목적이던 북극점 정복이 미국의 피어리와 쿡에 의해 달성되자 비밀리에 남극점으로 목표를 수정한다. 스콧을 대장으로 하는 영국의 대규모 탐사단이 남극으로 출발한다는 소식이 이미 전 세계에 전파된 후였다. 아문센은 스콧과 영국의 허를 찌른 것이다. 세계 최초로 북극해를 통과한 영웅이었던 아문센은 이 위업을 인정하지 않는 영국에 대한 불만이 있었다.

과학 탐사, 남극점 도달 그리고 제국의 위신이라는 다양한 짐을 지고 있던 스콧과 달리 아문센의 목표는 단 하나, 즉 세계 최

1911년 12월 14일 오후 3시, 아문센 탐사대는
노르웨이 국기와 프람호의 깃발을 남극점에 꽂았다

초로 남극점에 도달하는 것이었다. 그는 이를 위해 남극점으로 가는 최단 경로를 선정했고 주요 이동 수단으로 개썰매를 사용하여 효율을 극대화했다. 개는 영하 40℃에서도 밖에서 잠을 잘 수 있어 극지방 탐사에 적합했다. 영국팀은 자국 전통에 따라 사람이 썰매를 끌었으며, 그들이 데려간 조랑말은 강추위에선 무용지물이었다. 아문센 탐사대는 영국팀보다 약 100km 정도 남극점에서 가까운 곳에서, 그들보다 12일 빠른 1911년 10월 20일에 출발했다. 그리고 12월 14일, 마침내 남극점에 도착한다. 아문센은 그날의 날씨가 화창했다고 적고 있다. 그는 남극점에 노르웨이 깃발을 게양하고 스콧에게 보내는 한 통의 편지를 남기고 떠난다. 귀환 과정도 순조로웠다. 아문센은 전 세계의 영웅이 됐다. 오로지 영국만 제외하고. 인력으로 썰매를 끌고 과학 조사를 병행하면서 남극점을 향한 고난의 행군을 거듭하던 스콧과 대원들도 1912년 1월 17일 마침내 남극점에 도달했다. 그러나 그들이 발견한 것은 남극점에 걸린 노르웨이의 깃발과 아문센이 남긴 한통의 편지였다.

"친애하는 스콧 대장. 우리가 떠난 뒤 이곳에 가장 먼저 도착할 사람은 당신일 것 같으므로, 노르웨이 국왕 호콘 7세^{Haakon VII}에게 보내는 이 편지를 당신이 대신 전해주기를 부탁하오. (중략) 당신이 무사히 귀환하기를 빌겠소."

그러나 스콧과 그의 대원들은 무사히 귀환하지 못했다. 스콧과 대원들은 유달리 혹독했던 그해의 날씨에도 불구하고, 귀환 길에도 지질 조사와 시료 채취를 멈추지 않았다. 먼저 에반스가 사망했다. 부상당한 오츠는 잠깐 나갔다 오겠다는 말을 남기고 텐트 밖을 나가 돌아오지 않았다. 그리고 1912년 3월 17일, 스콧을 비롯한 나머지 세 명은 마지막으로 친 텐트 속에서 전원 사망한다. 보급품 저장 창고를 불과 18km 남겨둔 위치였다. 스콧은 최후를 맞이하기 직전 이렇게 썼다.

"저는 이 여행을 후회하지 않습니다. 이 여행은 영국인들이 고난을 이겨낼 수 있으며 서로서로 도우며, 옛 선조처럼 아주 의연하게 죽음을 맞이할 수 있다는 것을 보여줬습니다."

아내에게는 "가능하면 녀석이 박물학에 관심을 갖게 해주오. 박물학이 놀이보다 더 좋소"라는 말을 남긴다. 스콧의 아들은 저명한 조류학자이자 환경운동가가 된 것으로 알려져 있다. 스콧 팀이 남긴 15kg의 지질 시료는 향후 남극 대륙 연구의 초석이 되었다.

남극 탐사 영웅시대가 아문센의 성공과 스콧의 비극으로만 끝났다면 그 시대의 이야기는 좀 쓸쓸했을지 모른다. 그러나 영웅

- 에드워드 라슨, 『얼음의 제국』, 임종기 옮김, 에이도스, 2012

섀클턴의 위대한 실패를 함께한 배, 인듀어런스호

시대는 어니스트 섀클턴의 위대한 실패라는 마지막 이야기를 통해 역사에 짙은 여운과 교훈을 남긴다. 아문센과 스콧에 의해 남극점 도달이 달성되자 섀클턴은 1915년 남극 대륙 횡단이라는 원대한 꿈을 실행에 옮긴다. 그러나 섀클턴팀이 승선한 인듀어런스호는 서남극 웨델해에서 거대한 빙산의 장벽에 가로막혀 대륙으로 진입도 하지 못한 채 10개월을 방랑하다가 좌초해버린다. 완벽한 실패였다. 배가 침몰한 후 전 대원은 4개월을 남극해의 부빙 위를 떠돌다 우여곡절 끝에 엘리펀트섬이라는 외딴 섬에 상륙했다. 이곳은 사람이 사는 육지에서 1,400km 떨어진 곳이었다. 섀클턴은 여섯 명의 선발대를 데리고 작은 배로 험한 남극해를 뚫고 가장 가까운 사우스조지아섬에 도착한 후 다시 구원대를 이끌고 돌아가 22명 전원을 구출하는 데 성공한다. 섀클턴의 탁월한 리더십이 실패를 위대한 것으로 바꾼 것이다.

    아문센의 성공, 스콧의 비극, 섀클턴의 위대한 실패는 남극탐사 영웅시대를 요약하는 핵심 키워드이다. 아문센은 남극점 정복에는 멋지게 성공했으나 내용 면에서는 빈약했다. 스콧의 최후는 비극적이었으나 그의 인내력과 책임감 그리고 과학에의 헌신은 후대의 귀감이 되었다. 섀클턴의 무모한 계획은 무참히 실패했으나 위기 상황에서 발휘된 그의 리더십은 오늘날 경영학에서도 수요한 참고 대상으로 남았다. 여기서 묻고 싶다. 과연 성공은 무엇이고 실패란 무엇인가.

버뮤다 삼각지대와 일본 침몰

아주 오래 전, 당시 해양연구원에서 미국 캘리포니아 공과대학의 저명한 지구과학자를 초청해 과학고 학생들을 대상으로 강연을 진행한 적이 있었다. 이 과학자는 해양연구원과의 공동연구 관계로 초청됐었지만 이왕 한국을 방문한 김에 대중강연을 통해 학생들의 지구과학 인식 수준을 높여보자는 취지로 마련된 강연이었다. 강연은 해양연구원에서 진행됐고 연사가 영어로 강연하면 해양연구원의 연구원이 통역을 하는 방식으로 진행됐다. 지금 강연의 구체적인 내용은 잘 기억나지 않지만, 지구의 구조와 이를 연구하기 위해 미국 과학계가 수행하던 대형 프로젝트 등을 소개했던 것으로 기억한다. 강연은 정숙한 분위기에서 잘 진행됐고 강연이 끝난 후 학생들의 질문 시간이 이어졌다. 그런데 예나 지금이나 한국 학생들은 질문을 잘 하지 않는다. 질문하라는 진행자의 몇 번의 권유 끝에 마침내 한 학생이 손을 들고 질문을 했다.

"버뮤다 삼각지대에 4차원으로 통하는 문이나 외계인의 기지 같은 것이 있어서 비행기나 배가 사라지거나 한다는데, 이 문제를 지구과학에서는 어떻게 생각하세요?"

정숙하던 강연장에서 갑자기 웃음이 터져 나왔다. 현장에 있

세계 불가사의 논쟁에서 자주 거론되는 버뮤다 삼각지대

던 나도 '좋은 강연을 듣고 저런 어처구니없는 질문을 하다니' 하는 생각이 들어 순간 어이가 없었다. 하지만 통역자로부터 이 질문을 전해 들은 연사는 아주 잠시 미소를 짓더니 당황한 기색도 없이 답을 하기 시작했다.

"버뮤다 삼각지대에 대해 저도 들어보긴 했지만 그 문제에 대해 깊이 연구해본 적은 없기 때문에 이 자리에서 구체적인 답을 할 수는 없을 것 같네요. 하지만 이 문제를 과학적으로 접근할 필요는 있다고 생각합니다. 제가 알기로 버뮤다 삼각지대라 불리는 바다는 남아메리카와 북아메리카 사이에 놓인 바다로, 교역량이 매우 많아 세계적으로 가장 많은 배와 비행기가 지나다니는 해역 중의 하나로 알고 있습니다. 그리고 강력한 허리케인^{hurricane}이 통과하는 지역이기도 하지요. 즉, 이 바다를 통하는 많은 물류가 있고 허리케인의 위험도 있으니 그만큼 사고의 확률은 높을 수도 있다고 생각합니다. 통계적으로 교통량 대비 사고 건수가 다른 지역에 비해 많은 것이 아니어도 교통량 자체가 많으니 절대적 사고 건수가 많을 수는 있겠고, 이 중 몇 건이 과장되어 알려지면서 지역 전체가 위험한 것으로 확대 해석되었을 가능성이 있다고 생각합니다. 즉, 저는 이 지역에 4차원으로 통하는 문이 있다는 등의 근거 없는 해석보다는 확률이나 통계로 접근하는 것이 과학적이라고 생각합니다."

황당한 질문에 약간 당황했던 나는 연사의 이 답을 듣고는 참으로 우문현답이라고 생각했다. 질문자의 눈높이에서 시작해서 보다 진전된 논의로 이끌어가는 연사의 솜씨에 감명을 받기도 했다. 한편, 버뮤다 삼각지대만큼은 아니겠지만 역시 조금 황당하게 느껴질 수 있는 질문이 바로 일본 침몰 여부이다. 일본이 지진이 잦고 화산 활동도 많은 편이기 때문에 발생하는 질문일 것이다. 나는 보지 못했지만 〈일본 침몰^{日本沈没}〉이라는 영화까지 있는 걸 보면 가능성이 있다고 생각하는 사람도 꽤 있는 것 같다.

사실 일본이 침몰할 수 없다는 것은 지구과학의 기초적인 내용만 가지고도 합리적으로 추론할 수 있다. 지구의 평균 질량은 우리가 그 위에 살고 있는 대륙 지각의 평균 질량보다 훨씬 높으며 이는 지구 표면보다 내부의 질량이 훨씬 더 높다는 것을 의미한다. 즉, 지구는 지각·맨틀·핵의 삼중 구조로 되어 있는데 이 구성 부분 중 가장 질량이 작게 나가는 것이 대륙 지각이다. 해양 지각의 평균 질량은 대륙 지각보다는 크지만 맨틀보다는 작다. 지구의 바깥 부분을 주목해본다면 가벼운 대륙 지각이 무거운 맨틀 위에 떠 있는 것으로 볼 수 있는데 물 위에 떠 있는 스티로폼 같은 것을 연상해도 될 것이다. 스티로폼이 물에 가라앉을 수 없듯이, 대륙 지각도 절대 통째로 맨틀로 가라앉을 수는 없을 것이다. 일본의 국토도 맨틀보다 가벼운 대륙 지각으로 되어 있다. 따라서 일본 역시 절대 침몰하지 않는다.

그런데 일본 침몰 여부를 궁금해하는 사람은 많지만 대륙의 많은 지역이 왜 그토록 안정적인가에 대한 의문을 제기하는 사람은 많지 않을 것이다. 이는 지구의 구조에 대한 인식이 발생한 후에야 나올 수 있는 의문이기 때문이다. 다시 스티로폼의 예시로 돌아가 보자. 스티로폼이 위아래로 균질하고 평평하다면 어디로도 기울어지지 않고 안정되게 잘 떠 있을 것이다. 그런데 스티로폼이 평평하지 않다면 어떻게 될까? 예를 들어 물에 접촉하고 있는 아래는 평평한데 공기와 접하는 위쪽 귀퉁이에 산과 같이 부풀어 올라와 있는 부분이 있다면? 그 부분이 상대석으로 더 무겁기 때문에 물속에 더 잠기게 되는 반면 얇은 쪽은 더 떠오를 것이다. 우리가 살고 있는 대륙은 평평하지 않다. 히말라야산맥처럼 몹시 높은 곳이 있는 반

스티로폼 판은 평평하기에 물 위에 안정적으로 떠 있을 수 있지만,
평평하지 않은 지각은 어떻게 맨틀 위에 떠 있을까

면 바이칼호수같이 매우 깊은 곳도 있다. 바다로 가도 에베레스트 산보다 훨씬 깊은 해구가 있고 매우 높은 해저산맥이 있다. 다시 말해 땅은 평평하지 않은 것이다. 그런데 지각은 어떻게 비교적 안정적으로 맨틀 위에 떠 있는 것일까?

밀도가 낮은 지각이 밀도가 높은 맨틀 위에 떠 있다는 구조를 일찍이 인지한 19세기 유럽의 지구과학자들은 지각 평형이 이루어지는 이유를 궁금해하기 시작했다. 영국의 조지 에어리^{George Airy}의 경우 지각의 밀도는 비교적 균질하지만 높은 산의 경우 맨틀 아래로 잠겨 있는 부분이 더 깊어서 지각 평형이 이루어진다고 생각했다. 그에 따르면 맨틀과 접촉하는 아랫부분의 지형 역시 지표에서 관찰되는 지형 변화를 반영하고 있어야 한다. 반면 영국의 존 프랫^{John Pratt}은 지각의 밀도가 균질하지 않아 지형적으로 더 높은 곳에는 더 가벼운 물질이, 낮은 곳에는 더 무거운 물질이 분포할 뿐 맨틀과 접촉하는 아랫부분은 비교적 평평하다는 설을 주장했다. 이후 19세기 말에 이르러 클래런스 더튼^{Clarence Dutton}이 내용을 정리하고, '안정성'을 의미하는 그리스어에서 따와 지각 평형설^{Isostasy}이라는 이름을 붙였다. 현재 대륙 지각은 에어리의 설로 설명이 되고, 중앙 해령 주변의 해양 지각은 프랫의 설로 설명된다.

바다에서 발견한 지구의 작동 원리

"왜 에베레스트산에 오르려고 하는 거죠?"
"산이 거기에 있기 때문이죠."

1920년대 중반 에베레스트산 정상 정복에 도전했던 영국의 산악인 조지 맬러리^{George Mallory}가 1923년 《뉴욕타임스》와의 인터뷰에서 주고받은 문답이다. 그에 따르면 에베레스트산은 그 존재 자체가 도전이며, 정복이 인간의 기본 욕구라는 것이다. 아문센, 스콧, 섀클턴이 남극점 정복에 나선 것도, 자크 피카르^{Jacques Piccard}가 잠수정을 타고 가장 깊은 바다인 서태평양 마리아나해구^{Mariana Trench}의 챌린저해연^{Challenger Deep}(1만 911m)의 바닥까지 내려간 것도 비슷한 이유일 것이다. 맬러리의 대답이 널리 회자되는 것도 많은 사람들이 거기에 공감하기 때문이 아닐까.

그러나 동시에 인류는 "그게 왜 거기 있는가?", "히말라야산맥은 왜 그토록 높이 솟았을까?", "챌린저해연은 어떻게 그렇게 깊게 형성되었을까?" 하는 과학적 질문에도 끌린다. 주변 환경에 대한 체계적 이해가 생존에 도움이 되었을 뿐 아니라 더 나은 삶을 위해서도 필요하다는 것을 오랜 경험을 통해 알고 있기 때문이다. 그런데 20세기 중반 판구조론이 정립되기 전까지 인류는 이 문제들에 대한 설득력 있는 답을 알고 있지 못했다. 이를 설명하는 다양한

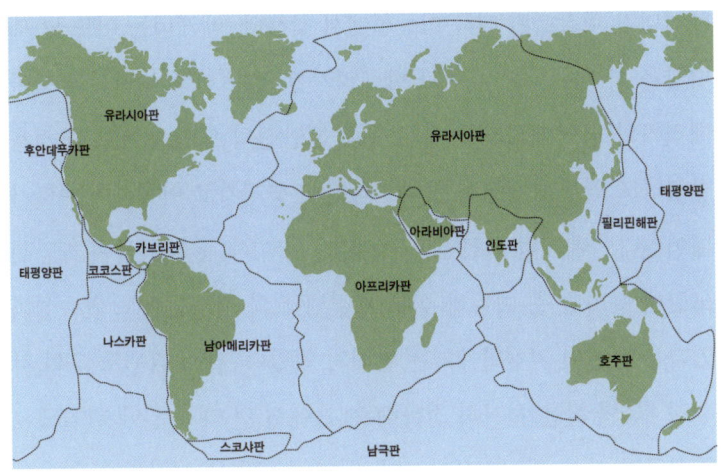

지각을 구성하고 있는 전 세계의 대표적인 판들

신화들은 존재했지만, 자연 현상을 보편적으로 이해하는 데 신화는 그다지 도움이 되지는 않는다. 판구조론에 따르면 히말라야산맥을 높게 치솟게 한 힘, 일본 동쪽에 7,000~8,000m가 넘는 깊은 바다를 형성한 힘은 같은 메커니즘을 가지고 있다. 이 메커니즘은 일본과 네팔에서 지진을 일으키기도 하며 인도네시아에서 강력한 화산 폭발을 일으키기도 한다. 해류와 기후 역시 큰 영향을 받는다. 문명에 유용한 자원의 형성과 분포 과정 역시 이 메커니즘과 관련이 있다. 판구조론은 이 메커니즘을 설명하는 이론이다. 판구조론은 인류의 유일한 삶의 터전인 지구가 어떻게 작동하는지에 대해 많은 것들을 설명해주는, 현존하는 가장 설득력 있는 이론이다.

흔히 판구조론의 기원을 20세기 초의 지구과학자 알프레드 베게너가 주장했던 대륙 이동설에서 찾는다. 베게너는 어느 날 대서양을 사이에 두고 유럽과 아프리카를 잇는 서쪽 해안선과 북아메리카와 남아메리카를 잇는 동쪽 해안선의 모양이 비슷한 것을 발견하고 엄청난 상상을 했다. "대륙이 쪼개지고 이동하여 바다가 넓어진다!" 베게너 이전에도 대서양을 사이에 둔 대륙들이 해안선 모양이 유사할 뿐 아니라 심부 지질 구조와 화석군에도 연속성이 있다는 사실이 지질학계에는 알려져 있었다. 찰스 다윈도 그의 자서전 『나의 삶은 서서히 진화해왔다』에서 먼 대륙 간에 관찰되는 화석군과 지질 구조의 유사성이 미스터리한 현상이라는 언급을 하고 있다.

  그러나 19세기의 지질학자들은 대륙들이 지금은 사라져버린 섬들이나 육교 같은 것들로 연결되어 있어서 생물들이 이를 통해 이동했을 것이라는 막연한 상상을 했을 뿐, 이 수수께끼를 풀어낼 수 없었다. 베게너의 대륙 이동설은 지질학계의 난제를 완전히 다른 각도에서 해결하고자 하는 '코페르니쿠스적 전환'이었던 것이다. 베게너는 상상에 머무르지 않고 당시에 수집 가능했던 온갖 과학적 증거를 체계적으로 정리해 대륙 이동설을 주장했으나, 발표 즉시 학계에서 매장되고 만다. 대륙을 쪼개고 이동시키는 메커니즘을 설명할 수 없었기 때문이다.

  쓰레기통에 처박혀 있던 대륙 이동설은 제2차 세계대전 후 젊은 과학자들이 주도했던 해양 탐사와 치열한 이론 작업 덕분에 다시 부활한다. 결정적 전환점은 해양 지자기 탐사와 연구를 통해 대서양 한복판에 있는 대규모 해저산맥, 즉 '중앙 해령'을 중심으로 해저가 꾸준히 확장되어왔다는 강력한 증거의 발견이었다. 해저가 확장됐다는 것은 결국 대륙이 이동했다는 것과 같은 의미였기 때문이다. 해저 확장의 증거가 너무나 명확했기 때문에 이제 전세는 역전되었고, 지구과학계는 대륙 이동과 해저 확장을 불가능하다고 치부할 것만이 아니라 그 메커니즘을 규명해야 하는 과제를 안게 되었다.

결국 해저 확장과 대륙 이동의 메커니즘을 이해하려는 노력은 1960년대 중반 판구조론의 정립으로 이어졌고 판구조론은 1970년대 초반 무렵이면 지구과학계에 보편 이론으로 수용된다. 왓슨^{James Watson}과 크릭^{Francis Crick}이 생물 DNA의 이중 나선 구조를 해

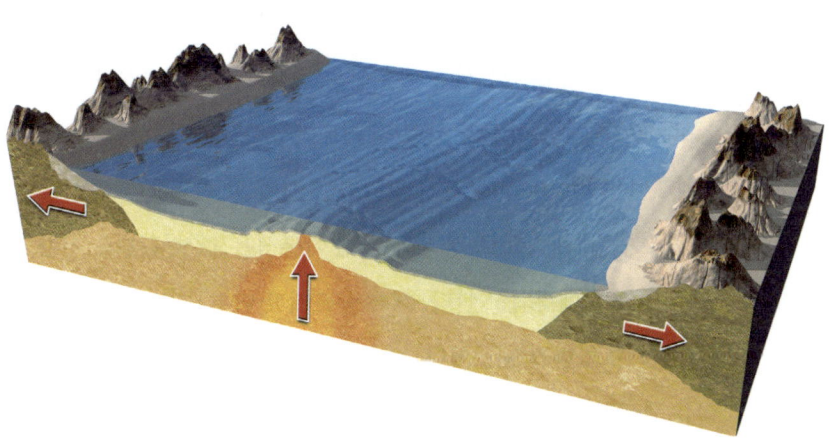

중앙 해령의 발견은 해저 확장의 명확한 증거가 되었다

명한 논문을 《네이처Nature》에 발표한 것이 1953년임을 감안해보면 판구조론은 상대적으로 젊은 이론인 셈이다. DNA 이중 나선 구조 해명은 왓슨과 크릭이라는 과학계의 스타의 등장과 함께 순식간에 공식화됐으나, 판구조론은 다양한 학자들의 국제적인 노력에 의해 차곡차곡 증거가 쌓이고 기반이 단단해지면서 부지불식간에 수용되었다는 점에서 진행 양상에 차이가 있다. 판구조론 확립에 가장 크게 기여한 결정적 증거들은 해양 탐사를 통해 수집되었음은 두말할 필요도 없다.

판구조론 이해를 위해서는 먼저 지구 구조에 대한 지식이 필요하다. 구조에 대한 사전 지식이 있어야 메커니즘에 대한 이해로 나아갈 수 있기 때문이다. 20세기 중반에는 지구의 구조에 대한 기초적 이해는 확립되어 있었다. 지구가 지각-맨틀-핵의 삼중 구조로 되어 있으며 특히 맨틀이 지구 부피의 80%를 차지할 정도로 규모면에서 압도적이라는 것, 맨틀의 최상층은 딱딱한 고체이지만 어느 이상 깊어지면 높은 온도와 압력 때문에 고체이면서도 유체의 특성을 나타낸다는 사실 등이 알려져 있었던 것이다. 판구조론에서 말하는 지판이란 바로 '최상층의 딱딱한 맨틀'을 지칭한다. 지판 아래 유체의 특성을 갖는 맨틀층은 연약권이라 한다. 지판을 연약권과 대비할 때는 암권이란 용어를 사용하기도 한다. 암권(지판)과 연약권은 단단한지 혹은 유체의 특성을 갖고 있는지에 따른 물리적인 차이에 의해 구분할 뿐, 맨틀이란 점에서는 차이가 없다. 그렇다면 대륙 지각이나 해양 지각 같은 지각은 지판과 어떤 관계일까? 지각은 맨틀과 다른 물질로 구성되어 있지만 맨틀 암권에 비해 규모가 현저히 작을 뿐 아니라 맨틀 암권에 붙어 같이 움직이기 때문에 지판에 포함시킨다. 지판은 딱딱한 맨틀 최상층과 그 위를 얇게 덮고 있는 지각을 포괄하는 개념인 셈이다. 지각이 지판에서 차지하는 부피는 매우 작지만, 특히 대륙 지각은 지판의 운동에서 중요한 역할을 한다. 딱딱한 맨틀 최상층이 아래의 연약한 맨틀 위에 놓여 있다는 것은 최상층 맨틀이 미끄러져 움직일 수 있다는 것을 의미한다. 이것을 이해하는 것이 판구조론 이해의 출발이다.

  만약 지판이 갈라진 곳 하나 없이 매끈하게 연결되어 있다면 지판은 움직일 수 없을 것이며 따라서 해저 확장도 대륙 이동도 일어날 수 없을 것이다. 해양 탐사 결과는 지구 최상층이 하나가 아닌 여러 개의 지판으로 나뉘어 있음을 보여준다. 지판이란 용어에서 일정한 두께를 갖고 있는 고기 굽는 석판 같은 것을 연상할지도 모르겠다. 그러나 두께가 일정한 석판의 이미지는 지판에 대한 이해를 오도할 수도 있다. 만약 지구 최상층이 일정한 두께의 석판들로 조각나 있다고 하더라도 한 군데 이상 빠진 곳이 없다면 움직일 수 없기는 마찬가지일 것이기 때문이다. 숫자판 퍼즐을 이동해가며 맞추기 위해서는 한 군네가 빠져 있어야 하는 섯과 같은 이치이다. 그러나 지판은 빠진 곳 하나 없이 지구를 촘촘히 덮고 있다. 그렇다면 판은 대체 어떻게 움직이는 것일까? 판의 움직임은 숫자판 퍼즐 조각이 움직이듯 단순하게 위치 이동을 하는 것이 아닌 연속적인 생성과 소멸의 과정이다. 지판의 두께는 석판과는 달리 일정하지 않으며 생성되는 곳에서는 얇고 소멸되는 곳에서는 두껍다. 지판들의 경계란 바로 지판이 생성되는 곳과 소멸되는 곳이다. 지판 사이에는 생성과 소멸의 경계만이 아닌 서로 스치기만 하는 경계도 있다. 판구조론에서는 지판들이 생성되는 경계를 중앙 해령, 지판이 소멸되는 경계를 섭입대, 지판이 스치는 경계를 변환 단층이라 부른다. 판구조론은 지구 최상층에 놓인 여러 지판들의 생성과 소멸 그리고 상호작용에 대한 이론인 것이다.

지판의 생성은 어떤 과정일까? 중앙 해령은 대양 아래에 위치한 활화산 산맥으로서 지구 전체를 마치 야구공의 실밥처럼 감고 있다. 중앙 해령을 경계로 두 개의 지판은 서로 반대 방향으로 이동하는데 이 과정에서 생기는 간극을 메우기 위해 아래에 있던 연약권 맨틀이 지표를 향해 상승한다. 상승하는 연약권 맨틀은 압력이 낮아지며 그 때문에 부분적으로 녹아 마그마를 생성하고 이 마그마가 지표로 분출하면서 해양 지각이 형성된다. 중앙 해령은 바로 해양 지각이 형성되는 곳이며 해양 지각은 연약권 맨틀의 부분 용융 산물인 셈이다. 연약권 맨틀의 상승과 부분 용융에 의한 마그마의 형성, 마그마의 분출과 해양 지각 형성이 중앙 해령에서 일어나는 기본 과정이다. 중앙 해령에서 지판의 두께가 얇은 것은 연약권이 지표 가까이까지 상승하고 있기 때문이다. 중앙 해령에서 조금 멀어지면 연약권 맨틀의 상승은 급격히 둔화되고 그 이후 더 멀어질수록 맨틀은 점점 더 식어간다. 맨틀은 식어가면서 딱딱해지는 깊이가 점점 깊어지고 이는 지판의 두께가 두꺼워짐을 의미한다. 다시 말해 지판의 생성이란 두 지판이 벌어지면서 상승한 연약권 맨틀이 해양 지각을 생성한 후 해령에서 멀어지는 쪽으로 점차 이동하면서 서서히 식어가는 과정이다.

지판의 소멸은 어떠한 과정일까? 중앙 해령으로부터 먼 거리를 이동해 온 지판이 점점 두껍고 무거워지다 보면 어느 순간 그 아래를 받치고 있는 연약권의 부력이 더 이상 지탱할 수 없게 되는 상황이 온다. 결국 연약권의 부력보다 지판의 중력이 더 커지면 지판은 서서히 가라앉다가 결국 연약권 속으로 파고들게 된다. 지판이 너무 두꺼워져 자체 무게 때문에 연약권으로 파고들어 가는 현상이 바로 지판의 소멸인 것이다. 이 과정을 판구조론에서는 섭입이라고 하며, 섭입이 일어나고 있는 지역을 섭입대라고 부른다. 1만 m에 달하는 깊은 바다인 '해구'가 바로 섭입이 일어나는 장소이다. 해구가 깊어진 것은 무거워진 지판이 가라앉다가 지구 내부로 파고들고 있는 입구이기 때문이다. 중앙 해령에서 시작될 때는 젊고, 뜨겁고, 얇았던 지판은 해구를 향해 서서히 이동하면서 점차 나이를 먹고, 식고, 두꺼워지다가 결국 연약권이 그 무게를 감당할 수 없게 되면 다시 해구를 통해 연약권 속으로 파고들어 소멸한다.

중앙 해령 아래 연약권의 상승을 유발하는 두 지판이 벌어짐은 구체적으로 어떤 힘일까? 이 힘에는 여러 가지가 있지만 그중 가장 강력한 것은 두꺼워진 지판이 섭입대에서 지구 내부로 파고들도록 당기는 중력의 힘이다. 역설적으로 지판을 소멸시키는 힘이 지판을 생성하는 힘이기도 한 것이다. 중앙 해령 아래 연약권 맨틀의 상승은 섭입대에서 당기는 힘에 의해 발생하는 수동적 과정인 셈이다. 그런데 지판의 생성과 소멸을 일으키는 에너지는 근본적으로는 어디서 오는 것일까? 지판의 생성과 소멸은 거시적으로는 지구가 외부로 에너지를 방출하는 과정이다. 지구의 에너지 방출은 원래 뜨거웠던 지구가 단순히 식어가는 과정만은 아니다. 태양이 핵융합 에너지로 빛을 발하고 있듯 지구도 생성 초기부터 갖고 있는 방사성 물질의 핵분열이라는 내부 에너지원을 통해 지속적으로 에너지를 공급받고 있기 때문이다.

  지판의 생성과 소멸 없이 단지 스치기만 하는 변환 단층은 특색 없어 보일지도 모르겠다. 그러나 변환 단층의 발견이 판구조론 확립에 끼친 영향은 아무리 강조해도 지나치지 않다. 무엇보다 변환 단층은 지판의 운동을 이해하는 데 중요한 준거점이다. 지판의 이동은 변환 단층과 평행한 방향으로 일어날 수밖에 없기 때문이다. 그리고 중앙 해령은 연속적으로 이어져 있는 것이 아니라 변환 단층에 의해 분절되어 있으며 변환 단층을 경계로 그 특성이 달라진다. 변환 단층들 사이의 중앙 해령은 해저 확장의 기본 단위이기도 한 것이다.

판구조론은 지진과 화산 활동을 어떻게 설명할까? 먼저 지진의 발생 원리를 살펴보자. 지진은 판 경계들인 중앙 해령에서도, 섭입대에서도, 변환 단층에서도 발생한다. 예를 들어 로스앤젤레스나 샌프란시스코에서 일어나는 지진은 변환단층에서 일어난다. 그러나 인간 사회에 막대한 피해를 일으키는 강력한 지진의 대부분은 섭입대 인근에서 발생하기 때문에 여기서는 섭입대 지진 메커니즘을 살펴보도록 하자. 지판의 섭입대는 두 지판이 서로 수렴하는 곳이며 이때 더 무거운 지판이 아래로 깔리면서 섭입하게 된다. 아래쪽 지판은 섭입하면서 위쪽 지판에 압력을 가하게 되는데 이 압력 때문에 위쪽 지판에는 변형이 일어나고 에너지가 축적된다. 위의 지판에서 일어나는 변형의 정도가 점점 커지다 보면 마침내 임계점에 이르러 파괴되는데 이 현상이 바로 지진인 것이다. 따라서 강력한 지진은 주로 위쪽 지판에서 발생한다. 네팔, 일본, 인도네시아 등 강력한 지진이 빈번하게 발생하는 나라들은 섭입대에서 가까운 위쪽 지판에 위치하고 있다.

지진은 지판이 딱딱해서 부서질 수 있는 성질을 갖고 있기 때문에 나타나는 현상이며, 지판이 연약권같이 유체의 특성을 갖고 있다면 발생하지 않을 것이다. 진흙은 힘을 가하는 대로 변형되지만 딱딱한 자^{ruler}같은 것은 어느 정도 이상의 힘을 가하면 부러지는 것과 같은 이치이다. 요약하면 섭입대에서 일어나는 대형 지진의 대부분은 섭입 지판이 가하는 압력을 견디다 못해 위쪽 지판이 부분적으로 파괴되면서 발생하는 지판의 진동인 셈이다. 실제 지판에서 축적된 변형은 이미 쪼개져 있어 약해진 부분, 즉 단층의 이동에 의해 해소된다. 지진이 단층에서 일어날 가능성이 높은 이유이다. 지판은 규모가 크고 매우 다양한 방식으로 쪼개져 있어 구조가 복잡하기 이를 데 없기 때문에 어느 단층이 언제 어디서 이동할지 예측하는 것은 매우 어렵다.

  네팔은 산악 지대인 반면 일본은 섬이기 때문에 겉보기로는 환경이 확연히 달라 보이지만, 두 지역 모두 근처에서 섭입 지판이 가하는 강력한 압력을 받고 있다는 공통점이 있다. 그래서 양쪽 모두에서 대형 지진이 자주 일어난다. 주변에 기나긴 해구가 있는 일본과 달리 해구를 찾아볼 수 없는 히말라야산맥 기슭의 대체 어디

산맥은 어떻게 만들어질까

에서 섭입이 일어나고 있는 것일까? 바로 여기에 대륙 충돌의 비밀이 숨겨져 있다. 지판 위에 대륙이 놓여 있는 모습을 상상해보자. 지판 위에 놓인 대륙은 컨베이어 벨트 위에 놓인 짐짝처럼 지판을 따라 이동하다가 마침내 해구와 만나게 되면 충돌한다. 그런데 맨틀보다 훨씬 가벼운 대륙은 맨틀로 빨려 들어갈 수 없으며 해구 입구에 걸려 섭입을 방해한다. 해구에 걸린 대륙은 섭입 지판이 계속 압력을 가하면 결국 솟아오를 것이며, 위쪽 지판은 대륙이 가하는 압력 때문에 해구 부근부터 붕괴해 들어갈 것이다. 만약 섭입 지판과 위쪽 지판 양쪽에 대륙이 놓여 있었다면 이 대륙들은 충돌하게 될 것이다. 이와 같이 가라앉지 못하는 대륙들이 섭입대에서 충돌을 일으켜 솟구쳐 오른 것이 바로 히말라야산맥이다. 아시아 대륙과 인도 대륙 사이에 해구는 사라졌지만 그 아래에서 섭입 지판이 당기는 힘은 계속되고 있는 것이다. 이 힘 때문에 히말라야산맥은 지금도 아주 조금씩 높아지고 있다.

다음으로 판구조론이 설명하는 화산 활동의 원리를 살펴보자. 이미 앞에서 설명한 해양 지각 형성 과정이 중앙 해령의 화산 활동이다. 지구의 70%를 덮고 있는 해양 지각의 규모로 볼 때 중앙 해령의 화산 활동은 규모면에서 압도적이지만 대양에서 조용히 일어나 우리가 인지하기 힘들다. 인간 사회에 피해를 주는 강력한 화산 폭발은 주로 섭입대에서 일어난다. 섭입대에서 연약권으로 파고 들어 간 지판은 주변 맨틀에 비해 온도는 낮지만 해저를 통과하며 흡수한 풍부한 물을 함유하고 있다. 이 물이 일정한 깊이가 되면 높아진 압력 때문에 주변 연약권 맨틀로 뿜어져 나오면서 주변 맨틀의 녹는점을 낮추고 마그마를 형성하는 기폭제로 작용한다. 고온 고압에서 물을 함유한 마그마는 강력한 팽창력을 갖고 있기 때문에 위쪽 지판을 뚫고 폭발적으로 분출하게 되는 것이다. 섭입대 화산은 해양 지각이 아닌 대륙 지각과 비슷한 화학 조성을 갖고 있다. 대륙은 풍화와 침식 작용으로 계속 깎여 나가지만 섭입대 화산 덕분에 대륙은 조금씩 성장한다. 이런 관점에서 일본은 침몰한다기보다는 화산 폭발로 조금씩 넓어지고 있다고도 볼 수 있을 것이다. 화산 활동과 지진이 빈번하게 일어나는 서태평양의 '불의 고리'는 이와 같이 지판이 섭입하고 소멸하는 과정에서 발생하는 현상이다.

　　　　화산 활동은 중앙 해령과 섭입대에서만 일어나는 것은 아니다. 화산 활동과 그 흔적은 지판 내부에서도 광범위하게 관찰된다. 예를 들어 판 경계에서 멀리 떨어진 태평양판 한복판의 하와이 섬들이 대표적이다. 하와이뿐 아니라 무수한 해저 화산이 판 내부에 분포하고 있다. 이러한 화산들은 대체 어떤 원리로 발생하는 것일까? 화산은 마그마의 분출이고 마그마는 맨틀이나 지각의 암석이 부분적으로 녹아서 형성되는 것인데 이를 위해서는 온도가 높아지거나, 압력이 낮아지거나, 물이 공급되거나 하는 등 조건의 변화가 있어야 한다. 판 한가운데 아래에서 왜 이 조건의 변화가 일어나는 것일까? 그것은 맨틀이 자체 부력으로 지구 깊은 곳으로부터 상승

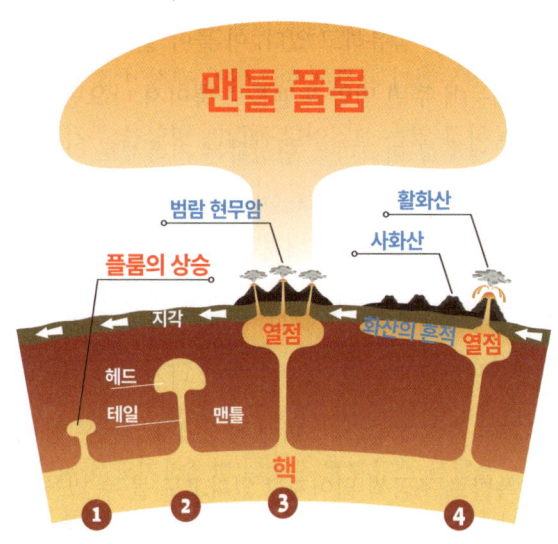

맨틀 플룸의 과정

해 지표 가까이까지 올라오기 때문이다.

    지구 심부에서 자체 부력으로 맨틀이 상승하는 현상을 맨틀 플룸이라고 한다. 표면에 접근하면서 점점 압력이 떨어지고 부분 용융이 일어나 마그마를 형성하며 이 마그마가 화산으로 분출하는 것이다. 따라서 판 내부 화산은 해령이나 섭입대보다 심부 맨틀에 대한 정보를 갖고 있다. 끊임없이 움직이고 있는 지판과 달리 맨틀 플룸의 위치는 상대적으로 고정되어 있어 맨틀 플룸에 의힌 화산 활동은 지판 이동의 궤적을 나타내기도 한다. 늘어서 있는 일련의 화산섬들인 빅아일랜드(하와이)-마우이-몰로카이-오하우-카우

이 등이 바로 그 예시이다. 맨틀 플룸의 위치는 그대로인 반면 태평양 지판이 이동했기 때문에 만들어진 궤적인 것이다. 맨틀 플룸은 현재 작동하고 있는 섭입이나 해령에 영향을 주기도 한다. 그런데 맨틀 플룸은 판구조와 무관한 것일까? 맨틀 플룸을 두고 많은 과학자들은 맨틀과 핵 경계까지 내려간 섭입 지판이 다시 가열되면서 주변 맨틀과 더불어 상승하는 현상이라고 생각한다. 맨틀 플룸 역시 매우 장기적인 지판의 순환인 셈이다. 그 속도는 아주 느리지만 맨틀도 바다가 순환하듯 전체적으로 순환하고 있다.

    맨틀 플룸은 소규모로 꾸준히 발생하기도 하지만 어느 시기에는 엄청난 규모로 발생하기도 한다. 그린란드 같은 엄청난 규모의 섬도 맨틀 플룸에 의해 형성된 것으로 생각된다. 그리고 하와이 같은 소규모 플룸은 과거 그린란드급 대형 플룸의 꼬리에 해당한다고 추정되고 있다. 대규모의 플룸과 이에 수반되는 화산 활동은 대륙을 쪼개 새로운 해저 확장을 유발하기도 하고 지판의 이동 방향을 바꾸기도 한다. 거대한 플룸에 의한 화산 활동은 생물의 대규모 멸종 사태를 초래하기도 한다. 공룡의 멸종은 운석 충돌뿐 아니라 거대한 맨틀 플룸과도 관련 있을 것으로 추정된다. 그리고 많은 과학자들이 운석 충돌과 무관한 시기의 대규모 멸종들은 대규모 맨틀 플룸과 관련이 있을 것으로 보고 있다.

    지판의 생멸과 스침은 대륙과 해양의 분포, 즉 지구의 바깥 모습을 형성한다. 대륙과 해양의 분포는 지구의 열수지˙와 해류를 규제하는 기본 틀이다. 지구의 열수지와 해류가 지구 기후를 결정하는 가장 기본적 조건 중의 하나임을 생각할 때 기후의 배경에는 판구조 운동이 만들어낸 틀이 있음은 두말할 나위도 없다. 예를 들어 남극과 북극이 얼어붙은 것도 판구조 운동이 만들어낸 대륙의 재배치 결과라고 볼 수 있다. 현재 지판의 이동 추세에 따르면 태평양은 계속 좁아지고 있고 대서양은 계속 넓어지고 있다. 머나먼 미래 언젠가는 서태평양 해구를 통해 태평양 판 전체가 모두 빨려 들어가버리고 마침내 아시아 대륙과 아메리카 대륙이 만나고 충돌하게 될지도 모른다. 그때는 아시아와 아메리카 대륙 사이에 히말라야산맥보다 더 높은 산맥이 형성될지도 모른다. 이때 지구의 기후는 지금과 무척 다를 것임에 분명하다.

판구조 운동은 지구의 거대한 순환이며 지구의 내외가 상호작용하는 과정이다. 판구조 활동을 통해 지구 내부의 물질이 밖으로 공급되고 지구 표면의 물질이 다시 내부로 들어가 내부를 변화시킨다. 지구 내부에서 끊임없이 공급되는 물질들은 대기와 해수의 조성 그리고 생명체에 영향을 주며 지구 내부로 공급되는 물 등은 판구조 운동을 활발하게 하는 윤활유로서 작용한다. 판구조 활동을 매우 느린 과정이라고 생각할지도 모른다. 지판이 벌어지는 속도,

- 지구를 기준으로 할 때, 에너지 수입에 해당하는 태양 복사 에너지와 지출에 해당하는 지구 복사 에너지의 차이를 말한다

즉 중앙 해령에서의 확장 속도는 평균적으로 보아 손톱이 자라는 속도와 비슷하다. 이걸 느리다고만 볼 수 있을까?

　　　태양을 도는 행성들 중 판구조를 가진 행성은 지구가 유일하다. 비슷한 크기의 이웃 행성인 금성이나 화성에서도 지구와 같은 판구조는 관찰되지 않는다. 판구조론은 생명의 터전인 지구 표면이 내부와의 끊임없는 상호작용을 통해 계속해서 새로워지고 있다는 걸 보여준다. 지구는 마치 곤충이 탈피를 하듯, 지판의 소멸과 생성을 통해 자신의 표면을 풍요롭게 하고 있는 유일한 행성인 것이다. 지구과학자들은 지구의 판구조가 생명의 탄생에도 중요한 역할을 했으며 현재 지구가 생명이 살기에 적합한 환경을 유지하는 데도 역시 중요한 역할을 하고 있다고 생각한다. 판구조론은 지구와 생명을 이해하는 데 핵심적인 이론인 셈이다. 정립된 후 역사가 길지 않아 앞으로도 밝혀야 할 내용이 풍부한 이론이기도 하다.